核生化防护技术丛书

蒋志刚　黄伟奇　主编

核电厂核事故应急救援概论

HE DIAN CHANG HE SHI GU YING JI JIU YUAN GAI LUN

国防工業出版社

·北京·

内 容 简 介

本书立足核电厂核事故，系统全面地讲述核应急工作所涉及的主要理论知识和专业技术问题。以压水堆为例，介绍了核反应堆的组成和工作原理，列举了历史上发生的几次典型核事故案例；介绍了核事故应急救援的基本概念、分级和分类方法；梳理了世界主要核能发达国家核事故应急管理的法规与组织体系，以及核事故应急预案的主要内容与编制方法。在比较借鉴国际原子能机构最新版《核或辐射应急的准备与响应》的基础上，重点就核事故应急救援组织指挥、核事故应急干预与防护、核事故后果评价与决策支持、核事故应急辐射监测、核应急医学救援、核事故放射性污染消除等问题，进行了研究和讨论。

本书可作为核应急相关课程教学与培训的教材，也可供从事核应急工作的相关管理、技术和现场响应人员阅读。

图书在版编目(CIP)数据

核电厂核事故应急救援概论/蒋志刚，黄伟奇主编.
—北京：国防工业出版社，2022.9
（核生化防护技术丛书）
ISBN 978-7-118-12566-5

Ⅰ.①核… Ⅱ.①蒋… ②黄… Ⅲ.①核电厂—放射性事故—救援 Ⅳ.①TL73

中国版本图书馆 CIP 数据核字(2022)第140125号

※

国防工业出版社出版发行
（北京市海淀区紫竹院南路23号 邮政编码100048）
北京龙世杰印刷有限公司印刷
新华书店经售
*
开本 710×1000 1/16 **印张** 15¼ **字数** 266千字
2022年9月第1版第1次印刷 **印数** 1—1500册 **定价** 106.00元

国防书店：(010)88540777 书店传真：(010)88540776
发行业务：(010)88540717 发行传真：(010)88540762

《核电厂核事故应急救援概论》编写组

主　编　蒋志刚　黄伟奇

编　者　王永红　刘克平　来永芳

陈　琳　陈肖华　袁　彪

耿小兵　黄伟奇　蒋志刚

前言

核能，作为一种清洁、高效、可持续发展的能源，如“达摩克利斯之剑”，在造福人类的同时，也存在着事故隐患。美国三哩岛、苏联切尔诺贝利和日本福岛核事故给人类社会带来的巨大灾难，无时不敲响着警钟。

自20世纪80年代，我国启动核能建设至今，始终高度重视核应急工作。截至2020年年底，核电机组数量居世界第三位，发电量居世界第二位。核事故应急能力，作为核安全最后一道屏障，是我国核能事业得以长期健康、持续快速发展的重要保证。核事故事发突然，社会影响大，政治和外交敏感性高，核事故的应急处置，是一项危险性、专业性、技术性、时效性都很强的工作。国家按照区域部署、模块设置、专业配套的原则，坚持积极兼容、资源整合、专业配套、军民融合的思路，建设并保持了与核能事业安全高效发展相适应的国家核应急能力体系。

本书充分借鉴军队和地方研究成果，结合陆军防化学院核应急教学与参与重大应急行动实践经验，按照强调理论性、体现先进性、突出实践性的原则，力求科学构建教材结构和内容知识体系。第1章绪论，由蒋志刚副教授撰写。第2章核设施与核事故和第3章国外核事故应急管理体系，由黄伟奇副教授撰写。第4章核事故应急救援组织指挥，由王永红教授撰写。第5章核事故应急干预与防护，由来永芳教授撰写。第6章核事故后果评价与决策支持，由耿小兵副教授和袁彪讲师撰写。第7章核事故应急辐射监测，由刘克平副教授撰写。第8章核应急医学救援，由陈肖华研究员撰写。第9章核事故放射性污染的消除，由陈琳副教授撰写。全书由吴明飞教授进行了审阅。

本书成稿后，清华大学施仲齐教授对书稿内容进行了审阅和认真把关指导，提出了许多中肯的意见和建议，在此对施教授表示深深的感谢。由于作者水平有限，书中难免存在一些不足之处，敬请读者和同行指正。

编者

2022年4月

目录

第1章　绪论

第2章　核设施与核事故

第3章　国外核事故应急管理体系

第4章　核事故应急救援组织指挥

第 5 章　核事故应急干预与防护

第 6 章　核事故后果评价与决策支持

第7章 核事故应急辐射监测

第8章　核应急医学救援

第9章　核事故放射性污染的消除

第1章

绪　　论

1.1 背景

核电作为一种安全、低碳、可大规模利用的能源，对于优化能源结构、保障能源安全、减排、促进经济可持续发展的作用受到广泛认可。

2011年3月11日，日本东北部海域发生9.0级地震，强震引发海啸，导致了震惊世界的福岛核电站事故。国际原子能机构认为日本福岛核事故是继美国三哩岛、苏联切尔诺贝利核电站事故后，世界范围内响应等级最高、危害最严重的核事故。在美国三哩岛发生事故之前，美国工业界的行政主管们认为核电站设计十分安全可靠，不可能发生核事故。美国三哩岛事故后，苏联政府派出相关人员赴事故现场进行考察，在事故现场举行的新闻发布会上，苏联官员针对媒体信誓旦旦地表示，苏联没有采用三哩岛核电厂的设计，所以苏联不可能发生类似的事故。但是就在7年后，苏联虽然没有发生三哩岛式的事故，却发生了切尔诺贝利核事故。切尔诺贝利事故后，许多国家，包括日本政府也郑重声明，苏联核电站在设计上存在着安全设计缺陷，他们本国的核电站没有采用苏联的这种设计模式，并且在反应堆外层加装了安全壳，核电厂将绝对安全。可是，20多年后，日本没有发生切尔诺贝利式的事故，但却发生了福岛核事故。

只要有核电站，就存在发生核事故的可能性，只是不同国家不会发生完全一样的核事故罢了。与美国三哩岛核事故、苏联切尔诺贝利核事故主要由人为原因导致不同，此次日本福岛核事故是在地震和海啸引发的首波地质灾难的基础上，由核电厂供电系统出现故障导致的冷却系统失效，从而引发了核电厂事故。这种由外部因素诱发的重大核事故，虽然人为因素仍为关键因素，但在核事故历史上实属首次。事实说明，核事故虽然发生的概率较低，但必须加强核应急准备，搞好核应急能力建设。核应急能力关系到国家经济和社会发展的全局，体现了对人民生命财产的关注，也反映了是否履行国际承诺和义务。

随着我国核能事业的规模发展和核技术的广泛应用，核应急面临的形势任务与内外发展环境都发生了较大变化。面对核能事业发展新形势新挑战，国家核应急管理与准备工作不断加强，其体系化、专业化、规范化、科学化水平得到进一步提升。国家建立全国统一的核应急能力体系，部署军队和地方两个工作系统，区分国家级、省级、核设施营运单位级 3 个能力层次，推进了核应急领域的各种力量建设。

国家建设了 8 类国家级核应急专业技术支持中心，组建了 1 支国家核应急救援队和 30 余支国家级专业救援分队；各核电站所在的省（区、市）均建立了相应的核应急力量；各核设施营运单位及所属涉核集团也建立了相关的核应急设施及力量。针对国家核应急能力建设现实需求，为进一步支援地方经济建设，1997 年，中央军委颁发了《中国人民解放军参加核电厂核事故应急救援条例》，从法规上明确了军队参与核事故应急救援的任务和要求。经过 20 多年的建设与发展，军队已经成为国家核事故应急救援的重要力量。为进一步满足国家和军队核应急准备和建设的需要，加强核应急人员培训和核应急专业力量建设，特编写本书。

1.2 范围和内容

广义上的核事故，通常是核或辐射事故的统称，它实际上涉及核事故和辐射事故两个领域。

核事故，根据《中华人民共和国核安全法》，主要是指核设施内的核燃料、放射性产物、放射性废物或者运入运出核设施的核材料所发生的放射性、毒害性、爆炸性或者其他危害性事故，或者一系列事故。

辐射事故，根据《放射性同位素与射线装置安全和防护条例》，是指放射源丢失、被盗、失控，或者放射性同位素和射线装置失控，导致人员受到意外的异常照射。

核与辐射事故的类型可分为核反应堆事故、核材料临界事故、核武器事故、辐射装置事故、放射性废物储存事故、放射源丢失事故以及医疗照射事故等。其中,核反应堆往往由于在高温高压下运行,包含的放射性物质较多,一旦其发生事故,可能造成大量放射性物质释放,引起环境污染、人员伤亡。

本书所涉及的应急救援,主要针对狭义上的核事故,及其应急工作进行讨论,重点围绕民用核电站核设施的应急救援问题展开,不涉及辐射事故的应急救援。军用核设施核装备不在本书讨论范围之内,本书内容也不包括核或辐射恐怖袭击事件的应急救援。

本书中,核或辐射应急救援的概念是指,为了控制核事故、缓解核事故、减轻核事故后果,特别是减轻核事故对公众和环境产生的危害,而采取的不同于正常秩序、正常工作程序和日常抢修行为的紧急救援行动,是政府主导、企业配合、各方协同、统一开展的应急救援行动。核应急救援事关重大、涉及全局,对于保护公众、保护环境、保障社会稳定、维护国家安全具有重要意义。其中,应急救援所涉及的内容和方法也可为其他类型的核与辐射应急提供参考。

本书共分9章:第1章,介绍了本书编写的基本考虑,以及主要结构框架和对一些主要概念的理解。第2章,介绍了核设施的基本构成,核事故的概念、分级和分类,以及历史上发生的典型核事故案例。第3章,介绍了世界主要核能发达国家核事故应急管理组织体系。第4章,从核事故应急救援指挥特点、核应急指挥体系、核应急决策、核事故应急发布4个方面,讨论了核事故应急救援指挥应关注的问题。第5章,从讨论辐射实践与应急干预两个基本概念入手,重点介绍了干预的目的和原则,讨论了核事故应急人员的防护、公众的防护,以及公众心理干预等问题。第6章,围绕核事故后果评价和决策支持问题,介绍了核事故后果评价基本方法,讨论了预期剂量的计算,以及剂量预测与决策的关系,并详细介绍了核事故后果评价系统的实例运用。第7章,介绍了核应急辐射监测的概念与分类,讨论了核应急辐射监测的任务与要求,阐述了核应急辐射监测的主要方法,重点描述了核应急辐射监测的组织与程序。第8章,介绍了现场急救的一般实施程序,简述了核应急医学救援的现场医学处置措施及相关原则等。第9章,围绕核事故放射性污染的消除,介绍了放射性污染的类型,描述了放射性污染消除的任务和方法,分别讨论了人员污染的消除、地域污染的消除和机械装备污染的消除。

1.3 若干概念的理解

由国际原子能机构最新发布的《核或辐射应急的准备与响应》(IAEA《安全标准丛书》第 GSR Part 7 号,2016),充分吸纳 2011 年日本福岛核事故应急救援经验教训,对核应急准备与响应的关键概念、应急响应要求进行了修改完善。

其主要变化在于突出强调核应急响应行动的整体前移,即由过去的事态发生到失去控制后,再被动启动核应急行动,转变为在事故发生的一开始,就应立即研判事态发展可能,依据专业研判及早启动核应急响应,做到尽早提前介入、尽早开展救援行动、尽可能避免和减轻核事故给人们带来的危害。

主要考虑的是:经过多年的实践和研究,特别是吸取日本福岛核电站事故应急救援的经验及教训,国际上形成的共识是,由于事故出现之前和事故发生早期,人们不可能获得足够的可靠信息用于决策,在这种情况下,要等待监测数据与评价结果出来后,再实施紧急防护行动,就等于人为延误了防护行动的实施和应急行动的启动,必然会降低防护行动的有效性,影响应急救援效果,对防止或降低公众接受辐射剂量、更有效地遏制事故发展是十分不利的。

1.3.1 关于应急响应的目标

在很长一个时期内核或辐射应急响应的实际目标如下。

(1)恢复对局面的控制和避免或缓解事故后果。这是营运者的职责,包括防止或减少放射性物质的释放和工作人员与公众的辐射照射。

(2)防止在工作人员和公众中发生确定性健康效应。需要通过场内、场外采取紧急防护行动,将剂量保持在确定性健康效应阈值下实施。在严重的应急状态下,在放射性释放前采取预防性防护行动是最好的方法。

(3)提供急救,并设法医治辐射损伤人员。应当委派受过辐射响应训练的医务人员到达现场,对受到生命威胁的受伤人员提供急救。

（4）尽可能地防止随机性健康效应在居民中发生。基于干预水平和行动水平，通过采取紧急防护行动和长期防护行动实施这一目标。

（5）尽可能防止非放射的有害影响。在很多核或辐射应急中，往往非放射的影响（如心理的、社会的和经济的）较辐射后果的影响严重。因此，在应急期间，要重视和采取措施减少这些非放射影响。

（6）尽可能保护财产和环境。要尽可能防止污染扩散，并采取补救行动（如合理的去污措施）减少对环境的影响。

（7）尽可能为恢复正常的社会与经济活动做好准备。

国际原子能机构新颁布的《核或辐射应急的准备与响应》中，把应急响应的目标扩大到9个，但表述更为简洁。

（1）重新控制局面和减轻后果。

（2）拯救生命。

（3）避免或最大限度地减少严重确定性效应。

（4）提供急救、提供关键医疗和设法处理辐射损伤。

（5）减少随机效应风险。

（6）随时向公众通报情况和维持公众信任。

（7）尽实际可能减轻非放射后果。

（8）尽实际可能保护财产和环境。

（9）尽实际可能为恢复正常的社会和经济活动做准备。

可以看到，国际原子能机构新颁布的核或辐射响应目标的内容更加精炼，并增加了两项关键性内容，即：第2项，拯救生命；第6项，随时向公众通报情况和维持公众信任。

1.3.2 关于防护行动的划分

核或辐射应急中的防护行动，主要是指为防止或减少公众在应急或持续照射条件下的受照剂量而进行的干预，即采取的行动。通常，防护行动分为紧急防护行动和较长期防护行动两大类，其中，预防性防护行动被作为紧急防护行动的一种特例。

国际原子能机构新颁布的《核或辐射应急的准备与响应》中明确提出，进一步规范核电厂设施应急防护行动的划分，拓展为 3 种类型，即预防性紧急防护行动（厂外应急称为厂外紧急防护行动）、早期防护行动以及其他响应行动。

1.3.3 关于核事故应急的阶段划分

当前国际主流做法是，针对最容易发生的放射性物质向大气释放事故或散布事件，将事故（事件）进程划分为 3 个阶段，即早期、中期和后期（亦称恢复期）。据此，应急响应和救援也划分为早期、中期和后期 3 个阶段，各阶段的干预水平及相应的防护行动也各有侧重。

（1）早期阶段——放射性事件的开始阶段。此时，需要基于对放射性事件的状态和不断恶化条件的预测情况，立即做出采取有效防护行动的决定。如果可能，可以使用基于源项的环境放射性情况推测或实际的环境测量值。该阶段期间，优先采用预防行动。该阶段可能持续数小时至数天。

（2）中期阶段——该阶段开始于源项释放已经得到控制后（不一定已经停止，但不再增加）。该阶段期间可以使用可靠的环境测量值，并基于这些数据做出相应的防护行动决定，并保持到不再需要这些防护行动。此阶段可能持续数周至数月。

（3）后期阶段——该阶段从开始实施恢复行动时算起，到全部恢复行动完成时结束。通过恢复行动将使环境中的辐射水平降低至可接受的水平。该阶段可能持续数月至数年。

问题是，这 3 个阶段并不能简单地以时间跨度进行定义，在时间跨度上它们之间可能相互重叠。为解决这一问题，国际原子能机构在新颁布的《核或辐射应急的准备与响应》中采用了新的划分方法，即以防护行动进行划分，通过这种新的划分方式，可以为应急救援计划和方案的拟制，提供操作性更强的框架和依据。

1.3.4 关于应急规划区和应急规划距离的确定与划分

通常，核或辐射应急概念中，有应急规划区的概念。它是指为了保证在出现事故时能迅速采取有效保护公众的行动，在核设施周围需要建立进行应急响应计划的区域，也就是必须建立制定计划并做好应急准备的区域。我国现版应急管理条例针对核事故情况下放射性烟羽照射途径和食入照射途径，提出了核电厂周围应建立烟羽应急计划区和食入应急计划区的要求。

国际原子能机构最新版《核或辐射应急的准备与响应》明确提出建立应急规划区和应急规划距离的概念，它必须包括核电厂等设施的预防行动区、紧急防护行动规划区以及扩展规划距离。其中，厂外应急规划区和应急规划距离可以不同于规定的应急规划区和应急规划距离。建立的时机是：在准备阶段就应指明这种区域和距离，并做出在这种区域和距离内有效采取预防性紧急防护行动、紧急防护行动和早期防护行动及其他响应行动的安排，以实现应急响应的目标。具体细分为以下 3 类。

(1) 预防行动区。必须在放射性物质大量释放之前，依据设施状况（即导致宣布总体应急的状况），做出采取紧急防护行动和其他响应行动的安排，以避免或减少发生严重确定性效应。

(2) 紧急防护行动规划区。必须尽可能在放射性物质大量释放之前，依据设施状况（即导致宣布总体应急的状况），以及在释放发生后，根据厂外放射性监测和评估结果，做出启动紧急防护行动和其他响应行动的安排，以减少随机效应危险。任何此类行动的采用均不得拖延实施预防行动区内的预防性紧急防护行动和其他响应行动。

(3) 扩展规划距离。始于发生核事故的设施，并大于紧急防护行动规划区。必须安排厂外放射性监测和评估，以便在大量放射性释放后一天至一周或至数周内，通过采取防护行动和其他响应行动，有效降低区域内随机效应危险。

1.3.5 关于核或辐射应急的防护策略

国际原子能机构最新发布的《核或辐射应急的准备与响应》，首次明确提出了防护策略的概念，即政府必须确保根据所确定的危害和核或辐射应急的潜在后果，在准备阶段制定防护策略，并使其正当化和最优化，以便在核或辐射应急行动中有效地采取防护行动和其他响应行动，实现应急响应目标。

制定防护策略的基本要求如下：

必须考虑为避免或最大程度减少严重确定性效应，以及减少随机效应危险而应采取的行动；必须在组织或器官的相对生物效应权重吸收剂量的基础上评价确定性效应；必须在组织或器官的剂量当量的基础上评价在组织或器官中的随机效应；必须在有效剂量的基础上评价与个人随机效应在受照射人群中发生的相关危害。

必须确定用残留剂量表示的参考水平，一般是一个范围，介于 20 ~ 100mSv 的急性或年有效剂量，这包括经由各种照射途径的剂量贡献；必须将这种参考水平与应急响应的目标和拟实现特定目标的具体时限结合使用（基本考虑是：100mSv 的急性或年有效剂量作为实施和优化防护策略的剂量依据之一可能是正当的；在后期阶段，每年 20mSv 的有效剂量作为实施和优化防护策略，以便能够过渡到现行照射情况的剂量依据之一可能是正当的）。

在防护策略正当化和最优化结果的基础上，必须制定供采取用预期剂量或已接受的剂量表示的特定防护行动和其他响应行动所用的国家通用准则，同时兼顾应急准备和响应的一般准则。如果超过关于预期剂量或所接受剂量的国家通用准则，必须实施这些防护行动和其他响应行动。

防护策略一旦达到正当化和最优化，并已制定了一套国家通用准则，为启动应急计划不同部分、采取防护行动和其他响应行动而预先制定的业务准则（现场状况、应急行动水平和运行干预水平）必须源于该通用准则。必须预先制定安排，在核或辐射应急中，随着情况发展出现新的状况，可酌情修改。

在防护策略范畴内制定的每个防护行动和防护措施，都必须证明是正当的（即利大于害），这不仅要考虑与辐射照射相关的危害，还要考虑所采取的行动对公众健康、经济、社会和环境可能产生的不利影响。

第 2 章

核设施与核事故

2.1 核设施

核设施是指利用核反应(裂变或聚变)进行能量(热或电)生产、科学研究和工程验证以及核燃料生产的设施或装置,现阶段主要包括以下几类:一是核电厂、核热电厂、核供汽供热厂等核动力厂及装置;二是核燃料生产、加工、储存和后处理设施等核燃料循环设施;三是核动力厂以外的研究堆、实验堆、临界装置等其他反应堆;四是放射性废物的处理、储存、处置设施。

2.1.1 核动力厂及装置

核动力厂是指利用核动力反应堆生产电力或热能的动力厂,既包括利用核能发电的核电厂,也包括利用核能同时生产电力和热能的核热电厂,还包括同时生产热能和工业供汽的核供汽供热厂等。核动力装置是以核燃料代替普通燃料,利用核反应堆内核燃料的裂变反应产生热能并转变为动力的装置,如核潜艇、核动力航母等,采用的主动力装置就是核动力装置。

1. 核反应堆

1)核反应堆的基本概念

所谓核反应堆,是指能维持可控自持核裂变链式反应的装置,简称反应堆。反应堆是核电厂的核心设备,也是核电厂区别于一般电厂的主要特征。

2)核反应堆的分类

目前,世界上大小反应堆有上千座,尽管数量不算太多,但其结构形式却是千姿百态的,根据燃料形式、冷却剂种类、中子能量分布形式、特殊的设计需要等因素可建造成各类型结构形式的反应堆。正因为如此,对反应堆可以用多种方法进行分类。

(1)按照用途分。根据核反应堆的用途不同,可以分为研究实验堆、生产堆和动力堆。研究实验堆是指用作实验研究工具的反应堆。研究实验堆的实验研究领域很广泛,包括堆物理、堆工程、生物、化学、物理、医学等,同时,还可生产各种放射性和培训反应堆科学技术人员。例如,清华大学于 1964 年就建造了一个游泳池式屏蔽实验反应堆,主要用来开展辐射实验研究以及余热供暖实验研究;生产堆主要用于生产易裂变材料如^{233}U、^{239}Pu 或其他材料,或用来进行工业规模辐照;动力堆可分为潜艇动力堆和商用发电反应堆。核潜艇通常用压水堆作为其动力装置。商用规模的核电厂用的反应堆主要有压水堆、沸水堆、重水堆、石墨气冷堆和快堆等。

(2)按照引起裂变的中子能量分。重核在中子的轰击下能产生裂变,但并非各种速度的中子打到裂变材料上都能使其裂变,打到核上的中子可能造成核裂变,可能同核碰撞后又反射出原子核,还可能被靶核吸收后使其变成另一种元素。发生裂变的概率同中子的入射速度有关。根据运动速度,中子可分为快中子和慢中子。慢中子轰击裂变核容易发生裂变反应,比快中子发生裂变反应的概率要高几百倍。一般裂变时放出的中子绝大部分能量很高,平均能量为 2MeV,是快中子。要变成慢中子需要经过同原子的不断碰撞才能降低速度。当中子能量降到约 1eV 时,中子速度与所处温度下的热速度相等,故称为热中子。很显然,热中子堆中需要用到慢化剂。所谓慢化剂,就是指热中子堆中使快中子速度减慢的材料。慢化剂目前用的是水、重水或石墨。此外,在反应堆内,还需要有载出热量的冷却剂,目前,冷却剂有水、重水和氦等。根据慢化剂和冷却剂的不同,热中子堆可分为轻水堆、重水堆和液态金属冷却堆、气冷堆、熔盐堆等,目前,世界上用得最多的是轻水堆。根据水的物理状态,轻水堆又可分为压水堆和沸水堆,压水堆是以高压水作为冷却剂,水呈液态,而沸水堆以沸腾水作为冷却剂;重水堆以重水作慢化剂,以重水或沸腾轻水作冷却剂,气冷堆以氦气作冷却剂,以石墨作为慢化剂。

据国际原子能机构核反应堆信息系统(PRIS)统计,截至 2021 年 1 月,世界上正在运行的各核电机组堆型数量和运行功率如表 2.1 所列。从机组数量看，其中轻水堆堆型约占 82.6%，又以压水堆堆型为主，压水堆堆型占总堆型比例达到 68.2%。

表 2.1 世界核电机组堆型数量一览表

堆型	运行机组	运行净功率/MW
压水堆(PWR)	302	286974
沸水堆(DWR)	64	65003
各种气冷堆(GCR)	14	7725
各种重水堆(PHWR)	48	23875
石墨慢化轻水堆(LWGR)	12	8358
液态金属快中子增殖堆(LMFBR)	3	1400
合计	443	393335
注:数据来自国际原子能机构核反应堆信息系统(PRIS),截至 2021 年 1 月		

3)压水反应堆的组成

核反应堆在核电厂的作用相当于火电站的锅炉，它是整个核电厂的心脏。它以核燃料在其中发生特殊形式的“燃烧”产生热量，加热水使之变成蒸汽。反应堆通常是个圆柱体的压力容器，由燃料组件、冷却剂、慢化剂、控制棒等组成。其中裂变材料所在部分称为反应堆堆芯。堆芯由可裂变材料做成的燃料、冷却剂流道、吸收剩余中子的控制棒、测量孔道、结构支撑部件等组成。

压力容器采用复合钢板(低碳合金钢即压力容器钢加 3mm 厚不锈钢内覆面)轧制焊接成形为带半球形封头的圆柱筒体。通高为 13m，内径为 4m，壁厚 200mm，总质量为 330t。压力容器带有偶数个(4~8 个)出入口管嘴，整个容器重量由出口管嘴下部钢衬与混凝土基座支撑。图 2.1 显示的是压力容器及内部构件的剖视图。

(1)燃料棒和燃料组件。为了提高裂变反应的概率，在压水堆核电厂中，核燃料采用的铀是低浓缩铀，其中含裂变材料 ^{235}U 的富集度为 3%。这种浓缩铀是在专门的浓缩工厂里耗费大量电力生产出来的。核燃料的形式为由铀混合物粉末烧结成的二氧化铀陶瓷芯块(图 2.2)。

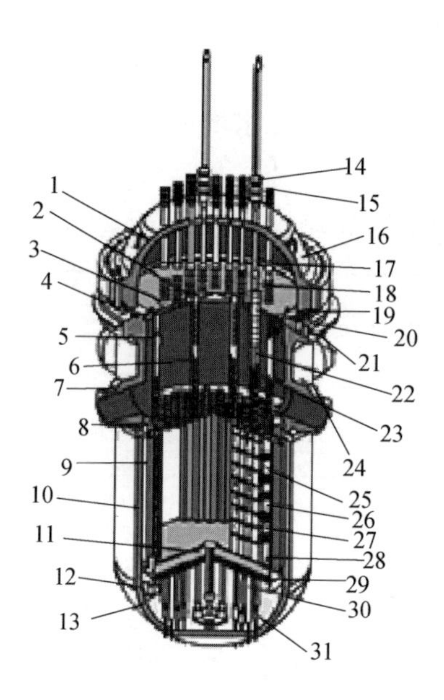

图 2.1　压水堆压力容器及内部构件

1—吊耳;2—厚梁;3—上部支撑板;4—内部构件支撑凸缘;5—堆心吊篮;6—支撑柱;
7—进口接管;8—堆芯上栅格板;9—热屏蔽;10—反应堆压力容器;11—检修孔;12—径向支撑;
13—下部支撑锻件;14—控制棒驱动机构;15—热电偶测量口;16—封头组件;17—热套;
18—控制棒套管;19—压紧簧板;20—对中销;21—控制棒导管;22—控制棒驱动杆;
23—控制棒组件(提起状态);24—出口接管;25—围板;26—幅板;27—燃料组件;
28—堆芯下栅格板;29—流动混合板;30—堆芯支撑柱;31—仪表导向套管。

图 2.2　二氧化铀陶瓷芯块

每个陶瓷芯块为直径约 1cm、高度约 1cm 的圆柱体，芯块上下端面呈蝶形，用来补偿因热膨胀和辐照肿胀造成的尺寸变化。几百个芯块叠在一起装入直径 1cm、长度约 4m、厚度为 1mm 左右的细长锆合金材料包壳内，包壳上下两端设有氧化铝隔热块，顶部有弹簧压紧，两端用锆合金端塞封堵，并与包壳管焊接密封在一起。这样的一根包壳管称为燃料棒。燃料棒与组件骨架按照一定间隔以 15×15 或 17×17 排列并被固定成一束，称为燃料组件，如大亚湾核电厂的燃料组件为 17×17，每个组件有 289 个位置，其中 264 个位置由燃料元件占据，另外 25 根燃料组件骨架包括 24 根控制棒导向管和 1 根中子通量测量管（图 2.3）。

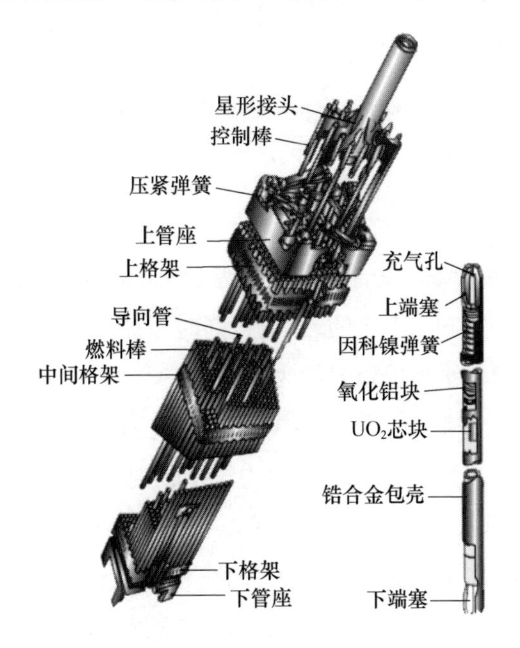

图 2.3　燃料棒和燃料组件

上百个燃料组件按照圆柱形垂直排列，形成了反应堆的心脏——堆芯。堆芯处于压力容器内低于进出口管嘴处，由 157～193 个（相应于 900～1200MW）燃料组件组成。图 2.4 显示的是压力容器堆芯处的断面图。堆芯周围由围板束紧，围板固定在吊篮上，吊篮外固定着热屏，热屏用以减少压力容器可能遭受的中子辐照。

堆芯支撑结构由上部支撑构件、下部支撑构件和吊篮组成。吊篮以悬挂方式支撑在压力容器上部支撑凸缘上。

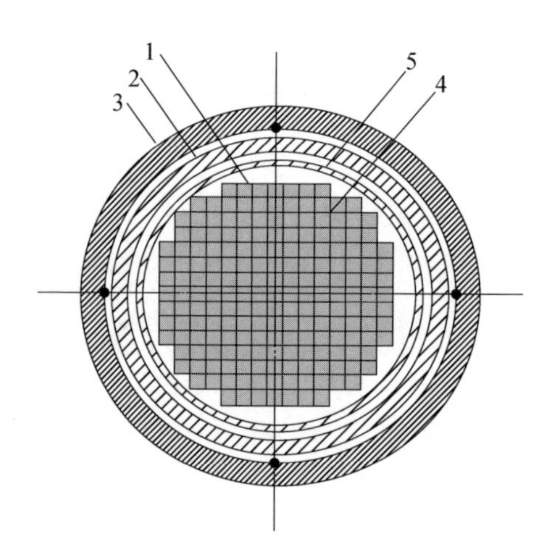

图 2.4　压力容器堆芯断面图

1—围板;2—热屏;3—压力容器;4—燃料组件;5—吊篮。

燃料与燃料之间的间隙称为冷却剂流道,冷却剂通过堆芯将核能带走。从装料到卸料的运行过程称为运行循环,通常,一个运行循环约为一年。运行周期末的换料期间,一般卸出 1/3 的乏燃料,同时添加同样数量的新燃料,也就是说,每一组件在堆内的平均停留时间为 3 年。

(2)慢化剂和冷却剂。慢化剂的作用是使反应堆中的中子速度减慢。慢化剂应具备两个条件:一是它的原子核与中子撞击时容易使中子丧失能量,即中子较多地被慢化下来;二是它不要把中子吃掉,即不要将中子吸收,使中子损失掉。一般来说,轻的原子核容易使中子慢化,但轻原子核不吸收中子或很少吸收中子的并不多,现在广泛用于作慢化剂的物质实际上只有 4 种,即轻水、重水、石墨(炭)、铍。其中重水是很好的慢化剂,但自然界中重水含量少,费用很高。因此,轻水是应用最广泛的慢化剂。在反应堆中燃料元件是被插在慢化剂中的,燃料元件之间有一定的距离,使中子刚好能减速到最慢的速度。

反应堆运行时,由于核燃料裂变反应产生大量的热量,这些热量必须及时从堆芯中输送出来;否则,燃料温度会上升,超过允许温度燃料会烧毁。用于输送堆芯热量的载体称为冷却剂。冷却剂的性能要求必须是排热能力大,同时为了防止中子损失,必须要求吸收中子能力差。反应堆常用冷却剂有轻水、重水、二氧化碳或氦气、液体金属(如 Na 等)。一般轻水堆采用轻水冷却、轻水慢化,其使用最广泛；重水堆采用重水或轻水冷却、重水慢化；气体冷却剂用于高温气冷堆；液体金属则作为快中子反应堆的冷却剂。

冷却剂在压力容器内的流动线路如图 2.5 所示，冷却剂从入口管嘴进入，沿下降段下行到压力容器下腔室，然后折返上行通过堆芯，再经由上栅板、上腔室，经出口管嘴流出。

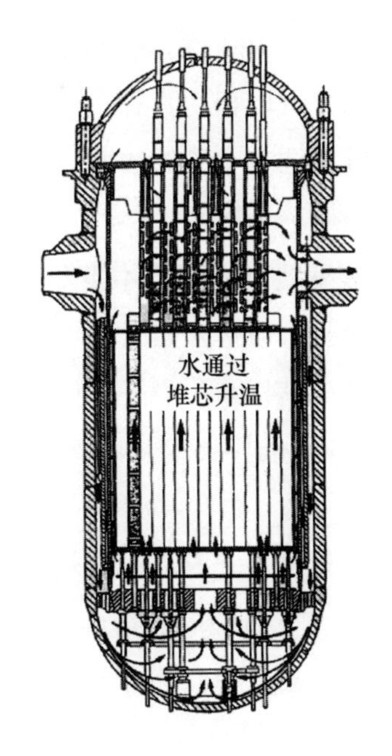

图 2.5　压力容器内冷却剂流动线路

冷却剂流量的主要部分(95% 以上)用于冷却燃料元件，另有一部分旁流冷却控制棒和吊篮。向上腔室和上封头的旁流仅占总流量的 0.5%，但是非常重要，它用于冷却控制棒导管区和上封头，防止上封头汽化。

(3)控制材料。反应堆内装载的核燃料足够产生一年所需的能量，如何控制使得这些核燃料不是在短时间内全部裂变，而是通过一年时间逐渐发生裂变呢？这就要求控制反应堆中的中子数量。控制中子数量的材料称为控制材料或中子吸收体，被放在燃料棒束之间。

控制材料一般可分为 3 种。第一种是在反应堆运行过程中可以抽插移动的，称为控制棒。控制棒的大小同燃料棒很相似，根据长短控制棒可分为全长控制棒和短棒两种，全长控制棒主要用于停堆，运行时一般提出堆外，短棒的吸收体长仅为几十厘米，主要用于调节功率分布。而根据吸收体的吸收能力，还可将控制棒分为黑棒和灰棒两种。黑棒以封装在不锈钢管中银—铟—镉合金材料制成，其吸收中子的能力很强，灰棒一般由含硼酸不锈钢制造，灰棒的吸收能力较弱，对中子通量的扰动小，用于负载跟踪运行。另一种吸收体称为控制毒物，它同燃料棒一样被固定在堆内。控制毒物用于在反应堆装料初期吸收中子，随着运行时间的增加，它的中子吸收物减少，吸收性能降低，与此同时，裂变碎片放出的中子增加，两者正好可以相互弥补。还有一种中子吸收体是稀释在冷却剂中的硼酸，它可以缓慢地调节中子的浓度。

4）反应堆的控制

（1）核燃料的点火。核裂变要求有中子才能发生，裂变发生后，产生的新的中子可以用于发生其他的核裂变，但是开始时的中子从哪里来呢？原来在反应堆内，有个中子发生器，在反应堆启动时，中子发生器首先启动，发出自由中子，这些自由中子作为“点燃”反应堆的导火索。当反应堆开始维持链式反应后，中子发生器就不再使用。

（2）反应堆的停止。反应堆的停止是靠向燃料棒束中间插入停堆控制棒实现的。停堆控制棒中子吸收性能特别好，大量的中子被吸收掉后，链式反应就不能延续，核反应就能停下。如果核电厂发生任何事故，控制棒可以在瞬间插入反应堆堆芯，称为紧急停堆。

（3）反应性控制。反应性控制分为功率大小控制和反应性控制。功率大小控制就是提高或降低反应堆的输出功率。反应性控制是指控制反应堆偏离临界的程度。严格来说，功率的上升下降也是通过控制反应性的大小实现的。

2. 压水堆核电厂

核电厂是指将原子核裂变释放的核能转换成热能，再转变为电能的系统和设施。核电厂由反应堆、发电机组及其他控制、输配电等相关辅助设施组成。由于核反应堆的类型不同，核电厂的系统、设备也有所差异。下面以压水堆核电厂为例，介绍核电厂的组成及工作原理。

1）压水堆核电厂的组成

压水堆核电厂主要由压水反应堆、反应堆冷却剂系统（简称一回路）、蒸汽和动力转换系统（简称二回路）、循环水系统、发电机和输配电系统及其辅助系统组成。通常将一回路及辅助系统、专设安全设施和厂房统称为核岛。二回路及其辅助系统和厂房与常规火电厂系统和设备相似,称为常规岛。电厂的其他部分统称配套设施。实质上,从生产的角度讲,核岛利用核能生产蒸汽,常规岛用蒸汽生产电能。

2)压水堆核电厂工作原理

压水堆核电厂流程原理如图 2.6 所示,反应堆冷却剂系统将堆芯核裂变放出的热能带出反应堆并传递给二回路系统以产生蒸汽。通常把反应堆、反应堆冷却剂系统及其辅助系统称为核供汽系统。现代商用压水堆核电厂反应堆冷却剂系统一般有 2 ~4 条并联在反应堆压力容器上的封闭环路(图 2.7)。

每一条环路由一台蒸汽发生器、一台或两台反应堆冷却剂泵及相应的管道组成。一回路内的高温高压含硼水,由反应堆冷却剂泵输送,流经反应堆堆芯,吸收了堆芯核裂变放出的热能,再流进蒸汽发生器,通过蒸汽发生器传热管壁,将热能传给二回路蒸汽发生器给水,然后再被反应堆冷却剂泵送入反应堆。如此循环往复,构成封闭回路。整个一回路系统设有一台稳压器,一回路系统的压力靠稳压器调节,保持稳定。

为了保证反应堆和反应堆冷却剂系统的安全运行,核电厂还设置了专设安全设施和一系列辅助系统。

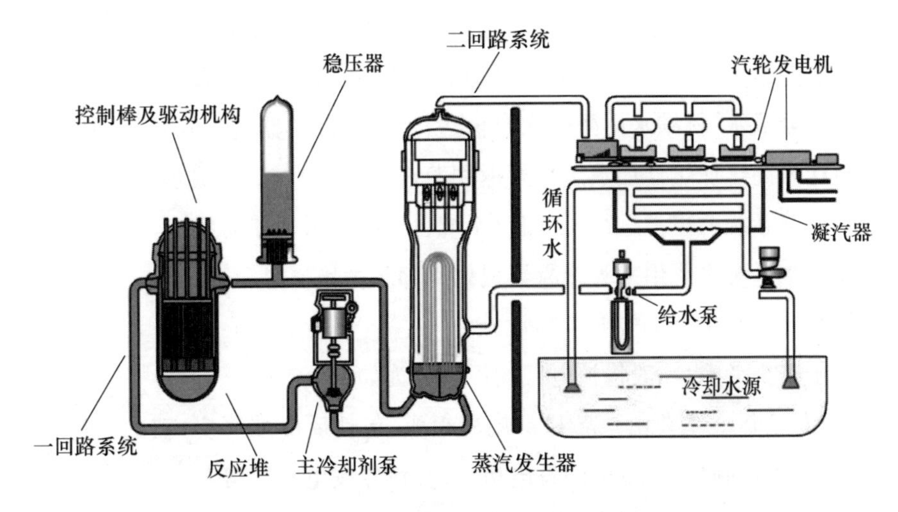

图 2.6 压水堆核电厂流程原理图

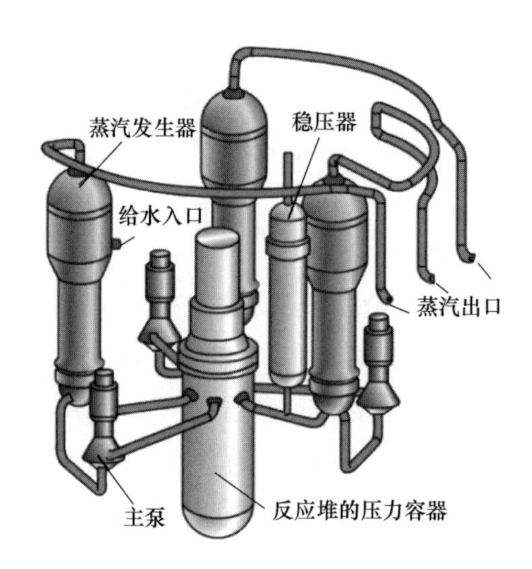

图 2.7　3 个环路的压水堆一回路系统布局图

一回路辅助系统主要用来保证反应堆和一回路系统的正常运行。压水堆核电厂一回路辅助系统按其功能划分,有保证正常运行的系统和废物处理系统,部分系统同时作为专设安全设施的支持系统。专设安全设施为一些重大的事故提供必要的应急冷却措施,并防止放射性物质的扩散。

二回路系统由汽轮机发电机组、冷凝器、凝结水泵、给水加热器、除氧器、给水泵、蒸汽发生器、汽水分离再热器等设备组成。蒸汽发生器的给水在蒸汽发生器吸收热量变成高压蒸汽,然后驱动汽轮发电机组发电,做功后的乏汽在冷凝器内冷凝成水,凝结水由凝结水泵输送,经低压加热器进入除氧器,除氧水由给水泵送入高压加热器加热后重新返回蒸汽发生器,如此形成热力循环。为了保证二回路系统的正常运行,二回路系统也设有一系列辅助系统。

循环水系统主要用来为冷凝器提供冷却水。

3)压水堆核电厂的主要厂房设施

基于安全考虑,一般将核电厂的厂房分为如下几个区。

(1)核心区。主要由核岛和常规岛组成,包括反应堆厂房、辅助厂房、燃料储存厂房、主控制室、应急柴油发电机厂房、汽轮发电机厂房等。

(2)三废区。主要由废液储存、处理厂房、固化厂房、弱放废物库、固体废物储存库、特种洗衣房和特种汽车库等组成。

(3)供排水区。主要由循环水泵房、输水隧洞、排水渠道、淡水净化处理车间、消防站、高压消防泵房、排水泵房等组成。

(4)动力供应区。主要由冷冻机站、压缩空气及液氮储存汽化站、辅助锅炉房等组成。

(5)检修及仓库区。它包括检修车间、材料仓库、设备综合仓库及危险品仓库等。

(6)厂前区。为电厂行政办公大楼及汽车、消防、保安及生活服务设施。

核电厂主要厂房包括反应堆厂房(即安全壳)、燃料厂房、辅助厂房、汽轮机厂房和控制厂房。图 2. 8 为我国大亚湾核电厂厂房布置图。

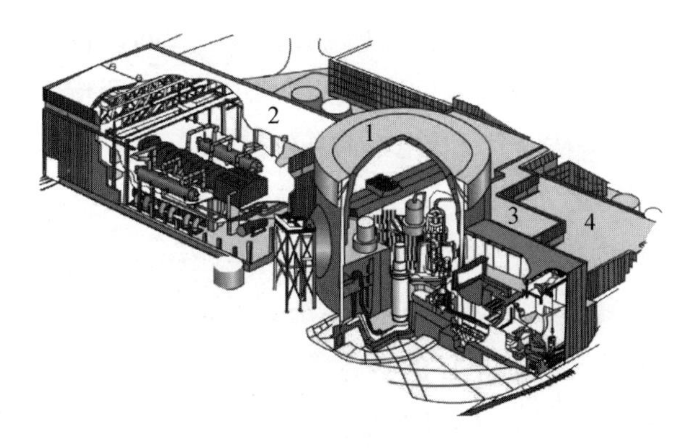

图 2. 8　大亚湾核电厂厂房布置图

1—安全壳;2—汽轮发电机厂房;3—燃料操作厂房;4—辅助设备厂房。

反应堆厂房是一个有钢衬的圆柱形预应力混凝土结构,顶部呈半球形或椭圆形,它的内径约 40m,壁厚约 1m,高为 60 ~ 70m,它包容一回路系统带放射性物质的所有设备,以防止放射性物质向外扩散。即使在核电厂发生严重事故时,仍然将放射性物质封闭在安全壳内,不会影响到周围环境。为了便于安全壳内大型设备的安装和检修,安全壳侧面设有直径约 10m 的一个设备闸门和一个连接辅助厂房的人员闸门。大厅顶部设有起吊能力为 250 ~ 300t 的环形吊车。安全壳设备闸门外设有设备吊装平台,平台上设有 270 ~ 300t 的龙门吊车,主设备经设备闸门进入安全壳,再由环形吊车吊装定位。为了支撑和隔离主系统设备,安全壳内有若干隔墙,将安全壳分隔成不同功用的隔室。安全壳底部是一个厚度达数米的混凝土基础平台。

燃料厂房设有乏燃料储存水池,用来盛放乏燃料。储水池上方,有一台100~150t的桥式吊车,以吊运乏燃料运输容器和乏燃料池冷却系统的设备。这个厂房通过燃料输送水道与反应堆厂房相连。在乏燃料储水池内,通常必须有7~9m深的水层作为屏蔽层。

辅助厂房是一个具有多种用途的钢筋混凝土结构。厂房内设有化学和容积控制系统、安全注入系统、设备冷却水系统等辅助系统及厂房必需的空气处理和冷却设备。厂房内的设备须装有隔间,给操纵人员提供物理屏蔽。在设备的布置上,必须注意把安全系统的设备、管道和电缆分开。这样,确保在设备、结构、管道和电缆的单一故障情况下不会使整个系统失去安全功能。依照这种分离的设计,对于装有事故工况下工作的电动机的房间,需要增加设备隔离间或保护墙及冷却设备。核电厂辅助厂房一般集中设置在反应堆厂房的周围,这有利于缩短系统管络,从而节省核电厂的基建投资。

汽轮发电机厂房的布置与火电厂汽轮机厂房相似。它一般布置在紧靠安全壳的一侧。厂房内设有汽轮发电机组、凝汽器、凝结水泵、给水泵、给水加热器、除氧器、汽水分离再热器及与二回路系统有关的辅助系统。

控制厂房布置在整个核电厂的中心,它包括中央控制室、厂用配电和各种自动控制设备。中央控制室内装有控制台和控制盘,继电器室内装有各种继电器和控制器。这个厂房控制着整个核电厂,因此,它是一个至关重要的区域。控制室和继电器室共用一个空调系统冷却电气设备。在继电器室下面,还有一个"电缆室",电缆室是从电厂各处向控制室引来的所有电缆的汇集点,所有电缆都分别引到控制室和继电器内的各个端子排上。

核电厂除了上述主要厂房外,还有循环水泵房、输配电厂房及放射性废物处理厂房。放射性废物处理厂房是核电厂特有的厂房。为了保证在正常和事故工况下排出的放射性物质不会污染周围环境,核电厂内所有通过反应堆及一回路系统排出的气体、液体和固体废物都要经过三废处理,达到允许标准后才可通过高烟囱、下水道排放或回收使用。因而,核电厂的厂房设置要比常规电厂严格、复杂得多。

4)压水堆核电厂的其他主要设备

(1)主冷却剂泵。反应堆冷却剂泵又称为主泵,是压水堆核电厂的最关键设备之一,它的作用是为反应堆冷却剂提供驱动压头,保证足够的强迫循环流量通过堆芯,把反应堆产生的热量送至蒸汽发生器,产生推动汽轮机做功的蒸汽。

(2)蒸汽发生器。蒸汽发生器是压水堆核电厂一、二回路的枢纽,它将反应堆产生的热量传递给蒸汽发生器二次侧,产生蒸汽推动汽轮机做功。蒸汽发生器又是分隔一、二次侧介质的屏障,它对于核电厂的安全运行十分重要。

压水堆核电厂运行经验表明,蒸汽发生器传热管断裂事故在核电厂事故中居首要地位。据报道,国外压水堆核电厂的非计划停堆次数中约有 1/4 是由蒸汽发生器问题造成的。

(3)稳压器。稳压器的基本功能是建立并维持一回路系统的压力,避免冷却剂在反应堆内发生容积沸腾。稳压器在电厂稳态运行时,将一回路压力维持在恒定压力下;在一回路系统瞬态时,将压力变化限制在允许值以内;在事故时,防止一回路系统超压,维护一回路的完整性。此外,稳压器作为一回路系统的缓冲容器,可以防止一回路系统水容积的迅速变化。

稳压器是一个细高的钢质压力容器,底部装有电加热器和一根连接反应堆出口的波动管,顶部装有喷淋器和喷淋管,喷淋管与反应堆入口相连。工作时稳压器内下半部为水,而上半部为蒸汽。当一回路压力升高时,喷淋器自动喷淋温度较低的反应堆入口水,使蒸汽凝结,造成压力下降;当压力降低时,电加热器自动通电,使水蒸发成水蒸气,造成压力回升。

3. 其他商用核电厂

除了压水堆核电厂,世界上还有以下常见商用核电厂。

1)重水堆核电厂

重水堆也是发展较早的核电厂动力堆之一,目前世界上采用的重水堆主要是由加拿大原创开发的专门用于核能发电的压力管式重水反应堆,也称坎杜堆。第一座示范坎杜堆于 1962 年建成并投入运行。坎杜机组大部分建在加拿大,近年来发展到韩国、阿根廷、罗马尼亚和中国等 6 个国家。

坎杜堆的核燃料加工成简单短小的燃料棒束组件,每根燃料棒长约 50cm,外径约 10cm。堆芯由几百个水平的压力管式燃料通道组成,每个压力管内一般装有12个燃料棒束组件。高压冷却水从燃料棒束的缝隙间冲刷流过,不断把热量带出堆芯。冷却水加了很高的压力之后,温度可以保持较高而不发生沸腾。在燃料通道外侧的是低温低压的重水慢化剂,慢化剂与压力管内的高温高压冷却水是分隔开的。核裂变产生的热量从燃料棒传递到高压冷却水,冷却水又在蒸汽发生器的U形管内把热量传递给管外的普通轻水,普通轻水沸腾所产生的高温高压蒸汽去驱动汽轮发电机发电。目前的重水堆核电厂所使用的冷却水是昂贵的重水,在新一代先进重水堆设计中,冷却水将采用轻水,而重水的用途只限于作慢化剂,因而,绝大部分重水可以省掉。

由于坎杜堆的燃料棒束组件简单短小,又加上反应堆堆芯是水平管道式的,所以在更换燃料的时候不需要停堆。更换核燃料时,两台机器人式的换料机分别与一个通道的两端对接;一台换料机从一端将燃料棒束通过燃料通道,顺着冷却剂流动的方向推入堆芯;另一台换料机在另一端接收卸出的乏燃料棒束。换料可以在反应堆任何功率运行时进行,整个操作过程可在控制室通过计算机系统按预编程序遥控自动完成。不停堆换料带来的好处是多方面的,它不仅避免了因更换燃料而需要较长时间的强制性停堆,更重要的是,它提供了一种强有力和灵活的燃料管理手段,也能及时把破损的燃料组件从堆内取出。

坎杜堆简单短小的燃料组件设计,意味着燃料制造厂投资小,易于国产化,燃料生产成本低,燃料和相关运行管理费较低。所有发展坎杜堆的国家,第一个机组建成后不久,很快都能实现燃料组件制造的本土化。

坎杜堆具有高中子经济性的突出优点。一方面,由于重水慢化剂对中子吸收很少;另一方面,由于不停堆换料、简单的燃料组件设计和堆芯中含有较少对中子有害的结构材料也减少了中子的损失。高中子经济性意味着裂变所产生的中子浪费较少,大多数用于引发新的裂变或者转换产生新的易裂变核,从而可提高核燃料的利用率。这个优点使重水堆成为唯一可以利用天然铀作燃料的商用核电反应堆。除了天然铀以外,重水堆也可以高效地利用其他多种核燃料,包括低浓铀、铀钚混合燃料、压水堆乏燃料、铀或钚驱动的钍燃料等。另外,由于特殊的堆芯结构和反应堆物理特点,坎杜堆在发电的同时还可以用来生产用途广泛的^{60}Co等同位素。

除了反应堆本体之外，重水堆核电厂与压水堆核电厂很相似，所以，多年来在发展压水堆核电厂过程中所建立起来的技术基础和制造能力，同样可以用于发展重水堆核电厂。重水堆避免了制造技术较复杂的庞大压力容器，可以制造相对容易的压力管。

2）沸水堆核电厂

沸水堆是以沸腾水为中子慢化剂和冷却剂并在反应堆压力容器内直接产生饱和蒸汽的动力堆。沸水堆和压水堆都采用低富集度的^{235}U作为燃料，并且必须停堆进行换料。

来自汽轮机系统的给水进入反应堆压力容器后，沿堆芯围筒与容器内壁之间的环形空间下降，在再循环泵作用下进入堆下腔室，再折流向上流过堆芯，受热并部分汽化。汽水混合物经汽水分离后，水沿环形空间下降，与给水混合；蒸汽则经干燥器后出堆，通往汽轮发电机，做功发电。蒸汽压力约为7MPa，干度不小于99.75%。汽轮机乏汽冷凝后经净化、加热，经再循环泵被送回堆芯，形成闭式循环，堆内装有数台内装式再循环泵。汽水分离器和汽轮机凝汽器流回的给水由泵送回堆芯去再循环。

堆芯主要由核燃料组件、控制棒及中子测量设备等组成。核燃料为正方形有盒组件，盒内燃料棒排列成7×7或8×8栅阵，棒外径为12.3mm，高约4.1m，其中核燃料段3.8m。UO_2燃料平均富集度为3%，并加入^{203}Cd可燃毒物。燃料棒包壳和组件盒材料均为锆-4合金。堆芯将由800个左右的燃料盒组成。

沸水堆的控制棒呈十字形，插入在4个燃料盒之间，中子吸收材料为碳化硼，封装在不锈钢管内，控制棒从堆底引入。反应堆的功率调节除用控制棒外，还可以改变再循环流量实现。流量增加，气泡带出功率就提高，堆芯空泡减少，使反应堆功率上升，随之气泡增多，直至达到新的平衡。这种改变流量的功率调节方法可使功率改变达25%满功率而不需要控制棒任何动作。

沸水堆蒸汽直接在反应堆内产生，故不可避免地要挟带出由水中产生的^{16}N，^{16}N有很强的γ辐射，因此，汽轮机系统在正常运行时都带有放射性，运行人员不能接近，还需要有适当的屏蔽。但^{16}N的半衰期仅7.13s，故停机后不久就可完全衰变，不影响设备维修。

3)高温气冷堆核电厂

高温气冷堆采用高温陶瓷型颗粒核燃料,以化学惰性和热工性能良好的氦气作冷却剂,耐高温的石墨作为慢化剂和堆芯结构材料。

20 世纪 60 年代中,英国、美国和德国研究发展高温气冷堆并先后建成功率规模较小的原型高温气冷堆核电厂,在此基础上提出商业应用核电厂方案。后来由于技术经济原因,至今尚未建成商业化高温气冷堆核电厂,但是高温气冷堆有高热效率和固有安全特点,有可能在 21 世纪 20 年代发展为商用核电厂。

高温气冷堆的堆芯核燃料由低富集铀或高富集铀加钍的氧化物(或碳化物)制成直径约 200μm 的陶瓷型颗粒核心,外面涂上 2~3 层热解碳和碳化硅,涂层厚度为 150~200μm,构成直径约为 1mm 的核燃料颗粒。然后,将颗粒弥散在石墨基体中压制成球形或柱形燃料实体。

堆芯通常由球形燃料和石墨反射层组成。直径 60mm 的球形燃料由堆顶部连续装入堆芯,同时从堆芯底部卸料管连续卸出乏燃料球。卸料的燃料球经过燃耗测量后,将尚未达到预定燃耗深度的燃料球再次送回堆内使用。反应堆堆芯内装有约 360000 个燃料球,燃料球在堆内平均经过 10 余次循环。反应堆有两套控制和停堆系统,均设置在侧向反射层内。第一套控制系统用于功率调节和反应堆热停堆。第二套是小球停堆系统,吸收体小球为直径 10mm 的含碳化硼的石墨球,用于长期冷停堆。

氦气冷却剂由循环鼓风机输送,从反应堆底部进入堆芯,通过燃料石墨球的间隙,冷却燃料球氦气沿高度方向被加热,出口温度可大于 750℃。高温氦气进入蒸汽发生器,将热量传给二回路给水,使二回路变成蒸汽。高温蒸汽送汽轮机做功发电。另一种方式是将从堆芯出来的 750℃高温氦气作为工质直接送入氦气轮机做功发电。为了减少氦气泄漏损失,通常将反应堆及一回路氦气鼓风机和蒸汽发生器等设备集中布置在预应力混凝土安全壳内。

4)快中子增殖堆核电厂

由快中子引起裂变链式反应并将释放出来的热能转换成电能的核电厂。由于快中子反应堆在运行时,能在消耗核裂变燃料的同时产生多于消耗的可裂变核燃料,实现可裂变核燃料的再生增殖,故称为快中子增殖堆核电厂。

增殖原理:自然界存在的唯一可裂变核燃料是^{235}U,但它在天然铀中仅含

0.71%，而约占99.3%的^{238}U在反应堆内吸收中子，经过一系列衰变反应后，会生成另一种可裂变核燃料^{239}Pu。^{235}U每次裂变可释放出2～3个新中子，如果这些新中子中至少1个用来维持链式反应，那么，余下的1～2个中子将有可能被无效吸收、泄漏或被^{238}U吸收。只有当无效吸收和泄漏损失小于1时，才能实现产生的新的可裂变材料^{239}Pu等于或大于1，实现增殖。快中子堆的中子无效吸收和泄漏较少，来采用^{239}Pu作核燃料，可真正实现增殖。

快中子堆内不仅没有中子慢化剂，连冷却介质也不能用慢化能力强的水或重水。目前，能用作快中子堆冷却介质的主要是液态金属钠、铅铋和氦气。因此，快中子核电厂有钠冷和气冷两种。目前，建得最多的是池式钠冷块堆核电厂。

4. 世界核电概况

据国际原子能机构核反应堆信息系统（PRIS）统计，截止到2021年1月7日，全世界共有31个国家的442个反应堆在运行，总装机容量393335MW(e)，53个机组在建，总装机容量为57523MW(e)，总运行时间18763堆·年，表2.2列出了世界各国运行和建造之中的反应堆机组数和装机容量。

表2.2 世界核电机组一览表

国家及地区	运行中的反应堆		建造中的反应堆	
	机组数量	总装机容量/MW(e)	机组数量	总装机容量/MW(e)
阿根廷	3	1641	1	25
亚美尼亚	1	375	0	0
孟加拉国	0	0	2	2160
白俄罗斯	0	0	1	1110
比利时	7	5930	0	0
巴西	2	1884	1	1340
保加利亚	2	2006	0	0
加拿大	19	13554	0	0
中国	49	49897	12	13053
捷克	6	3932	0	0
芬兰	4	2794	1	1600
法国	56	61370	1	1630

（续）

国家及地区	运行中的反应堆		建造中的反应堆	
	机组数量	总装机容量/MW(e)	机组数量	总装机容量/MW(e)
德国	6	8113	0	0
匈牙利	4	1902	0	0
印度	22	6255	7	4824
伊朗	1	915	1	974
日本	33	31679	2	2653
韩国	24	23172	4	5360
墨西哥	2	1552	0	0
荷兰	1	482	0	0
巴基斯坦	5	1318	2	2028
罗马尼亚	2	1300	0	0
俄罗斯	38	28578	3	3459
斯洛伐克	4	1814	2	880
斯洛文尼亚	1	688	0	0
南非	2	1860	0	0
西班牙	7	7121	0	0
瑞典	7	7740	0	0
瑞士	4	2960	0	0
乌克兰	15	13107	2	2070
英国	15	8923	2	3260
阿联酋	1	1345	3	4035
美国	95	96553	2	2234
土耳其	0	0	2	2228
总计	438	390760	51	54923
注:运行中的反应数量不包括中国台湾的3个反应堆				

从2015—2020年各国核能发展主要变化看,新增核电国家包括阿联酋、孟加拉国和土耳其。其中阿联酋的BARAKAH－1反应堆于2020年8月19日并网发电,分别于2013年、2014年、2015年开始建造的2、3、4号机组尚未完工,采用的堆型是压水堆APR－1400;孟加拉国于2017年11月30日开始建造2个核电机组,反应堆均为压水堆,采用VVER V－523型号;土耳其也于2018年4开

始建造2个核电机组,采用的堆型是压水堆VVER V-509。核电站数量增加的国家:中国运行中核电站增加23个;印度2016年增加1个;俄罗斯增加4个,其中2019年12月两个海上核电机组并网发电。核电站数量减少的国家:法国减少2个,德国减少3个,日本减少10个,瑞典减少3个,瑞士减少1个,英国减少1个,美国减少4个。

2.1.2 核燃料循环设施

核燃料循环是以反应堆为中心建立的,包括核燃料进入反应堆前的制备和在反应堆中燃烧及燃烧后处理的整个过程,它以反应堆为界分为前段和后段。核燃料循环包括矿石的勘探和开采、转化、富集、燃料制造、乏燃料储存、放射性废物后处理、放射性废物的固化和处理等,这些活动均需在不同的设施中完成,即核燃料循环设施。核燃料循环设施可能存在不同的潜在危害,例如临界、辐射、化学毒性、火灾和爆炸等。依赖于所采用的工艺、设施年限、生产量、总量和物质状况等因素,核燃料循环设施的潜在危害也有所不同。

1. 核燃料循环的方式

核燃料循环的方式是针对乏燃料是否进行后处理而划分的,目前动力堆燃料循环方式包括两种:一种是不进行后处理的开式循环模式;另一种是进行后处理的闭式循环模式。

1)开式循环模式

开式循环模式不进行后处理,乏燃料从反应堆卸出后经过中间存储和包装之后直接进行地质处置,由于燃料循环只经过反应堆一次,不对铀、钚进行回收重复使用,故又称为“一次通过式”燃料循环(图2.9)。

开式循环模式是最为简单的循环方案,在铀价较低的情况下也比较经济,还有利于防止核扩散,但这种方案存在其固有的弊端,首先是铀资源不能得到充分利用,开式循环的铀资源利用率仅为0.6%,其乏燃料中占比96%的铀和钚被当作废物直接处置,造成严重的铀资源浪费;其次是需要最终处置的废物体积太大,将乏燃料中裂变产物和次锕系元素(乏燃料中除铀和钚之外的锕系元素)与大量有用的资源如铀、钚等一起直接处置,将大大增加需要地质处置的废物总量;三是乏燃料中包含了所有放射性核素发热源,单位体积废物所需的处置空间大;四是乏燃料中放射性物质长期毒性高,与闭式循环模式相比,安全处置所需的时间跨度更长,将需要10万年以上。

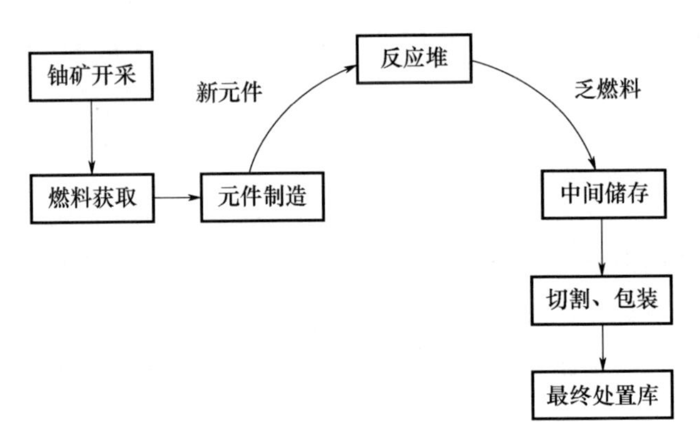

图2.9　开式(一次通过式)燃料循环示意图

2)闭式核燃料循环

闭式核燃料循环指乏燃料经过分离处理,将裂变产物分离除去,并将回收得到的铀和钚重新制成燃料元件返回反应堆复用(图2.10),因此,闭式核燃料循环的核心环节是乏燃料后处理。

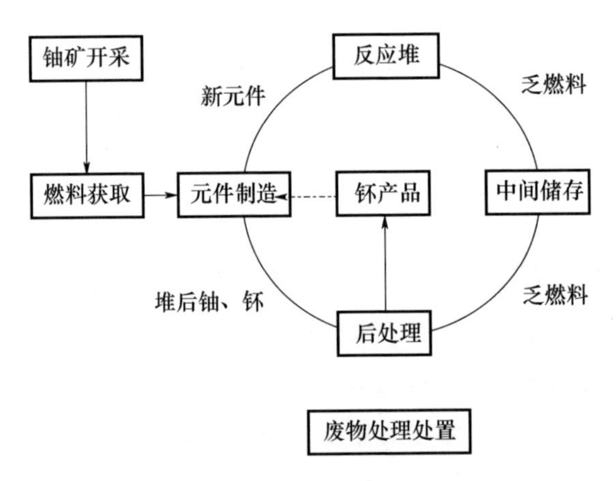

图2.10　闭式燃料循环示意图

两种循环方式在核燃料循环前段没有差别,均包括铀矿勘探与开采、铀转化、铀浓缩和燃料组件加工制造环节。两种循环方式的差异在于燃料循环后段:闭式核燃料循环包括从反应堆中卸出的乏燃料中间储存、乏燃料后处理、铀和钚再循环、放射性废物处理与最终处置。回收燃料可以在热中子堆中循环,也可以在快中子堆中循环。

核裂变能可持续发展必须解决两大主要问题,即铀资源的充分利用与核废物的最少化。采取闭式核燃料循环方式,能更好地实现上述目标,与开式循环方式相比,闭式核燃料循环方式可以使铀资源利用率提高20% ~30%,从而可相应地减少对天然铀和铀浓缩的需求;每吨乏燃料直接处置的体积大于$2m^3$,而每吨乏燃料后处理的高放废物玻璃固体化的处置体积小于$0.5m^3$,即热堆核燃料闭式循环的高放废物处置体积为开式循环的1/4以下。

如果采用快中子堆核燃料的闭式循环方式,则可将铀资源的利用率提高至60倍甚至更高,也可实现废物最少化,将具有长期高毒性和高释热性的次锕系元素和长寿命裂变产物分离出来,在快中子堆中焚烧,使需要作最终处置的高放废物体积和长期毒性降低1~2个数量级,并显著减小处置所需空间,提高处置库容量。

2. 铀的开采和精制

铀矿开采是生产天然铀的第一步,其任务是将具有工业价值的铀矿石从地下矿床中挖掘出来。就世界范围而言,含铀量在万分之几至百分之几的铀矿均具有开采价值。铀矿的开采方法与常规矿石的开采基本相同,分为露天开采和地下开采两种方式。铀矿开采出来之后,一般还要用物理的方法进行选矿,以去除矿石中的废石,提高铀矿石的平均品位。在铀矿的开采过程中,需要对带放射性的粉尘和氡气采用辐射防护措施。

为了提高铀的回收率,减少放射性物质对环境的影响,铀精矿的冶炼常常采用湿法流程。铀湿法冶炼的第一步是浸出。浸出是用化学试剂溶液处理矿石或其他固体物料,以选择性溶解欲提取组分的分离过程,具体的浸出方法需根据矿石的类型选择。

尽管铀矿石的种类繁多,成分复杂,但大体上分为碳酸盐矿和硅酸盐矿两大类,前者宜适用酸法浸出,后者宜适用碱法浸出。浸出法分为地浸法和堆浸法,分别将化学溶剂注入地下矿体或堆放的矿石上,浸出矿石中的铀,然后收集含铀浸出液进行处理。地浸采矿不会或很少破坏地表,可以避免粉尘的产生和尾矿的处置等问题，但需要对化学浸出剂注入矿体以及由此对地下水可能产生的环境影响进行评价。

通常采用湿法化学处理的方法（水冶）提取铀矿石中的金属铀，加工成重铀酸铵、三碳酸铀酸铵等铀化学浓缩物中间产品（俗称黄饼），黄饼中铀的含量为40%～70%。在水冶的过程中会产生大量的尾矿砂和放射性废液，需要进行适当的处理和管理，以防止对环境的污染。除了镭的放射性之外，尾矿的氡气逸出大于原矿，因此，尾矿的放射性影响要比原矿严重。

铀化学浓缩物仍含有大量的杂质，还需要进行精制，即进一步提纯，达到所要求的核纯度，并转化为易于氢氟化的铀氧化物，如八氧化三铀和二氧化铀等精制产品。

3. 铀的转化和富集

对于轻水堆核电厂的燃料生产而言，需要将水冶厂生产的八氧化三铀等铀化学浓缩物转化为适宜于铀的富集工艺的六氟化铀。

铀的转化可以采用干法和湿法。干法为无水氟化物挥发法，首先将铀浓缩物直接氟化，然后将产生的六氟化铀进行纯化，得到核纯产品。湿法包括化学沉淀法、离子交换法和溶剂萃取法。

^{235}U 的自然丰度约为 0.71%，除了重水堆可以使用天然铀作为燃料外，世界上绝大多数的核电厂使用富集铀（^{235}U 的富集度为 2%～5%），因此，在轻水堆的燃料循环中，铀的富集是燃料元件生产的一个必不可少的环节。所谓铀的富集，是指通过^{235}U 和^{238}U 的分离，使天然铀中^{235}U 的含量提高。铀同位素的分离又称为^{235}U 的富集或浓缩。

在已知的多种富集方法中，商业应用中广泛采用的方法是气体扩散法和气体离心法。气体扩散法是利用分子扩散的现象将不同质量的分子分离开，即将六氟化铀气体中^{235}U 和^{238}U 进行分离。气体离心法是利用强离心场的作用实现不同质量同位素的分离。

4. 燃料元件的制造

不同类型的反应堆由于其物理、热工和结构特性的不同，所使用的燃料元件的形式和核燃料组分也不尽相同。商用轻水堆核电厂使用棒状的燃料元件。

轻水堆核电厂燃料元件的制造从富集的六氟化铀转化为适宜在动力堆中

使用的适当形式开始,燃料的形式必须能够在反应堆内的极端热和辐射水平下保持其物理和化学特性。轻水堆燃料元件的制造通常包括3个基本步骤,即将六氟化铀转化为二氧化铀粉末的化学过程、将二氧化铀粉末转化为燃料芯块的制瓷工艺过程和将二氧化铀燃料芯块加载到锆合金包壳中并构成燃料组件的机械过程。重水堆燃料元件的制造与轻水堆类似,但不需要进行铀的富集和转化。

此外,从乏燃料中分离提取出来的钚可用来生产二氧化铀和二氧化钚混合燃料(MOX 燃料)。

在燃料元件厂中使用富集铀设施的设计和运行管理中,必须考虑防止发生临界事故和危险物质的事故性释放,并保持正常运行的辐射照射水平尽可能低。

5. 乏燃料后处理

可以将从反应堆中卸载出来的乏燃料运输到后处理厂,以回收乏燃料中的有用核燃料,如^{235}U、^{238}U 以及各种钚的同位素等。后处理的原则是溶解辐照燃料组件并提取有用的铀或钚的同位素。首先,使用机械的方法将燃料元件从燃料元件组件中取出来,使用化学的方法进行溶解,然后使用溶剂萃取的方法回收铀和坏的同位素。^{235}U 通常直接返回铀的富集循环过程,而钚还需要进行纯化,然后转化为氧化钚,用于 MOX 燃料元件的制造。

在核燃料循环的后处理过程中,可能会对环境产生污染和放射性物质释放危害。在反应堆燃料元件的剥离和溶解过程中,会产生大量的挥发性和气体裂变产物,应当以适当的方式进行收集和储存。因此,应当建立完善的后处理设施的放射性废物管理系统,防止放射性物质的日常排放和事故释放。由于辐射水平较高,后处理厂应当设计有适当的远程和自动操作。对于涉及铀和钚浓缩液的后处理环节,应当在设计中考虑防止临界事故的适当措施。

6. 放射性废物的处理和处置

核燃料循环过程产生的放射性废物可以分为乏燃料、超铀 α 高放废物和中、低放废物等几类。

后处理厂产生的高放废液是超铀 α 高放废物。由于这种废物中的超铀元素的半衰期很长,为了保证生物圈的安全,需要将其与生物圈隔离百万年以上。

为此,将高放废物进行玻璃固化,最后置于深地层处置库是目前的一个广为认可的技术方案。

中、低放废物的组成和性质比较复杂,通常可分为含超铀元素的中放废物、不含超铀元素的中放废物、含超铀元素的低放废物和不含超铀元素的低放废物4个种类。中放和低放废物的处理方法基本相同,即减容和转化为稳定的固化体,而减容可以采用焚烧和压缩的方法进行。中、低放废物可采用浅层地下埋藏的方式进行处置。

2.1.3 其他类型核设施

1. 研究反应堆

研究反应堆简称研究堆,是指主要用于基础研究或应用研究的反应堆,其目的是获取新知识、开发新技术,在反应堆物理、反应堆工程、原子核物理、固体物理、化学、生物学和医学方面有着广泛的应用。研究堆主要有高通量工程试验堆、游泳池式研究堆、零功率堆、重水型研究堆、微型研究堆、快中子实验堆等。

1)高通量工程试验堆

高通量工程试验堆用于动力堆燃料元件和屏蔽材料的辐照试验,也可生产放射性同位素,其特点是中子通量密度高、比功率高。这种类型的研究堆一般采用片状或套管型高富集铀燃料元件。

2)游泳池式研究堆

游泳池式研究堆的堆芯置于大的水池中,水作为慢化剂和冷却剂,同时又具有辐射屏蔽作用。游泳池式研究堆具有很大的灵活性,使用长柄工具很容易改变堆芯的布置、大小和形状,以适应不同实验研究的特殊要求。对于辐照实验而言,可以在水池中方便地安装辐照样品传送管道或实验回路,辐照样品的装入和取出便于操作。

游泳池式研究堆能够达到的功率水平和中子通量密度水平,取决于堆的冷却方式。采用自然对流冷却方式的游泳池式研究堆能够达到的最高功率约为100kW,而采用强制循环和热交换器,可以将功率水平提高到约1000kW的水平。如果采用水罐式的封闭式结构,可以使反应堆的功率提高到更高的水平,但代价是丧失了游泳池式反应堆在操作上的灵活性。

3)零功率堆

零功率堆的功率水平和中子通量密度远低于一般反应堆的水平，主要用于新堆芯的研究开发和各种栅格性能参数(临界质量、中子能谱和通量分布等)的测量，以对理论设计方法和核常数进行校正。

为了适应不同实验的要求，堆芯组态和栅格构成可随意改变。由于这个原因，零功率堆发生瞬发临界事故的概率较大，需要设置必要的保护设施，同时制定严格的操作，并加强运行人员的培训，防止事故的发生。

4)重水型研究堆

重水型研究堆的特点是可以使用天然铀燃料，临界质量较大，中子通量密度较低。由于重水昂贵，为避免重水的泄漏和降质，需要将堆芯置于密封的水罐中，并用高纯氮气覆盖水面。重水型研究堆在燃料的装卸、操作和检修等方面较轻水型研究堆要复杂得多。放射性核素氚的辐射防护和环境保护是重水型研究堆的特殊安全问题。

5)微型研究堆

微型研究堆是特小型中子源反应堆，结构简单，易于操作，安全可靠，对环境的辐射影响小，可以建在大城市的学校、医院和研究机构，用于科学研究、教学和培训、中子活化分析、放射性同位素的生产以及医学应用等。

6)快中子实验堆

快中子实验堆利用快中子产生裂变链式反应。实验快堆主要用于工程性实验研究，获取快堆设计、建造和运行方面的经验以及进行快堆燃料元件和材料的辐照试验。

2. 放射性废物的处理处置设施

1)放射性废物的分类

所有涉及放射性物质的活动，都可能产生放射性废物，包括：①核燃料循环过程；②反应堆运行、装料和检修过程；③放射性同位素的生产、使用及核技术利用过程；④核设施/设备退役过程；⑤核研究和开发活动；⑥核武器研制、试验和生产活动；⑦核事故放射性去污过程。

放射性废物的来源广泛，形态、组成和特性各异。为了实现放射性废物的安全、经济、科学的管理，必须对放射性废物进行合理分类。放射性废物按其物理性质分为放射性气载废物、放射性液体废物和放射性固体废物3类。

放射性气载废物按其放射性浓度水平分为不同的等级,放射性浓度以 Bq/m^3 表示;放射性液体废物按其放射性浓度水平分为不同的等级,放射性浓度以 Bq/L 表示;放射性固体废物首先按其所含核素的半衰期长短和发射类型分开,然后按其放射性比活度分为不同的等级,放射性比活度以 Bq/kg 表示。

根据国际原子能机构的分类,首先按物理形态将核废物分为液体、气体、固体3类,然后再按比活度将每类分成若干级别。例如,将放射性液体废物分成5级,其中第1、2、3级相当于低放废物,第4级相当于中放废物,第5级相当于高放废物;在被分为4级的固体废物中,第1、2级分别相当于低放和中放废物,第3、4级相当于高放废物。在该分类中,还对各类核废物提出了处理、防护要求。

2)低、中放射性废物的处理与处置

(1)低、中放射性废液的净化处理。水冲洗法去污过程中会产生大量的放射性废液,废液需要经过处理达到以下目的:①去除放射性核素,达到可以排放或再利用;②浓缩减容;③改变性状,以便于安全储存和后续的处理。

废液经过净化处理,大部分液体达到排放标准,可以安全排放到环境的水体中去或者可以重复使用,放射性核素被富集在小体积浓缩液或蒸发残渣和泥浆中,待固化处理。低中放废液的净化处理设施和方法较多,主要有沉淀法、蒸发浓缩法、离子交换法和膜分离法。

沉淀法是目前处理低、中放废液常用方法之一。放射性核素多以离子或胶体形式存在于溶液中,可通过沉淀、共沉淀或吸附作用将它们去除。离子态核素可以通过加入另外一种离子或化合物使它们转变成不溶性或难溶性化合物沉淀达到分离。沉淀法的优点包括:①工艺流程和设备简单,操作比较方便,建造投资和运行费用较低;②可处理含悬浮颗粒、胶体、有机物和较多常量盐分的废液;③适合于处理低放废液和废液产生量小的单位使用。沉淀法的缺点包括:①去污系数较低,减容倍数较小;②难以实现连续运行和自动化操作;③由于加入沉淀剂,二次废水往往有较高的盐分,二次废物量较大。

蒸发浓缩法也是处理放射性废液最常用的方法之一。蒸发浓缩是借助于外加热把废液中大量水分汽化,变成二次蒸汽逸出溶液,除少量易挥发性核素一起进入蒸汽和少量放射性核素被雾沫夹带出去外,绝大部分放射性核素被保留在蒸发浓缩物(蒸残液)中。为了使二次蒸汽带出的放射性核素尽可能少,常采用旋风分离器、泡罩塔或不锈钢丝网填充塔等设备分离二次蒸汽中的夹带物,然后进行冷凝,获得大体积净化了的冷凝液,达到可以复用或排放。如果冷凝液的放射性水平仍然超过规定的排放或复用标准,则要进行二次蒸发处理,或使用离子交换、膜技术等方法处理。蒸残液中浓集了放射性核素,要做固化处理。蒸发法有较高的去污系数,如果废液中存在易挥发核素(如氚、碘、钌等),去污系数会降低。蒸发器的浓缩倍数要适当控制,浓缩浓含盐量过高,遇冷析出结晶会造成输送管道的堵塞。蒸发法的不足之处是:耗能多、投资和运行费用高、系统复杂、运行和维修要求高。

离子交换广泛用于分离、纯化、制备等目的,也是废水处理最常用的方法之一。离子交换法是借助离子交换剂上的可交换离子(活性基团)和溶液中的离子进行交换,选择性地去除溶液中以离子态存在的放射性核素,使废液得到净化。离子交换剂的结构可分为两部分:一部分为骨架,或称基体,这是有机或无机高分子聚合物;另一部分为连接在骨架上的离子交换功能团。按功能团的类型,可分为阳离子交换剂、阴离子交换剂、螯合型离子交换剂等。离子交换剂基体可分为有机离子交换剂和无机离子交换剂两大类。无机离子交换剂有天然产品和人工合成产品。有机离子交换剂为人工合成的离子交换树脂,有强酸型、中强酸型和弱酸型,强碱型和弱碱型,两性型和螯合型等多种。放射性废液的处理多用强酸型和强碱型离子交换树脂。离子交换法有以下优点:①工艺成熟;②去污系数高(10~100);③操作简便,可连续运行和自动化操作。其不足之处是:①不适于非离子型液体;②盐含量和悬浮物的含量有限制;③存在胶体会带来麻烦;④有机离子交换剂的耐辐照和耐热性差;⑤再生时会产生较多的二次废物。

膜分离技术是一种高效、简单、经济的分离技术。不同物质因选择性透过分离膜而得到分离。膜分离过程按其传质推动力的不同可分为压力差、电位差、浓度差、温度差、组合推动力五大类。常用的膜分离法有电渗析、反渗透、超滤等方法。电渗析是在直流电场的作用下,利用粒子交换膜的选择透过性,让阳离子透过阳膜,阴离子透过阴膜,使溶液中的离子发生定向迁移,达到净化和浓缩液体的目的。反渗透是在浓溶液侧施加压力，让浓溶液中的溶剂通过半透膜进入稀溶液中，使浓溶液变得更浓，起到浓缩作用。超滤是借助于压力和选择性透过膜，使分子量小的物质通过，分离出大分子悬浮颗粒和胶体，达到浓缩、分离和提纯等作用。膜分离技术具有显著的特点：①去污系数高，对于一些锕系核素，去污系数大于1000；②减容比较高（可达50左右）；③分离过程基本不受废水中悬浮固体、发泡剂或非放高浓盐分的影响，适于处理蒸发或离子交换过程无法处理的废水；④可实现良好的固液分离，适于净化沉淀过程的上清液。大多数情况下，膜分离与各种常规分离技术恰当组合，能获得更佳的处理效果。

（2）低、中放射性废物固化处理。液体放射性废物经过净化处理之后，大部分已达到允许排放的水平，可排入水体，或可以重复使用。留下小部分体积的浓缩物，包括蒸发残渣、蒸浓液、化学泥浆、废离子交换剂和焚烧炉灰烬等，需要经过固化处理。废物固化处理的目的是要把放射性核素牢固结合到稳定的、惰性的基材中，满足安全处置的要求。常用的固化技术有水泥固化、沥青固化、塑料固化等。

水泥固化是最早开发和现在仍被广泛使用的固化低中放废物的方法。水泥是大家熟悉的建筑材料，用它来固化低中放废物，是利用其物理包容和吸附作用固结放射性核素。人们喜欢用水泥作固化基材，是因为其有较强的抗压强度和自屏蔽能力，耐辐射和耐热性能比较好。水泥固化有不少优点，如设备简单、工艺成熟、操作方便、安全可靠、耗能少、设备投资和运行费用低、使用范围广。但是，水泥固化有着两个明显的缺点：一是核素浸出率高，比沥青固化、塑料固化高出1～3个量级，比玻璃固化高2～5个量级；二是有较大增容。为了克服以上两个缺点，各国对水泥固化已做了不少改进。

沥青固化是将熔融沥青或乳化沥青同废物均匀混合，同时蒸发除去水分，最后装桶，冷却获得固化产品。沥青固化体的废物包容量为40%～60%（质量百分数）。由于温度高于60℃沥青会软化，所包容的盐会发生分离和沉降，所以沥青固化体的储存温度不得超出60℃。沥青固化产品包容的放射性总活度受限制，沥青不能用于固化高放废液，因为沥青的熔化温度低，包容的裂变产物的衰变热量不能过大，而且辐射作用会使沥青固化体中的水分和碳氢有机物分解,产生氢气和甲烷等燃爆性气体。沥青固化的优点是:①工艺设备和固化材料容易获得;②可处理多种废物;③废物包容量高;④固化产品浸出率低。

塑料固化包容废物的机理属于物理包容。塑料固化有热塑性塑料固化和热固性塑料固化两大类。热塑性塑料固化的工艺类似沥青固化,热固性塑料固化的工艺类似水泥固化。热固性固化成型后具有网状体型结构,受热不再软化,高温则分解破坏,不能反复塑制。聚酯固化、环氧树脂固化属热固性固化。热塑性固化成型后是线型高分子结构,在特定温度范围内受热软化(或熔化),可反复塑制。聚乙烯固化、聚氯乙烯固化属热塑性固化。塑料固化具有废物包容量高,核素浸出率低的优点。废物包容量可达 40% ~60%(质量百分数)。塑料固化体抗浸出性比水泥固化体高 1 ~3 个量级。此外,塑料固化还有一个重要优点,这就是对有机废物相容性好。塑料固化的不足之处是:①不适于固化高放物质,不能承受高辐照和高释热作用(会辐解和热解);②塑料固化需要对废物作脱水处理,需要加入引发剂、催化剂、促进剂等添加剂;③塑料固化费用比较高。

(3)低、中放射性废物的处置。近地表处置是将废物处置于地表上或地表下,设置或不设置工程构筑物,最后加几米厚的覆盖层,或者将废物置于地表下几十米深的洞穴中。国际公认,短寿命低中放固体废物用近地表处置可达到安全隔离的要求。

低中放废物的放射性水平较低,半衰期较短,基本上不需要考虑衰变热问题,因此,从工程角度来看,低中放废物处置场并没有很复杂的技术。但为了确保在 300 ~500 年安全隔离期内,不对公众和环境产生不可接受的影响,还是需要做出很大努力的,包括选择适宜的场址,采取优化的建造、运行和关闭措施,以及适当的关闭后监护等。

3)高放射性废物的处理与处置

(1)高放射性废液的处理。高放废液最受人们重视,其放射性强,毒性大,半衰期长,发热率高,酸性强,腐蚀性大。

高放废液的特性对高放废液的储存提出了严格和苛刻的要求。高放废液储槽的容积,小则几十立方米,大则几千立方米。

高放废液储槽必须采用耐蚀的不锈钢和其他耐蚀合金材料制造,满足强度、刚度和抗震的要求,对场址要作抗震计算或抗震实验,对储槽必须经过严格探伤检查。储槽安置在有足够屏蔽厚度和衬钢的混凝土地下室内。储槽采用双壁或有托盘,可以接纳万一发生泄漏而泄出的高放废液。

储槽内装有冷却蛇管不断通过冷却水,保持高放废液处于60℃以下,防止高放废液的自释热致沸。装有空气搅拌装置,不断搅动储槽内的高放废液,防止形成沉淀和产生热点。储槽厂房有足够的通风和空气净化能力,保证辐解所产生的氢等爆燃性气体浓度低于允许下限。要重视气溶胶的控制与监测。储槽设置防临界措施和监测液面、温度、压力、比重与泄漏的仪表,以及监测腐蚀的挂片等。为了以防万一,还要求建立备用储槽和可靠的倒槽措施。

高放废液固化处理,是把放射性核素牢固结合到基材结构中,固化基材要是稳定的、惰性的物质。达到这种要求是非常不容易的,因为高放废液中核素种类和形态很多,还有很多非放射性物质混在一起;有强放射性和衰变热;有的成分是易挥发的;核素的衰变可能导致固化体结构发生改变。此外,还要考虑实现工业生产的可行性、操作运行的安全性和经济性。

玻璃固化体是现在被人们普遍接受的满足安全处置的形式。玻璃是化学性质不活泼的物质,在高温状态有液态性质,能溶解很多氧化物,使得高放废液中的元素包容固定在玻璃网络结构中。玻璃中包容的废物氧化物范围为15% ~30%(质量百分数)。

适于固化高放废液的玻璃主要有两类:硼硅酸盐玻璃和磷酸盐玻璃。硼硅酸盐玻璃用得最多。硼硅酸盐玻璃是以二氧化硅及氧化硼为主要成分的玻璃。磷酸盐玻璃是以五氧化二磷为主要成分的玻璃。自20世纪50年代以来,玻璃固化已开发了许多工艺,主要有罐式法、煅烧—熔融两步法、焦耳加热陶瓷熔炉法、冷坩埚法4种。

(2)高放射性废物的处置。高放废物的半衰期长者达百万年,很多核素属极毒、高毒类,并且有强释热率。高放废物处置不仅是一项高科技系统工程,而且涉及政治、法律、道德、生态环境和公众心理,技术难度高,探索性强,耗资巨大。

高放废物处置是将高放废物同人类生活圈隔离起来，不使其以对人类有危害的量进入人类生物圈，不给现代人、后代人和环境造成危害，并使其对人类和非人类生物种与环境的影响尽可能低。

对于高放废物的处置，1957 年美国国家科学院（NAS）提出地质处置方案，此后，人们探讨过不少方案，但现实可行和为人们普遍接受的只是地质处置。1999 年在美国丹佛召开的国际地质处置会议和 2004 年在瑞典斯德哥尔摩召开的国际地质处置会议更确认了地质处置的安全性与可行性。

目前，被人们所广泛接受的地质处置是把高放废物处置在足够深地下（通常指 500～1000m）的地质体中，通过建造一个天然屏障和工程屏障相互补充的多重屏障体系，使高放废物对人类和环境的有害影响低于审管机构规定的限值，并且可合理达到尽可能低。多重屏障体系可分为两大屏障。一是工程屏障，如高放废物固化体、包装容器（可能还有外包装）、缓冲/回填材料和处置库工程构筑物，这些构成通常所说的近场。近场包括全部工程屏障和最接近工程屏障的一小部分主岩（通常伸展几米或几十米远）。二是天然屏障，如主岩和外围土层等，这构成通常所说的远场。远场是从处置库近场一直延伸到地表生物圈的广阔地带。

2.2 核事故

2.2.1 核事故的概念

核能与核技术应用中，虽采取了一系列安全防护措施，但尚不能完全避免发生事故。根据《核安全法》，所谓核事故，是指核设施内的核燃料、放射性产物、放射性废物或者运入、运出核设施的核材料所发生的放射性、毒害性、爆炸性或者其他危害性事故，或者一系列事故。由于核电厂所需核燃料多，运行后产生的放射性物质多，可释放的热量也大，其一旦发生事故，造成的环境影响及放射性后果往往最为严重，因此，本书后续内容主要介绍核电厂事故及其应急。

2.2.2 核与辐射事件的分级

由于核与辐射是十分敏感的问题，一旦发生核事故或辐射事故，为了避免流言蜚语、误传误导、谣言、夸大、缩小、隐瞒等现象的发生，使公众和媒体及时而准确地了解真相，国际原子能机构在1986年主持制定了《及早通报核事故公约》，我国于1986年9月26日签署了该公约。

核与辐射事件是十分复杂的，如果使用专业性的术语进行通报，缺少专业知识的公众和媒体很难理解其所达到的程度，这就需要有一种易于理解的统一术语向公众媒体通报核设施所发生事故的严重程度，使核工业界、新闻界和公众取得对事故的共同理解。为此，国际原子能机构和联合国经济合作与发展组织核能机构（OECD/NEA）共同组织国际核能专家编制了国际核事件分级表（INES），并于1991年4月使用。通过国际核事件分级表为核与辐射事件分级，类似于里氏地震分级表用于为地震分级，公众不需要良好的技术背景，就可以很好地理解地震级别对应的大致后果。为使我国的民用核事件定级工作与国际接轨，我国也正式使用国际核事件分级表。2008年，国际核事件分级表更名为国际核与辐射事件分级表，分级表的内容也有修订。目前，国际核与辐射事件分级表在全世界近80个以上的国家使用。

国际核与辐射事件分级表涵盖核电厂、与民用核工业相关的所有设施，放射性材料运输以及与放射性材料（或辐射）有关的任何事件。它不对工业事故或其他与核（或放射性）作业无关的事件进行分级，这些与核无关的事件被定为“分级表以外事件”。例如，汽轮机主轴振动，发电机定子绕组短路等只影响汽机和发电机可用性的故障，尽管可能引起停机的事故，但因为不涉及核安全，仍被归类为“分级表以外事件”。同样，核设施发生的火灾事故，只要不涉及核安全，也被归类为“分级表以外事件”。

国际核与辐射事件分级表依据事件对场外的影响、对场内的影响以及纵深防御降级3个准则，将核事件分为8个等级，其中，较低级别（1~3级）称为事件，较高级别（4~7）称为事故，7级代表一个特大事故，0级表示无核安全意义的事件。表2.3列出了核事件各级别的说明、详细准则以及各级对应的历史上发生的核事件的实例。

表 2.3 国际核与辐射事件分级表

级别	说明	安全特性			实例
		厂外影响	厂内影响	对纵深防御的影响	
7	特大事故，或极严重事故	放射性物质大量释放，可能造成大范围的健康和环境影响			1986 年苏联切尔诺贝利事故 2011 年日本福岛核事故
6	重大事故，或严重事故	放射性物质明显释放，可能需要全面执行计划的对策行动			1957 苏联南乌拉尔核废料储存库事故
5	具有厂外风险的事故	放射性物质有限释放，可能要求部分执行撤离计划的对策行动	堆芯/放射性屏障损坏		1957 年英国温茨凯尔事故 1979 年美国三哩岛事故
4	没有明显厂外风险的事故	放射性物质少量释放，公众受到相当于规定限值的照射	堆芯/放射性屏障发生明显损坏，一个工作人员受到致死剂量		1980 年法国圣朗事故
3	重大事件	放射性物质极少量释放，公众剂量相当于规定限值的一小部分	污染严重扩散/一个工作人员产生急性放射性效应		1989 年西班牙范德路斯事故
2	事件		污染明显扩散/一个工作人员受到过量照射	接近发生事故，安全保护层全部失效	
1	异常	安全上没有意义		超出规定运行范围的异常情况	
0	偏离			低于 1 级的事件	

2.2.3 核电厂严重核事故

1. 核电厂的状态

核电厂有运行状态和事故(或事故状态)两种状态。运行状态是正常运行和预计运行事件两类状态的统称。事故工况是指偏离正常运行,比预计运行事件发生频率低但更严重的工况。事故工况包括设计基准事故和设计扩展工况。核电厂状态见表2.4。

表2.4 核电厂状态

<table>
<tr><th colspan="2">运行状态</th><th colspan="3">事故工况</th></tr>
<tr><td rowspan="2">正常运行</td><td rowspan="2">预计运行事件</td><td rowspan="2">设计基准事故</td><td colspan="2">设计扩展工况</td></tr>
<tr><td>没有造成堆芯
明显损伤</td><td>堆芯熔化
(严重事故)</td></tr>
</table>

正常运行,是指核电厂在规定运行限值和条件范围内的运行,包括停堆状态、功率运行、停堆过程、起动过程、维护、试验和换料。在正常运行工况下,系统状态参数变化不会触发安全系统动作。

预计运行事件,或称中等频率事件,是指在核电厂运行寿期内预计出现一次或数次偏离正常运行的各种运行过程。由于设计时已采取了适当的措施,这类事件不会使安全重要物项明显损坏,也不会导致事故工况。在发生这类事件情况下,当核电厂的运行参数达到规定限值时,保护系统应能关闭反应堆,但在进行了必需的校正动作后,反应堆可重新投入运行。预计运行事件下燃料元件包壳表面不发生偏离泡核沸腾,放射性释放低于正常运行限值。

设计基准事故,是指导致核动力厂事故工况的假设事故,这些事故的放射性物质释放在可接受限值以内,核动力厂是按确定的设计准则和保守的方法来设计的。

设计扩展工况,是指不在设计基准事故考虑范围的事故工况,在设计过程中应该按最佳估算方法加以考虑,并且该事故工况的放射性物质释放在可接受限值以内。设计扩展工况包括没有造成堆芯明显损伤的工况和堆芯熔化(严重事故)工况。严重事故,是指核反应堆堆芯大面积燃料包壳失效,威胁或破坏核电厂压力容器或安全壳的完整性,并引发放射性物质泄漏的一系列过程。现有核电厂基于纵深防御思想设置了多道屏障及专设安全设施，采取了严格质量管理和操纵员选拔培训制度，同时，核电厂选址也有严格要求，因而核电厂抵御外来灾害和内部事件的能力很强。只有在连续发生多重故障，包括操纵员失误，使核电厂长期失去热阱或受巨大自然灾害影响时，才会导致严重事故。严重核事故是造成了堆芯严重损坏的超设计基准事故。严重核事故的发生频率虽然低，但并不是不可能发生的。到 2020 年年底为止，世界商用核电厂积累超过 18000 堆年的运行历史，其间发生过三次严重事故（三哩岛事故、切尔诺贝利事故和福岛事故，共 5 个反应堆发生堆芯熔化或解体），发生频率达到约 2.8×10^{-4}/堆·年。从一些分析工作也得出，有的核电厂发生严重事故的频率大于 10^{-4}/堆·年，比各个核电发展国家希望达到的 $10^{-5} \sim 10^{-6}$/堆·年的概率要大得多。这说明，单纯考虑设计基准事故，不考虑严重事故的防止和缓解，不足以确保工作人员、公众和环境的安全。因此，认真研究严重事故，采取对策来防止严重事故的发生和缓解严重事故的后果，十分必要。

2. 核电厂严重事故

1）严重事故的始发事件

研究分析发现，导致堆芯严重损坏的主要初因事件与核电厂的设计特征有十分密切的关系。但归纳起来，共同的主要初因事件大致是：①失水事故后失去应急堆芯冷却；②失水事故后失去再循环；③全厂断电后未能及时恢复供电；④一回路系统与其他系统结合部的失水事故；⑤蒸汽发生器传热管破裂后减压失败；⑥失去公用水或失去设备冷却水。初因事件中如考虑外部事件，还应加上地震、水淹（如海啸、洪水等）和火灾（未来是否需要考虑恐怖袭击）。初因事件分析表明，可能导致堆芯严重损坏的主要初因事件并不很多，因此，便于进一步考虑设计改进或事故预防。

2）严重事故的分类

一般来说，核反应堆的严重事故可以分为两大类：一类为堆芯熔化事故；另一类为堆芯解体事故。堆芯熔化事故是由于堆芯冷却不充分，引起堆芯裸露、升温和熔化的过程，其发展较为缓慢，时间尺度为小时量级，如美国三哩岛核事故和日本福岛核事故。堆芯解体事故是由于快速引入巨大的反应性，引起功率陡增和燃料碎裂的过程，其发展过程非常迅速，时间尺度为秒量级,如苏联切尔诺贝利核事故。就轻水反应堆及而言,由于其固有的反应性负温度反馈特性和专设安全设施,发生堆芯解体事故的可能性极小。

从轻水反应堆的堆芯熔化过程来看,大体上可以分为高压熔堆和低压熔堆两大类。低压熔堆过程以快速泄压的大、中破口失水事故为先导,若应急堆芯冷却系统的注射功能或再循环功能失效,不久堆芯开始裸露和熔化,锆合金包壳与水蒸气反应产生大量氢气。堆芯水位下降到下栅格板以后,堆芯支撑结构失效,熔融堆芯跌入下腔室水中,产生大量蒸汽,之后压力容器在低压下熔穿,熔融堆芯落入堆坑,开始烧蚀地基混凝土,向安全壳内释放出氢气、二氧化碳、一氧化碳等不凝气体。此后,安全壳有两种可能损坏的方式,安全壳因不凝气体聚集持续晚期超压导致破裂或贯穿件失效,或者熔融堆芯烧穿地基。

高压熔堆过程往往以堆芯冷却不足为先导事件,其中主要是失去二次热阱事件,小小破口失水事故也属于这一类。与低压熔堆过程相比,高压熔堆过程有如下特点:①高压堆芯熔化过程进展相对较慢,约为小时量级,因而,有比较充裕的干预时间;②燃料损伤过程是随堆芯水位缓慢下降而逐步发展的,对于裂变产物的释放而言,高压过程是“湿环境”,气溶胶离开压力容器前有比较明显的水洗效果;③压力容器下封头失效时刻的压力差,使高压过程后堆芯熔融物的分布范围比低压过程的更大,并有可能造成安全壳内大气的直接加热。因而,高压熔堆具有更大的潜在威胁。

3. 堆芯熔化过程

轻水堆严重事故发展过程如图 2.11 所示,图中描述的(事件)次序假设了安全系统的基本故障。

在轻水堆的失水事故期间,如果冷却剂丧失并导致堆芯裸露,燃料元件由于冷却不足而过热并发生熔化。当主冷却剂系统管道发生破裂时,高压将迫使冷却剂流出反应堆压力容器。这种过程通常称为喷放。

对大破口来说,喷放非常迅速,只要 1min 左右,堆芯就将裸露。在大多数设计基准事故的计算中,一个重要的问题是在堆芯温度处于极度危险之前应急堆芯冷却系统是否能再淹没堆芯。对于小破口来说,喷放是很慢的,并且喷放将伴随有水的蒸干。在瞬态过程中(如一次全厂断电),蒸干和通过泄压阀的蒸汽释放将导致冷却剂装量的损失。

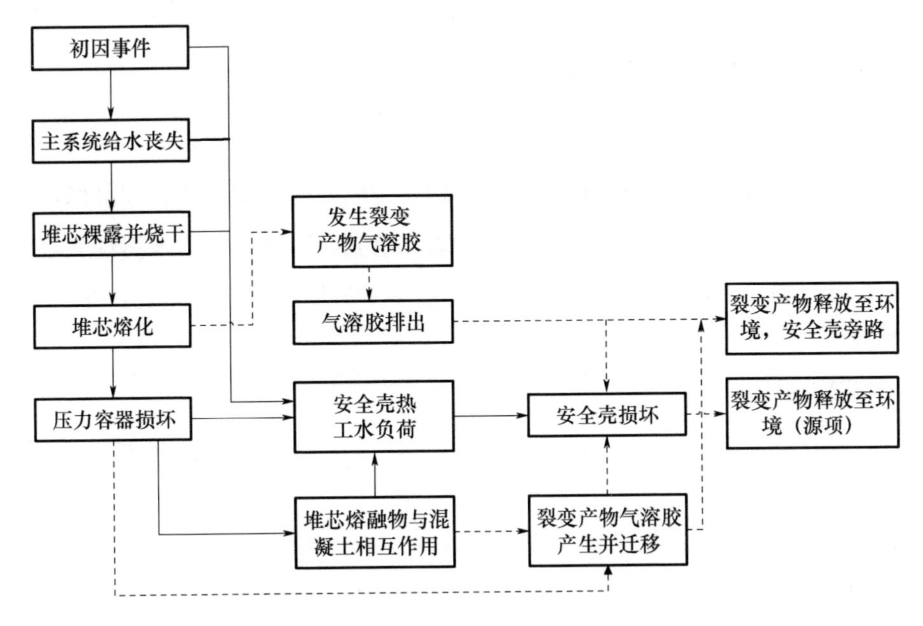

图 2.11　轻水堆严重事故发展事件次序

在堆芯裸露后,燃料中的衰变热将引起燃料元件温度上升。由于燃料棒与蒸汽之间的传热性能较差,此时,燃料元件的温度上升较快,如果主系统压力上升会导致包壳肿胀。包壳肿胀会导致燃料元件之间冷却剂流道的阻塞,这将进一步恶化燃料元件的冷却。在这种情况下,堆芯和堆内构件之间的辐射换热成为冷却堆芯的主要传热机理。

如果燃料温度持续上升并超过1027℃,则锆合金包壳开始与水或水蒸气相互作用,引发一种强烈的放热氧化反应。当燃料温度继续增加到约1127℃时,堆芯材料开始融化。熔化的过程非常复杂,且发生很快。当燃料棒熔化的微滴和熔流初步形成时,它们将在熔化部位以下的范围内固化,并引起流道的流通面积减少,随着熔化过程的进一步发展,部分燃料棒之间的流道将会被堵塞;流道的阻塞加剧了燃料元件冷却不足,同时,由于燃料本身仍然产生衰变热,在堆芯有可能出现局部熔透的现象;之后,熔化的燃料元件的上部分将会坍塌,堆芯的熔化区域将会不断扩大;熔化材料最终将达到底部堆芯支撑板,然后开始熔化堆芯支撑板构件。一般来说,尽管压力容器内的上部处于高温状态,压力容器的下部仍可能保留有一定水位的水。

2.2.4 放射性物质及核事故辐射场的特性

1. 压水反应堆中的放射性物质

根据反应堆的类型、所采用核燃料种类、反应堆的功率以及反应堆的运行时间等的不同,反应堆内放射性核素的种类和含量也有所不同。放射性核素的主要来源是核裂变产物、锕系元素(^{238}U俘获中子后形成的超铀元素)和中子活化物质。

1)裂变产物

裂变产物是重核裂变过程产生的子体,裂变产物中包括近40种元素,约200种不同的核素。质量数为85~105及130~150的核素产额较高。绝大部分核素是放射性的,衰变子核也往往是放射性的。运行一段时间以后,堆内存在的核素将达上千种。反应堆中任意运行时刻的裂变产物成分和数量,可用ORIGEN等专门的软件进行计算,这些软件还能给出锕系元素的量和衰变数据。

裂变产物活度可以用简便的公式估算,若辐照时间远长于某裂变产物的半衰期,则该产物的活度可达到平衡态,此时,可用公式$A=310YP$来计算,其中A为活度,单位是10^{12} Bq,Y为核素的裂变产额(百分比),P为堆功率,单位为MW,这一公式可用于估算如^{133}Xe、^{131}I等重要核素的活度。若核素半衰期明显长于照射时间,则其活度将随时间线性增长,此时,可用公式$A=210YtP/T_{1/2}$计算,式中t为照射时间,$T_{1/2}$为半衰期,单位均为s。这两个公式对^{90}Sr和^{137}Cs这两种重要核素的计算是基本正确的。

从核事故的角度来说,事故后果评价考虑的是最终向环境释放的核素,向环境释放过程包括穿透燃料包壳、主系统压力边界和安全壳等过程。因此,比较重要的核素是产额较高、中等半衰期、辐射生物学效应比较明显的气态或易挥发的核素。后果分析所关心的主要核素只有十几种,其特征如表2.5所列。

表2.5 主要裂变产物特征

核素		半衰期	每兆瓦活度(10^{12} Bq/MW)	辐射类型
惰性气体	^{85}Kr	10.8a	7.1	β,γ
	^{85a}Kr	4.4h	350	β,γ
	^{88}Kr	2.8h	830	β,γ
	^{133}Xe	5.3d	1940	β,γ
	^{135}Xe	9.2h	410	β,γ
挥发性核素	^{131}I	8.1d	940	β,γ
	^{132}I	2.3h	1400	β,γ
	^{133}I	21h	1900	β,γ
	^{135}I	6.7h	1800	β,γ
	^{132}Te	3.3d	1400	β,γ
	^{134}Cs	2.1a	140	β,γ
	^{137}Cs	30.1a	70	β,γ
其他核素	^{90}Sr	30.2a	52	β
	^{106}Ru	1.0a	310	β
	^{140}Ba	12.8d	1800	β,γ
	^{144}Ce	284d	990	β,γ

碘的同位素发射高能β和γ射线,对烟云外照射贡献很大。同时,碘易于积累在甲状腺内造成该器官的内照射。关键的碘同位素是^{131}I,其释放量一直被用作度量核事故严重程度的标准。

2)锕系元素

锕系元素是^{238}U连续俘获中子所形成的超铀元素,重要的锕系元素包括^{238}Pu、^{239}Pu、^{240}Pu、^{241}Pu、^{242}Pu、^{242}Cm、^{244}Cm。它们发射α射线和低能γ射线,一般来说,锕系元素不造成外照射,也不会在食物中富集,因为其溶解度很低,主要的健康风险是吸入悬浮在空气中的气溶胶及微尘。由于其半衰期极长(除^{242}Cm半衰期较短为0.45年,其余均在14年以上),有时候要考虑它们的长期环境影响。

3)中子活化产物

主系统结构材料和主冷却剂原子吸收中子后可以形成活化核素,以溶解或悬浮态存在于主冷却剂中的腐蚀产物经过堆芯时也会被活化。活化产物种类很多,性质差异也很大,一般来说,它们都是比较轻的核,不产生衰变子核,辐射危险也比裂变产物轻些。重要的活化产物包括^{13}N、^{16}N、^{18}F、^{20}F、^{19}O、^{24}Na、^{51}Cr、^{54}Mn、^{56}Mn。

反应堆正常运行时,除燃料芯块表面附近产生的以外,绝大部分裂变碎片都将包容在芯块中(98%以上),燃料元件棒可能有极少量(1%以下)的包壳破损,有少量放射性物质进入冷却剂。

2. 核事故辐射场的特点

与核爆炸辐射场相比,核事故释放出的放射性物质中短寿命放射性核素所占的份额要小得多,因为反应堆中的裂变产物有一定时间的积存;此外,与核爆炸相比,核事故释放的热抬升要小得多,所以放射性烟羽多滞留在低空(几百米至千余米),而几万吨级地面核爆炸烟云高达数千米至万余米;核事故造成的辐射场,其放射性物质受沉降因素、气象条件、地形参数等的影响,实际形成的辐射场是极不均匀的,多呈大小不等的热点分布。

2.2.5 核电厂严重核事故基本特征

根据对已经发生的一些核事故的深入分析,大型核设施(主要是核电厂)发生事故且有大量放射性物质向环境中释放时,表现出某些特点,了解这些特点,是发生事故时实施应急救援的重要依据。一般说来,大型核设施发生严重核事故时具有下述基本特征及危害特点。

(1)核事故属于低概率事故。核工业发生严重核事故的概率是极小的。在半个多世纪的核电发展历程中,全世界仅发生过2次INES(国际核事件分级标准)7级核事故。

但是,应引起重视的是,低概率并不意味着不会发生。切尔诺贝利核事故和福岛核事故,恰恰都是在基于当时安全分析结论发生大规模释放事故概率极低的前提下实际发生了,而且低概率事故一旦发生,造成的后果是非常严重的,影响也非常深远。这种从概率论角度分析得到的发生概率极低的事故仍然会发生的内在原因很复杂。其中有一个原因是核电概率安全分析技术本身的局限性。很多科学认知和基础数据实际上是有一定局限性的,而这些科学认知和基础数据是概率安全分析的基础,科学认知和基础数据本身是在不断完善和发展的。

严重核事故发生的概率虽然很低,但是有针对性地、科学合理地开展核应急准备工作,是非常必要和重要的,甚至是影响核工业能否持续顺利发展的决定性因素。

(2)严重事故初因多样、过程复杂,但呈现结果趋于一致。历史上已经发生的严重核事故原因表明,导致核事故发生,并最终趋于严重的初始原因有很多,或因设备出现故障,或为人员决策或操作失误,或因设计固有缺陷,或因不可抗拒的自然灾害所致。这些原因具有多样性、偶然性和共发性。

从严重事故发生的过程看,是一个多成分(燃料、包壳、冷却剂、氢)、多相态(固态燃料和结构材料、液态熔融物、液态冷却剂、蒸汽、不可凝气体)、多物理场的复杂耦合过程,同时严重事故过程还具有很大的不确定性,如堆芯再淹没过程可能终止事故的进一步发展,也可能加速堆芯融化,这取决于堆芯损坏状态和注水时间等因素。

从压水反应堆严重事故的发生序列上来看,总体上可分为堆内事故序列和堆外事故序列。堆内事故序列主要包括堆芯过热、锆水反应、包壳和燃料芯块熔化、堆芯熔融物流动和再分布、堆芯碎片床的形成和冷却、一回路系统内裂变产物释放、气溶胶形成与扩散、压力容器下封头内熔融池形成。堆外事故序列主要包括压力容器失效后熔融物在堆腔内的再分布、燃料冷却剂相互作用、熔融物与混凝土反应、蒸汽爆炸、氢气爆炸、安全壳失效及裂变产物释放、气溶胶的形成与扩散。总之,一旦因初因导致事故趋于严重,并且没有采取很好的缓解措施,就可能发生压力容器完整性被破坏、化学爆炸、安全壳失效的情况,最终导致大量放射性物质释放到环境中。

(3)事故发展迅速,全过程大体可分为 3 个阶段。根据事故的发展过程,出于制定应急计划及采取相应的防护措施的考虑,可将核事故全程分为早期、中期和晚期 3 个相继的阶段。由于各阶段特点和主要辐射来源及照射途径不同,需采取的对策也不全相同。

早期是指从有严重的放射性物质释放的先兆,即确认有可能使厂区外公众受照射时起,到释放开始后的最初几小时。在事故早期,确定为减少公众受照剂量要采取什么样的措施,主要根据事先预计的事故发展过程及核设施的具体情况。但此时面临的最大困难在于事先预计出的事故发展过程和气象条件的变化,以及源项不够清楚。因此,在事故早期阶段,应尽可能获得有关放射性物质释放的资料、数据和环境监测的初步结果,这有助于决定是否应采取措施。但由于放射性物质释放速度、气象条件和其他未知因素的变化,对事态的未来发展预测,可能仍无把握。

中期是指从放射性物质开始释放后的最初几小时到 1 天或几天。一般认为,此时从核设施可能释放的放射性物质大部分已进入大气,并且主要部分已沉积于地面,除非释放出的仅是放射性惰性气体。放射性物质由释放点到照射点的输运时间,受风速和释放高度等多种因素影响,但在一般情况下,输运到 8km 需 0.5 ~2h,输运到 16km 需 1 ~4h。放射性物质可持续释放 0.5h 到 1 天或更长。切尔诺贝利核电站事故,因发生爆炸和大火,不是一次放射性物质急性释放事故,整个释放过程长达 10 天。在事故中期,已获得环境监测结果,依据监测数据,可确定主要照射途径的预计剂量。将预计剂量与事先规定的干预水平比较,就可确定应采取的防护措施。

晚期也称恢复期。此阶段可能持续较长时间,由事故后的几周到几年甚至更长,这取决于释放特点和释放量,但并非指对核设施进行修复的那段时间。在此时期,做出恢复正常生活的决定。撤销早期和中期已实施的防护措施,其依据是放射性污染水平已明显降低,使公众的受照剂量达到尽可能低的水平。这种降低是通过放射性核素衰变、风吹雨淋和有计划去除污染三者的综合作用。在此阶段也可能仍需采取措施进一步降低建筑物、地面和农田等的污染水平;还可能继续限制农业生产和在某些地区或建筑物内居住,以及限制使用来自某些污染区的食物等。

(4)放射性物质可有多种释放方式和照射途径。核反应堆发生事故主要通过两种方式向环境释放放射性物质,即向大气环境的事故释放和向水环境的事故释放。其中大气释放往往是其主要的释放方式。放射性核素向大气环境释放与其物理特性密切相关,而容易向大气释放的一般顺序是气态物质、挥发性物质和不挥发的固体。从事故应急的角度来看,主要关心的核素是组成份额相对较高、气态或易挥发、具有一定半衰期、对人体毒害作用较大的放射性核素。在事故早期主要是惰性气体和碘,在晚期主要是 ^{137}Cs 等长寿命裂变核素。对人员造成的照射方式和主要组织器官包括 γ 射线对全身的外照射,吸入或食入放射性核素对甲状腺、肺或其他组织器官的内照射,以及沉积于体表、衣服上的放射性核素对皮肤的照射。

2.2.6　严重核事故危害特点

1. 影响范围广

在严重核事故发生后,由于释放出的放射性物质随大气扩散,会造成大范围的污染。在放射性物质释放过程中,由于其主要通过大气传播,加上风向、气候等因素的影响,往往难以控制。当放射性尘埃落定后,对岩石、水体、土壤、植被、生物等都会产生一系列不同程度的影响,而且还会通过生物链形成交叉辐射,影响范围广,后果复杂,难以彻底清除。

例如,切尔诺贝利核事故后,由于持续 10 多天的释放及气象变化等因素,事故释放的放射性物质在大气中广泛扩散,最后沉降在地球表面,在整个北半球都可测到,大多数放射性物质沉降到切尔诺贝利周围地区。白俄罗斯、俄罗斯和乌克兰国内 ^{137}Cs 的放射性活度超过 $185kBq/m^2$ 的地区分别为 $16500km^2$、$4600km^2$、$8100km^2$。

福岛核事故发生后,造成日本福岛附近严重的空气污染,这些泄漏的放射性物质随大气环流在北半球地区广泛扩散。美国、加拿大、冰岛、瑞典、英国、法国、俄罗斯、韩国、中国和菲律宾等国在空气中均检测到放射性 ^{131}I、^{137}Cs 和 ^{134}Cs 等。部分国家在饮用水、牛奶和蔬菜中也检测到了放射性 ^{131}I、^{137}Cs 等。此外,福岛核事故还造成了海水的放射性污染。2011 年 4 月 1 日至 6 日,由于 2 号机发生废水泄漏事故,造成约 $520m^3$ 的污染物、$4.7 \times 10^{15}Bq$ 的放射性物质排入海洋;4 月 4 日至 10 日,紧急排放低浓度污染水约 $10393m^3$,放射性物质约 $1.5 \times 10^{11}Bq$;5 月 10 日至 15 日,由于 3 号机发生废水泄漏事故,造成约有 $250m^3$ 的污染物、$2.0 \times 10^{13}Bq$ 的放射性物质排入海洋。

2. 受照人员多

据估算,在切尔诺贝利核事故撤离的人员中,约 10% 的人员受照剂量超过 50mSv,约 5% 的人受照剂量超过 120mSv。一直生活在污染区的公众,估算其总的待积剂量(1986 年至 2056 年)平均为 80 ~ 160mSv。除苏联外,位于北半球的国家,事故后第一年的最高平均剂量为0.8mSv。1986年至1987年,参与事故救援的20万人中,人均受照剂量为100mSv,10%的人超过250mSv,百分之几的人超过500mSv,数十名最初参与救援的人因受致死照射剂量而死亡。事故还导致儿童甲状腺癌发病率增高,数千名儿童患甲状腺癌。在事故后进行的几项重要调查表明,切尔诺贝利核事故还导致了受影响人群发生恐惧、抑郁、焦虑、失望等心理健康紊乱症状。

相比切尔诺贝利核事故,福岛核电站核事故造成的受照人数,尤其是公众人员受照人数少很多。2011年3月至2012年4月期间,东京电力及其他相关公司参与到本次收尾工作中的员工分别为3417人和18217人。其中东电公司有6人超过紧急作业放射性工作上限标准(250mSv),共计167人受照剂量超过100mSv,平均个人的照射量分别为东电24.77mSv、其他公司9.53mSv。

3. 作用时间长

核事故影响时间较长,是因为某些放射性核素(如^{90}Sr、^{137}Cs、^{239}Pu等)的寿命长;同时,辐射的远期效应,特别是致癌和遗传效应,要进行数十年甚至终生观察才能做出科学评价。因而,核反应堆严重事故的善后处理,非短时间内可结束,有时需几年、几十年甚至更长。切尔诺贝利核事故发生至今34年,其周围30km仍为控制区,无关人员不得入内。

4. 可造成较大的社会和心理影响

严重的核辐射不仅可能引起受照者近期的身体损伤,还可能具有远期效应,即可能引发癌症或对后代产生遗传影响。这正是影响公众心理的关键性因素,从而造成公众心理紊乱、焦虑、恐慌,继而引发不良的社会行为。其危害或许比辐射本身导致的直接后果更为严重。切尔诺贝利核事故发生后,因社会心理影响,半数以上人员有害怕心理,许多人出现精神、消化及泌尿等系统的紊乱,很多人出现了射线恐怖症。由于害怕摄入放射性物质,限制饮食过严,引起营养不良及健康状况恶化,反过来又归咎于辐射影响;中心地区人员中,约10%自发逃离,有些人无计划地四处投奔亲友,大量人争购火车票和飞机票,造成交通拥挤及社会混乱。福岛核事故同样引起很多人的不安与担忧,位于事故发生区的人们纷纷往外撤离,社会上产生了大量谣言,大量外国人则选择暂时离开日本,各地出现抢购潮,扰乱市场秩序。在日本京都地区,人们由于担心放射性物质会被雨水携带危害皮肤,雨伞脱销,出现了“一伞难求”的状况。福岛核事故还造成我国出现“抢盐”风波。总之,核事故的社会心理效应,对正常的生产及生活秩序造成严重破坏。

5. 可造成重大经济损失

切尔诺贝利核事故所造成的损失,按事故期间价格估计,高达2000亿卢布左右。福岛核事故的发生,对日本国内经济的打击也十分严重。一是直接影响制造业。由于其数座核电站发生核泄漏事件,造成东北部地区电力供应紧张,钢板生产企业,本田、丰田等汽车巨头,索尼等电子厂商均已不同程度地停产或限产,日本的保险、金融担保机构也面临巨大损失,其间接损失更难以估计。二是影响农副产品出口。此次地震、海啸和核辐射的重灾区是日本的农副业生产基地,其水稻、猪肉、蛋鸡、蔬菜等农副产品产量占日本国内产量20%以上。海啸冲毁了大量的农田,造成了农产品供应的短缺,而福岛核事故放射性物质的泄漏,使农产品受到污染,导致至少25个国家或地区全面或部分限制从日本进口农副产品。三是影响旅游业。日本旅游资源虽多集中于东京、大阪、名古屋、北海道等中南或西北部地区,地震及海啸造成的直接损害不大,但出于对核辐射的担忧,前往日本旅游的人数一度大幅度减少。

2.2.7 典型核事故案例

1. 苏联切尔诺贝利核事故

切尔诺贝利核电站位于乌克兰北部与白俄罗斯交界处,电站以西3km为普利皮亚季镇,居民约4.9万人。此核电站包括4座反应堆机组,还有2座待建。事故发生于4号机组,该机组的核反应堆于1983年12月投入运行,采用的是苏联研制的RBMK-1000型石墨沸水堆,用石墨作慢化剂,以沸腾轻水作为冷却剂,其输出热功率为3200MW。堆芯由直径为12m、高为7m、质量约1700t的石墨、金属铀燃料及压力管等构成。堆内有1661根平行的压力管垂直穿过石墨慢化体,燃料组件即插在压力管内。反应堆燃料是用锆合金管做包壳的二氧化铀,富集度2.0%,75%是首次装料时装入的。RBMK反应堆与压水堆相比,除慢化剂的区别外,还有一个很大的不同,即RBMK是压力管式,由压力管承压,没有压力壳,反应堆厂房为不承压的普通厂房。

按计划,该反应堆于1986年4月26日停堆检修。停堆前,准备在8号汽轮发电机上进行惯性条件下提供电力的试验,目的在于检验在失去场外供电的情况下,延长强制冷却堆芯的时间,但试验未严格按安全规定进行。4月25日凌晨1时,操作人员开始降低功率,14时关闭了堆芯紧急冷却系统,23时10分又降功率,原定降至700~1000MW,因误操作降到了30MW以下。为尽早结束试验,工作人员将安全控制棒大部抽出,留下不到10根,而按规定,不得少于15根。4月26日1时许,反应堆功率才稳定在200MW水平,然后各有一台备用主循环泵接入,增加了反应堆内冷却能力,蒸汽量减少,压力下降。1时23分半时,过反应性已到要求立即停堆的水平,但运行人员未停堆,反而关闭了事故紧急调节阀等安全保护系统。当反应堆功率开始迅速上升时,试图将所有控制棒插入堆芯紧急停堆,但因控制棒受阻而未能及时插入堆芯底部,使堆芯失水熔毁,核燃料因热量聚集过多而炸成碎块。当紧急注入水后,使产生的过热蒸汽与烧熔的元件、包壳及石墨发生反应,产生大量氢气、甲烷和一氧化碳,这些易燃易爆的气体与氧气结合,发生猛烈的化学爆炸,质量为1000t的堆顶盖板被掀起,堆中所有管道破裂,反应堆厂房倒塌,使堆芯进一步被破坏,熊熊烈火达10层楼高,热气团将堆芯中的大量放射性物质抛向1200m高空,然后才水平传输。

这次事故是由于核电站设计上的缺陷和人为因素造成的。反应堆运行时石墨温度达700℃,易燃烧,遇水也可产生易燃气体,系安全隐患。此外,反应堆还存在其他缺点,如:冷却剂存在相的转化,有可能形成空泡正反应性效应;在反应堆的金属构件和石墨砌体中积累大量能量,紧急停堆时热功率降低较慢;没有安全壳等。

在切尔诺贝利事故中,有237位职业人员受到有临床效应的超剂量辐射。其中134人呈现急性辐射病征兆,当中28人在3个月内死亡,另外2名工作人员在事故爆炸中直接致死。在1986年至1990年期间参加事故后果处理的超过20万善后人员所接受的平均剂量约为120mSv。其中约10%人员受到的剂量为250mSv,有219个工作人员,记录到大于1Gy的剂量,记录剂量的可靠性已经得到了确认。事故后从禁区(半径30km)撤离的116000名居民在疏散前已受到辐射,其中约10%的人受到的剂量大于50mSv,5%的居民受到大于

100mSv 的辐照剂量。白俄罗斯、乌克兰和俄罗斯放射性污染最严重的地区居住的居民，在此后 70 年内，平均年照射剂量为 2.3mSv（与全球平均本底辐射剂量 2.4mSv 相当），北半球各国受此事故影响最大的平均个人剂量为 0.8～1.2mSv。

据估计，此次事故释放出的放射性物质总量约 12×10^{18} Bq，相当于反应堆内已烧过的核燃料总量的 3%～4%。释放出的放射性核素成分复杂，但对环境污染和人员有害影响的主要是碘和铯。由于释放出的放射性物质随大气扩散，造成大范围的污染。据估算，事故释放量的地区分配比例大体为事故现场 12%、20km 范围内 51%、20km 以外 37%。由于持续 10 多天的释放及气象变化等因素，在欧洲造成复杂的烟羽弥散径迹，放射性物质沉降在苏联西部广大地区和欧洲国家。事故造成 11.6 万人撤离，21 万人避迁。

切尔诺贝利核电站事故，是历史上迄今为止最严重的一次核事故，对政治、经济、社会、环境及人体健康，均造成了很大影响和不良后果，因此，定为 7 级特大事故。整个事故的处理过程为人们提供了丰富、可贵的经验和教训。这些实践经验值得重视，并在我国核事故的应急准备中认真研究。

2. 日本福岛核事故

日本福岛核电站位于日本福岛工业区，由福岛第一核电站（6 台机组）、福岛第二核电站组成（4 台机组），共 10 台机组组成，总装机容量约 9000MW，是目前世界上最大的核电站。其堆型均为沸水堆。福岛第一核电站 1 号机组于 1967 年 9 月动工，1970 年 11 月并网。

2011 年 3 月 11 日 13 时 46 分，日本发生里氏 9.0 级强烈地震。地震发生时，福岛第一核电站 1、2、3 号机组处于运行状态，4、5、6 号机组处于停堆检修状态。地震发生后，正在运行的 1、2、3 号机组保护性自动停堆。冷却系统备用电源开始工作。但随后地震引发的海啸导致福岛第一核电站所有外部所用电力中断，循环冷却系统无法工作。反应堆内部温度和压力不断上升。3 月 12 日 14 时 36 分，福岛第一核电站 1 号机组反应堆发生氢气爆炸，厂房外壁崩裂，放射性物质泄漏，爆炸共造成 1 人死亡，4 人受伤，日本原子能安全和保安院宣布此次核事故的等级定为 4 级。

后来几天内，福岛第一核电站 3 号、2 号和 4 号机组相继发生类似爆炸，同时，5 号、6 号机组乏燃料水池中的水温有一定程度上升。爆炸造成大量放射性物质外泄。

3 月 16 日,福岛第一核电站工作人员开始用消防泵往 1 号、2 号和 3 号机组不断注入海水为反应堆降温。3 月 18 日,日本原子能安全和保安院将本次核泄漏事故等级从 4 级提高为 5 级。

4 月 12 日,日本政府宣布,此次事故向外部泄漏的^{131}I和^{137}Cs有 $3.7\times10^{17}\sim6.3\times10^{17}$ Bq,根据国际核事件分级表,将福岛第一核电站事故的严重程度评价提高到最高级别 7 级。

4 月 17 日,日本东京电力公司公布了福岛第一核电站抢险工作工程表。根据工程表,核电站反应堆进入安全的“低温停止”状态需要 6 ~9 个月时间。

事故发生后,日本政府对核电站方圆 20km 内的居民进行了撤离,将方圆 20 ~30km 内的区域划为室内隐蔽区。为冷却目的向事故反应堆注入的海水和淡水产生了大量的高放射性积水,约 520t 高放污水从 2 号机组取水口附近流入太平洋,放射性物质泄漏量达 5×10^{15} Bq。为给大量高放积水腾出收储空间,核电站还主动向海洋排放了上万吨的低放射性废液。

日本福岛核事故是世界上首次多个核电机组同时发生事故,是人类历史上第二次发生的 7 级特大核事故。事故发生后,在美国、欧洲及我国的绝大部分省份均监测到于此次事故中释放的^{131}I、^{137}Cs 等放射性核素。

3. 苏联南乌拉尔核废料储存库事故

在苏联南乌拉尔南部的克什特姆镇附近的一座核材料生产设施内,有 16 个 300m^3的高放废液储罐。这些储罐存放在一组混凝土拱形地下室内,每个罐的四周留有一定的空间,充满冷却水,按一定周期换水。由于其中一个储罐的一根输送放射性液体的管子泄漏,该罐周围的冷却水被污染。核材料厂把冷却水抽走,但没有换上新的冷却水。罐中含有 70 ~80t 约 20×10^6 Ci 的放射性废液。废液衰变产生的热交换不出去,水温上升并大量蒸发,形成了硝酸钠和醋酸盐等易爆性残渣。这些残渣的温度一路上升到 350℃,终于在 1957 年 8 月 29 日引发爆炸。爆炸力相当于 70 ~100t TNT 炸药的爆炸威力,爆炸使相邻的两个储罐被破坏,1m 厚的混凝土废物罐顶盖被炸开,放射性物质大量散布在储罐的附近,估计 20×10^6 Ci 的放射性物质被喷射到 1000m 高的大气层,主要包括^{90}Sr、^{137}Cs、^{106}Ru、^{144}Ce 等放射性核素,以及钚和氚等,放射性烟羽扩散到

105km 远。事件后的 7 ~ 10 天内，约 600 人从附近的居民点撤离，该处放射性物质^{90}Sr 的最大浓度为 10 ~ 100Ci/km^2。在随后的 18 个月内，总计撤离了 10180 人，有 1120km^2 面积受到污染，^{90}Sr 的污染超过 2Ci/km^2。根据国际核事件分级表规定，考虑到放射性物质向外释放，需要全面启动地方应急计划的防护措施，因此，该案例定为 6 级（重大事故）。

4. 美国三哩岛核事故

三哩岛核事故发生在 1979 年 3 月 28 日凌晨 4 时左右，当时，一台向锅炉供水的泵停止运转。这不是一起严重事件，本可由核电厂安全系统轻易处置。安全系统按照预期运行并停堆（停止核反应）。在停堆期间，一个阀门未能关闭，导致水从冷却系统排出。安全系统检测到了失水情况，启动水泵注水，以替代正在流失的水，确保堆芯浸没在水中。正在此时，控制室的一台仪器错误地显示冷却系统中的水超量。操作员根据其程序和培训，关闭了一些正在替换失水的安全系统泵。数小时内，堆芯裸露出水面并开始熔化，在几分钟内就向安全壳释放了其大约 40% 的放射性物质。这与切尔诺贝利事故释放到大气中的放射性物质的量大致相同。核电厂部分区域和安全壳内的辐射迅速增加到正常水平的 1000 倍以上。然而，操作员未能推断出堆芯尚未被冷却，尽管这些不容置疑的迹象表明堆芯已经熔化。几小时后，操作员启动了足够数量的水泵，用水浸没了已熔化的堆芯，又过了几小时后，熔化的堆芯块方才被冷却下来。虽然安全壳在设计上并未考虑过这些工况，但基本上保持了完整。

三次堆芯裸露，锆包壳总量中有 30% ~40% 被氧化，堆芯上部 1/3 严重损坏，燃料峰值温度可达 2000℃，堆芯流动阻力增加到正常值的 200 ~400 倍。燃料产生的惰性气体有 30% ~40% 释放出来，有 10% ~15% 的碘、锶、铯从燃料中释放出来。释放至环境的放射性物质仅 16Ci，80km 内 200 万人所受剂量不及一年内天然本底的 1/50。仅有 3 个工作人员分别受 31mSv、34mSv、38mSv 的照射。三哩岛造成较大的经济损失，恢复费用达 5 亿美元，据估计，整个核工业界损失 100 亿 ~200 亿美元。

设备故障对事故有影响，但影响事故过程的主要是操作人员的失误以及与之有关的人员训练不够，操作规程不够明确，未能应用以前事故中获得的教训，控制室设计方面有缺陷，忽视了人—机相互作用。三哩岛核事故说明立足于

“纵深防御”“多道屏障”的安全设计原则的核电厂，在防止事故引起的放射性释放方面是有效的，但往往还存在一些薄弱环节，如果单纯考虑设计基准事故，不考虑严重事故的防止和缓解，不足以确保工作人员、公众和环境的安全。

5. 日本东海村临界事故

1999 年，日本东海村一家为实验快堆处理高富集燃料的燃料转化厂发生临界事故。工作人员使用未经批准的程序，将 16.6kg 18.8% 的浓缩铀倒入了一个沉淀槽中，造成临界功率剧增。

3 名工作人员（A、B 和 C）分别接受了 10 ~ 20Gy、6 ~ 10Gy 和 1.2 ~ 5.5Gy 的剂量。接受剂量最高的工作人员 A 和 B 后来均死亡，第一个死于事故后第 83 天，第二个死于第 211 天。在受雇从事受控辐射条件下工作的工作人员中，21 人参与了从冷却套管中排出水的作业，他们的估计剂量（γ + 中子）范围是 0.04 ~ 119mGy。其中 6 个人参与了将硼酸注入沉淀槽的作业，他们的估计剂量（γ + 中子）范围是 0.034 ~ 0.61mGy。在现场工作的其他 56 人的估计剂量（γ + 中子）范围是 0.1 ~ 23mGy。将 A、B 和 C 3 名受照射工作人员送往医院的 3 名东海村应急服务工作人员的估计剂量（γ + 中子）范围是 0.5 ~ 3.9mGy。在建筑工地上组装脚手架的 7 名当地工作人员的估计剂量（γ + 中子）范围是 0.4 ~ 9.1mGy。

尽管东海村临界事故给附近人口带来了一些后果，但预计不会有明显的长期影响。从 350m 半径内撤离的大约 200 名居民中，约 90% 的人受到的剂量小于 5mSv，其余的人中也没有超过 25mSv。虽然气载裂变产物的沉积在场外造成了可测量的污染，但这种污染持续时间不长，最高读数低于 0.01mSv/h。

在过去的 50 年里发生了多起临界事故。这些事故在极短的时间段内释放出大量辐射，往往对邻近的人造成致命剂量，但向大气中释放的放射性物质或发射的辐射都不足以对事件发生地 1km 以外（在大多数情况下，比这个距离还要小得多）的人身健康构成威胁。

第 3 章

国外核事故应急管理体系

建立、健全核与辐射应急管理的组织体系是做好应急准备与响应的主要条件之一。由于核事故应急响应涉及国家、地方和营运单位多个层面、多个部门,因此需要通过法律法规或者规章等对核或辐射应急准备与响应方面的安排做出授权,规定进行协调的国家主管部门,并明确各级政府部门、组织、应急力量的职责分工。

3.1 美国核应急管理体系

美国是世界上最具代表性的核大国,既有发达的核电工业,也有完整的核武器和军用反应堆研制生产系统。美国的应急管理采取“应急一体化”的模式,即“一律由各级政府的应急管理部门统一调度指挥”,在国家级层面,由国土安全部对各类应急实施一体化管理。

美国注重立法,习惯通过法律来界定不同政府机构在紧急情况应对时的职责和权限,理顺各机构关系。在其 1954 年的《原子能法》及其修订案和 1974 年的《联邦能源重组法案》中,明确提出“国防部和能源部负有保护核材料、核机构、核信息,及其控制的核武器安全的责任,核管会负责监管全国民用核设施、核材料及相关副产品,环境保护署管理其他直接或间接影响公众健康的放射性事件。”

美国核应急管理部门繁多,但在联邦应急管理局的统一调度下,能够做到各级机构权责分明、协调有力。美国核应急工作起步早且注重法规法律建设和导则的编写,这些成文的规定成为其他国家效仿的典范,甚至连国际原子能机构的很多安全导则都是在借鉴美国经验后拟定的,并在世界范围推行。

美国核事件应急管理体系分为4个层级,自上而下分别为联邦政府、州政府、地方(或土著部落)政府和具体“涉核”单位(如民用核电站、拥有研究用核反应堆的科研机构等)。每个层级都包含4个有机组成部分,即政府部门、专业实验室、公共卫生服务机构和私营部门组织(包括非营利机构)。由于核事业本身的特点及核事件应急反应的专业性质,联邦政府向来掌握着最丰富的资源,承担着最主要的职责。

1. 联邦层面的主要责任机构

美国的核应急管理体系由美国国土安全部联邦应急管理局(FEMA)、能源部(DOE)和核管理委员会(NRC)共同管理。由于核应急涉及政府机构较多,根据能力、职责和权限,相关的联邦政府机构被划分为“协调机构”(指拥有、保存、管理核材料和核设施的联邦机构,或指定对核事件响应行动负责的联邦机构)和“合作机构”(提供其他技术和资源支持的联邦机构)。美国核或辐射事故应急响应协调机构有7个,分别是国土安全部、国防部、能源部、核管会、环境保护署、美国近海警卫队、国家航空与航天局,在“涉核恐怖主义”“核设施”“核材料运输”“载有核材料的航空航天器”“国外的、未知的或未经许可的核材料”以及“核武器相关事故”等多种不同类型、不同级别的核事故应急响应中各有分工,是核事故应急救援核技术支持的主导力量。为核应急响应提供技术支持或资源的联邦“合作机构”有17个,分别是商务部、能源部、农业部、国防部、国土安全部、卫生和公共服务部、内政部、住房和城市发展部、劳工部、国务院、司法部、运输部、环境保护署、退伍军人事务部、核管理委员会、总务管理局、美国红十字会。下面重点介绍几个核应急相关政府机构。

(1)国土安全部。国土安全部在美国核事件应急管理体系中处于关键地位。首先,它是20家联邦机构参加的联邦核事件应急协调委员会的牵头者,并领导委员会的工作。该委员会的主要职能是不断完善国家核事件应急计划,统一协调有关政策、应急措施程序、调研活动以及对于州、地方和土著部落地区政府的支持与指导。其次,通过联邦应急管理局,促进对突发核事件的跨部门、跨区域、跨行政层级、跨官方与民间组织界限的应急协调,落实核应急准备与培训计划,提高全民应对核紧急事态的意识。最后,如果核应急反应需要,国土安全部有权依法动用由能源部和环境保护署联合组建、约有900人的国家核事件应急分队(Nuclear Incident Response Team,NIRT)。

(2)国防部。国防部掌握着美国的战略和战术核武器,同时拥有大量核动力舰船,是"用核大户"。该部主管核事件应急工作的是负责核与生化武器项目的部长助理办公室,全美军核事件应急响应枢纽设在该办公室领导下的国防威胁降低局(Defense Threat Reduction Agency,DTRA)指挥中心。该中心拥有一大批能应对生化武器、核武器和高性能爆炸装置袭击后果的专业人员,实行24h不间断战备值班。此外,国防部还有3支装备精良、可实现全球机动响应的核事件应急分队,他们是空军机动核辐射评估队(AFRAT)、辐射咨询医疗队(RAMT)和医疗放射生物学咨询队(MRAT)。在必要时,国防部会就核事件与相关地方政府进行紧急协调。

(3)能源部。能源部是美国核事件应急管理体系中的骨干机构,它所属的国家核安全局(National Nuclear Security Administration,NNSA)拥有60多年核武器研制试验过程的安全管理经验和独一无二的核应急力量。这些应急力量由分工严密的若干单位组成,如核辐射空中监测分队(Aerial Measuring System,AMS)、可用大型计算机对核辐射进行实时分析的国家大气核泄漏咨询中心(National Atmospheric Release Advisory Center,NARAC)、负责为决策部门提供权威数据的联邦辐射监控与评估中心(Federal Radiological Monitoring and Assessment Center,FRMAC)等。除了以应对核武器事故为主的事故反应分队(Accident Response Group,ARG)、以应对核恐怖威胁为主的核应急搜索与支援分队(Nuclear Emergency Support Team,NEST)外,最主要的核应急反应力量是随时待命的核辐射支援计划(Radiological Assistance Program,RAP)分队。这个计划把全美划分为9个编号责任区域,每个区域至少驻扎3支应急分队,每个分队由6~8人组成,在6h内可以随全套装备抵达美国国内的任何地点。其具体任务是:确定核辐射物质的位置和情况,评估影响公众健康与环境的核风险并提出处置意见,把核事件涉及的复杂技术状况用通俗易懂的语言表达清楚,为相关政府机构提供24h不间断的技术支持。

(4)核管会。核管会是美国所有民用核电站和整个核电产业的监管者,它也是民用核电站事故应急反应的责任机构。该委员会设有核安全与事故响应办公室(Office of Nuclear Security and Incident Response),其基本职能之一就是对相关核事件及时进行评估与分析,指导发生核事件的民用核电站、核燃料循环处理厂等设施单位做出正确反应,并且及时与联邦其他部门和各级地方政府协调处置措施。核管理委员会拥有一支优秀的专家团队,他们是核事件应急管理的重要参与者和决策智囊团。

(5)环境保护署。环境保护署在全美各地部署了以固定监测站为主的核辐射监测网(Rad Net),对空气、地表和地下水、牛奶以及降水进行持续监测,对某一地区的监测能力还可以通过设置临时移动监测设备加强。该署配备专业装备的核辐射应急分队(Radiological Emergency Response Team,RERT)可以在核事件发生后数小时内赶赴现场,提供应急环境分析与评估,并对长期监测和消除核污染计划提供技术支持。三哩岛核电站事故发生后,环境保护署的应急分队携带数吨设备抵达,很快在核电站周边地区设置了31个监测点,监测空气、水和牛奶样本的辐射值,为州政府等相关决策部门提供了宝贵依据,其高质量的工作获得了当地民众与白宫的好评。

2. 州政府应急部门

美国50个州中有31个州建设了民用核电站,其他19个州有各种工业、科研或医用放射源,或部署有装备核武器的美军及建有军用核设施。基于现实考虑和相关联邦法律、行政规章的要求,美国各州都建立了应对突发灾害性事件的管理体制,其中包括核事件应急响应功能。不过,与联邦层面相比,州及州以下层级的核事件应急管理体系偏重于应对民用核设施的突发事故。

州政府处置突发灾害性事件的负责机构均为本州的应急管理部门,其英文名称基本与联邦应急管理局(FEMA)类似,也有若干州使用国土安全局或民防局等其他名称。在州应急管理部门内,依据本州的实际情况与需要设立核事件应急机构。一般来说,核设施较多的州对核事件应急管理体系的建设更加重视,投入的资源也相当可观。以伊利诺伊州为例,这个州号称是美国最有“核缘”的州。1942年,科学家们在芝加哥大学的实验室成功实现了人类历史上的第一次原子能链式反应,从而叩开了核时代的大门;美国的第一个高辐射核废料商业性储存库也建在这个州;除了拥有比其他任何州都多的民用核电机组(11座)外,伊利诺伊州还有多处核燃料厂、核研究机构、核废料场以及需要清理的核辐射污染场地。正是由于这些情况,伊利诺伊州建设了比较完备的核事件应急管理体系。

伊利诺伊州应急管理局(IEMA)下设一个核设施安全局(Bureau of Nuclear Facility Safety,BNFS),它履行 3 项基本职责:第一,对本州民用核电站开展各种检查,确保它们安全运行;第二,通过 3 套功能各异的远程自动监测系统对正在运行和已永久关闭的核电站进行实时环境辐射水平监测;第三,对本州范围内发生的核事件做出应急响应。核应急力量由辐射应急评估中心(Radiological Emergency Assessment Center,REAC)和应急分队组成。评估中心设在州政府的应急指挥中心内,可以在核事件发生后数小时启动,其组成人员主要是医学专家和核反应堆专家。评估中心根据核事件所造成的环境及公共卫生后果提出对策建议,经过与州紧急措施局和州应急指挥中心的负责人协商后,这些建议将报告州长。应急分队配备了最先进的人员防护装备、专用车辆、全球定位系统、辐射分析检测设备以及移动实验室,其任务是到核事件现场进行勘察、取样和分析,为决策者提供第一手事态报告。

3. 地方政府应急部门

美国地方政府的情况比较复杂。一般来说,已经形成核事件应急管理体系的地方政府主要是本辖区或者临近区域内建设了民用核电站的县,或人口众多、经济发达、安全保卫任务重的大县、大都市的政府。例如,加利福尼亚州的圣路易斯 - 奥比斯波县境内有两座民用核电机组,县政府的应急服务办公室制定了统一的核事件应急计划。在美国第一大城市纽约,市政府设立了直接向市长报告工作的应急管理办公室。这个办公室全年 365 天、全天 24h 掌控全市各种事故的情况,监督应急无线电通信频率的工作状态。如遇重大灾难性事件(包括核事件)发生,该办公室便启动专用应急指挥中心,及时汇总信息、形成决策、协调市政府各部门的应急响应行动。

4. 民用核设施运营机构

依照联邦法律和监管机构规章,美国所有民用核电站都必须做好准备,应对任何有可能造成核辐射泄漏的事故。应急指挥和抢险工作的参加者包括管理人员、各专业工程技术人员和现场支援人员,每一座核电站的应急队伍至少要由 200 人组成。核电站以及其他民用核设施的应急组织与响应能力是整个核事件应急管理体系的基础，受到联邦应急管理局、核管理委员会及所在州政府的严格审核与多重支持。

3.2 日本核应急管理体制

根据日本的防灾体制，核事故发生后政府要及时发布紧急事态宣言，成立原子力灾害对策本部和现地对策本部，与相关组织一起进行核事故应急响应（图 3.1）。按照《核应急响应指南》等的规定，原子力灾害对策本部和现地对策本部是核应急的关键部门。内阁总理大臣发布紧急状态宣言后，在官邸设立原子力灾害对策本部（本部长：总理大臣），在场外应急中心设立现地对策本部。紧急情况下，现地对策本部的本部长可代替原子力灾害对策本部本部长行使权利，采取响应措施。

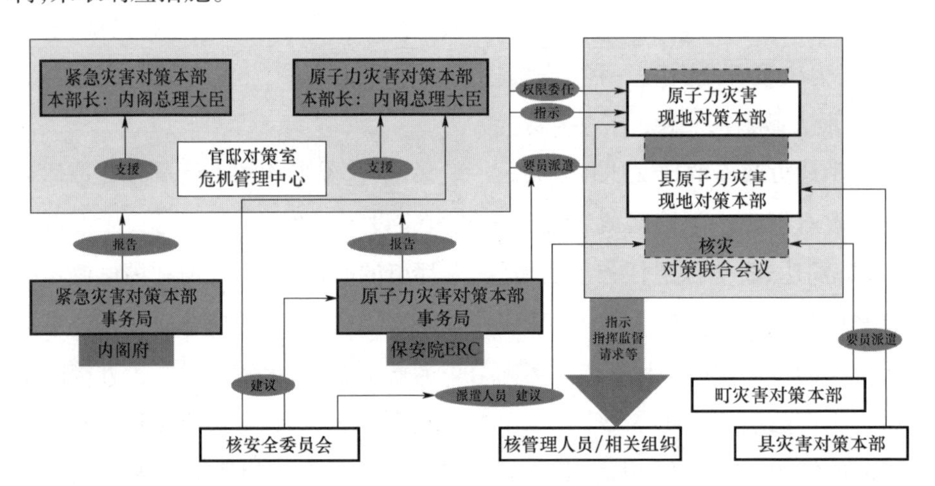

图 3.1 福岛核事故应急响应指挥体系

1. 原子力灾害对策本部

根据《原灾法》规定，原子力灾害对策本部的主要职能是研究、决定重大核应急问题，加强了各政府部门间的沟通和协调，促进了各项政策的制定、落实。

福岛核事故发生后，在内阁办公室成立了原子力灾害对策本部，由首相担任原子力灾害对策本部本部长，菅直人、野田佳彦和安倍晋三先后担任本部长，经济产业大臣担任副本部长，成员单位包括文部科学省、防卫厅、警察厅、厚生劳动省、农林水产省、国土厅、海上保安厅、气象厅、消防厅等部门。

本部成员主要包括总务大臣、内阁府特命担当大臣、地域活性化担当、外务大臣、财务大臣、文部科学省大臣、厚生劳动省大臣、农林水产省大臣、国土交通省大臣、海洋政策担当、环境大臣、内阁府特命担当大臣(负责防灾工作)、防卫大臣、内阁官房长官、内阁府特命担当大臣(负责冲绳及北方地区对策)、国家公安委员委员长、公务员制度改革担当、绑架问题担当、内阁危机管理监事。其成员随着时间推移不断调整。

2. 原子力灾害对策本部事务局

根据核应急响应指南规定,核事故发生后,要在核设施安全监管部门设立原子力灾害对策本部事务局,在日本福岛核事故应急时,原子力灾害对策本部事务局设立在原子力安全保安院·经产省应急响应中心(NISA - ERC)。

原子力灾害对策本部事务局主要职能是计划和协调原子力灾害对策本部和现地对策本部的相关工作。具体来说,事务局的任务是收集核电站信息,预测和监测结果和核泄漏的相关信息,在此基础上为居民制定防护措施(包括撤离指示),协调应急物资输送等。在现地对策本部成立之初,原子力灾害对策本部事务局在代替现地对策本部执行政府的响应指示方面发挥了关键作用。

原子力灾害对策本部事务局由秘书长、副秘书长、成员及业务班等组成(图3.2),秘书长由保安院院长担任,副秘书长由保安院副院长、内阁官房危机管理审议官担任,成员由保安院以及相关省厅人员组成,业务班由综合事务班、核电站班、放射班、居民安全班、公共关系班、医疗班6个班构成。综合事务班主要负责事务局的总体协调工作;核电站班主要负责核电站的信息收集和考察核操作员;放射班主要负责辐射监测信息的分发、共享等;居民安全班主要负责救助、食物和饮用水摄取方面的信息收集;公共关系班主要负责召开记者会和为相关机构提供信息;医疗班主要负责辐射相关的应急医学支持。

3. 原子力灾害现地对策本部

现地对策本部是在紧急事态宣言发布后,最先进行核应急响应的组织,并负责组织各县市长参加原子力灾害对策联合会议,就核设施灾难控制进行交流。为了顺利开展救灾,现地对策本部长必要时要发布疏散居民、限制食品和饮料的摄入、摄入碘片等的相关指令。

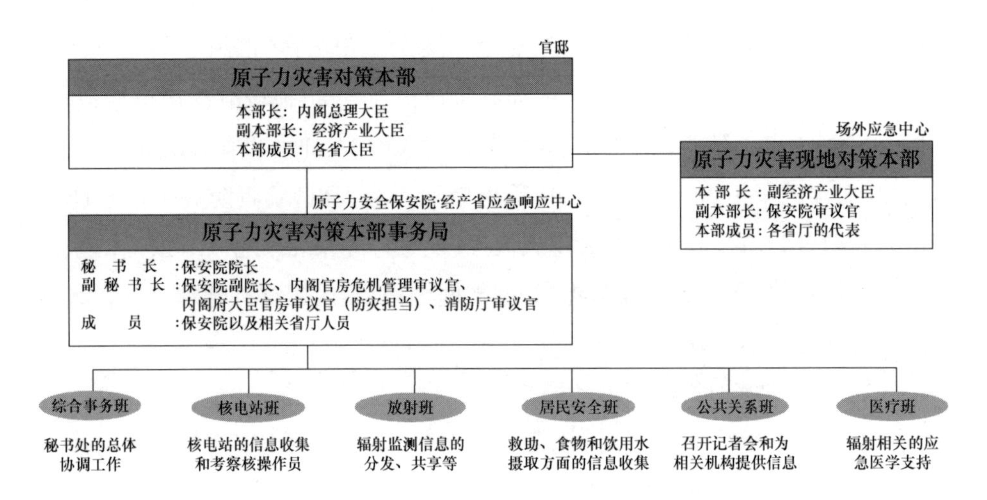

图 3.2　原子力灾害对策本部事务局构成

日本《原子力灾害事件应急特别法》要求在各核设施周边指定一个场外核应急指挥中心。核事故发生时，地方核应急响应指挥部与原子力灾害对策联合委员会在此进行现场指挥与协调工作。场外核应急指挥中心由核设施的主管部门指定，核电站、处理设施、再处理设施、储存设施和废弃核设施的场外核应急指挥中心由经济产业省指定，研究堆场外核应急指挥中心则由文部科学省指定。如果同一区域既有研究堆也有其他核设施，则经济产业省和文部科学省共享一个场外核应急指挥中心。平时，原子力安全保安院派驻人员担任场外核应急指挥中心负责人；事故发生时，国家、地方政府、核电站均有代表在此工作。

在福岛核事故救援中，现地对策本部与县原子力灾害对策本部组成原子力灾害对策联合会议，经济产业省、原子力安全委员会、县町、东电公司以及福岛第一核电站均派人参加联合会议，如图 3.3 所示。

现地对策本部长由副经济产业大臣担任，下设综合事务班、核电站班、放射班、居民安全班、公共关系班、医疗班和司法支援班 7 个业务班。综合事务班主要负责全面协调、信息分类和相关组织沟通，核电站班主要负责核电站的信息收集和核管理人员的指示等，放射班主要负责辐射监测信息的分类、撤离计划准备，居民安全班主要负责撤离信息收集、避难救助协调，公共关系班主要负责安排召开记者会，进行当地居民的公关，医疗班主要负责辐射应急医学的支援和沟通，司法支援班主要负责场外应急中心的法律支援（图 3.4）。

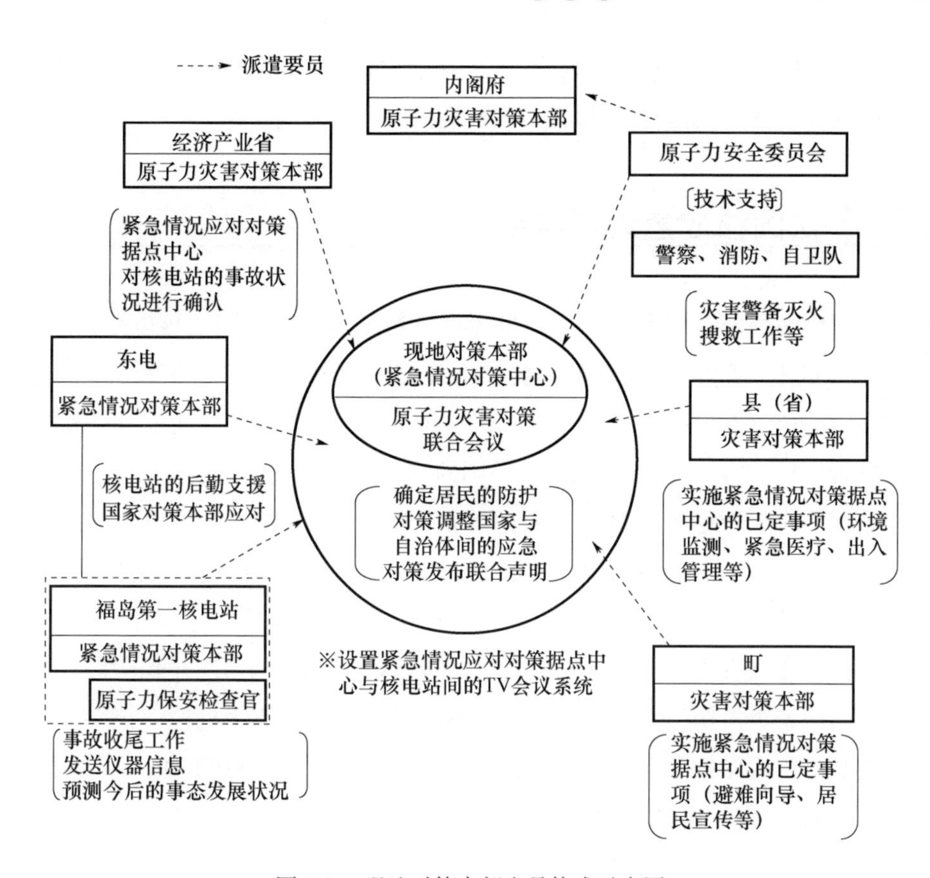

图 3.3 现地对策本部人员构成示意图

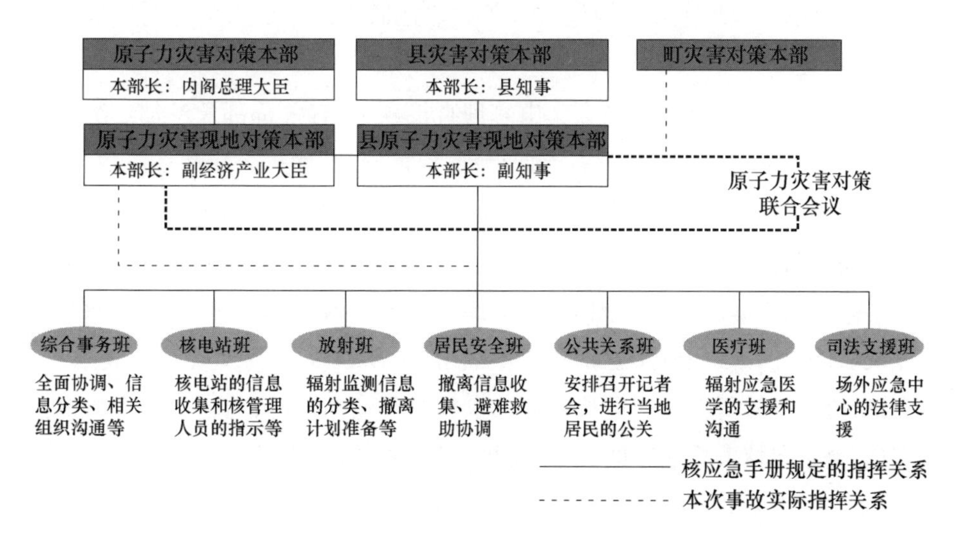

图 3.4 现地对策本部组成

现地对策本部通常建立在场外应急中心。福岛核事故核应急响应中心设置在毗邻福岛县的大熊町的环境放射性监测中心。

3.3 法国核应急管理体系

法国也是核能利用大国，根据 IAEA 网站数据，目前，法国的核电站提供全国约 75% 的电力供应，装机容量仅次于美国，位居全球第二。

法国的核电发展起步于 20 世纪 50 年代。20 世纪 60 年代初期，法国就成立了核管理局，主要负责制定核安全原则的编写和监督核设施运行安全。

法国核应急管理体制概括起来说就是“两条主线、两级管理、两个决策中心”。两条主线分别是政府行政当局和核电营运者单位；两级管理是指政府行政当局线上的国家核应急协调机构、核安全与辐射防护总局、民防总局构成的国家级机构和以省长为主的地方级机构，在营运者单位线上有法国电力公司总部为主的国家级机构（业主总公司）和以核电站为主的地方级机构；两个决策中心分别是省长为保护公众、保护环境而采取行动的行政中心 011 和核电企业为控制机组状态、保护电站工作人员、保证信息畅通为目的的技术中心。

1. 法国核应急管理主要机构

法国核应急管理主要机构包括国家核安全部级委员会、核安全与辐射防护总局、民防总局。

（1）国家核安全部级委员会。由总理直接领导，有关部部长参加。法国核安全部级委员会主要负责协调各方面行动，保证安全，保护公众和环境，制定严重事故救援计划和事故后处置计划；部级委员会下设秘书处由 12 ~ 13 人组成，从各部委抽调，秘书长相当于省长一级，主要职责是在发生重大核事故时进行协调指挥。主要部门的职责如下：外交部负责报告国际原子能委员会，通知欧共体及邻近的国家；环境保护部负责报告国际原子能委员会，还负责水源、空气等测试，协助事故所在地的省长处理核事故对环境的影响；运输部负责指挥全国交通，停止向核事故地区的火车、飞机、船舶的运行，省长有权指挥辖区的交通；国防部在需要时，派遣国家宪兵、防化部队进行救援；内政部负责搜集信息，协调、指挥消防部队和警察处理事故；工业部（又称工业与外贸部）为核安全主管部门，设指挥中心，发生核事故后，对省长和有关部门提出救援意见和信息。

(2)核安全与辐射防护总局。核安全与辐射防护总局是由工业部、环境保护部、卫生部等共同设立的机构，负责组织、协调和管理法国的核应急工作，事故状态下向有关部门和公众、媒体通报信息，负责派技术专家到各级应急指挥中心。

(3)民防总局。民防总局负责核应急准备、计划编制、组织演习和救援指挥、协调应急资源等工作。该局设有一个跨部门应急指挥中心(COGIC)，是全法国核事故应急救援的最高决策指挥机构，各种信息都集中到该中心的控制室，军队、航空、铁路、气象等各有关部门都有明确职责，事故状态下都须进入中心，负责指挥和沟通。

在国家层面，还有一个辐射防护和核安全的技术支持机构，即辐射防护与核安全研究院(IRSN)。该院主要从事辐射防护与核安全的技术工作，包括辐射监测(现场测量、取样测评、分析处理)、信息数据管理、评估决策系统等。发生事故时，主要工作包括：有关专家根据区域和分工不同，接到通知后，立即赶赴有关安全委员会和指挥中心，参与指挥、调度；提出核事故信息，建议核事故处理措施；负责核事故原因的调查协调工作，提出事故的后果及进一步应采取的措施意见。

2. 地方核应急管理机构

地方应急组织设在地方政府，负责应急救援决策和指挥协调。平时作为政府日常工作机构，负责应急准备，应急响应时全体人员到位进入中心，负责应急救援指挥协调工作。

3. 核电企业的核应急机构

核电企业在业主(地方公司)和电厂都建有核应急机构。法国电力公司(EDF)有健全的应急体制，包括辐射防护研究和监测机构、应急指挥中心等，各项应急准备工作都十分到位。各核电厂也都有应急机构，负责应急预警、预案制定、场内应急救援等工作。

每个核电站都设有救援与消防指挥中心，直接受站长的指挥，该中心也是一个多功能机构，负责电站的所有安全技术问题，核电站站长是发生核事故后，下命令采取内部干预的唯一的人。

法国核应急工作顺利开展主要得益于以下几点:完备的法律制度,健全的组织体系,较高的核应急关注度,充足的人、财、物投入以及积极兼容方针等。以核应急演练为例,各类演习是核应急准备的主要工作内容,法国规定每个核电站每3年应参与1次国家级核应急演习,平均每年要组织8次全国核事故应急演习,其中6~7次为模拟核电站核事故,1~2次为其他核设施事故。地方政府核应急管理部门、核电厂以及有关单位都制定核应急计划,为应急响应提供了可靠依据。此外,法国把辐射监测工作摆在重要位置,形成监测网络数据库和信息系统,成为核应急的一项基础性业务工作。

3.4 俄罗斯应急管理体系

苏联是全球最早拥有核电站的国家,苏联解体后,俄罗斯吸取了以往在政治及社会经济方面的经验教训,更加注重推进法制化发展,在核应急管理领域亦是如此。

1994年,俄罗斯立法机关通过《联邦共同体应急管理法案》,这是一部宪法级别的法律,根据其规定,俄罗斯成立俄联邦民防、紧急情况与消除自然灾害后果部,简称紧急情况部。紧急情况部是全国应急管理的核心,统领各领域的应急事务。从宏观上讲,俄罗斯实行的是协调配合的垂直型应急管理体制。主要表现在机构的纵向设置上,由俄联邦、联邦主体(州、直辖市、共和国、边疆区等)、城市和基层村镇四级政府构成垂直领导的紧急状态机构。

当核事故发生时,一方面,由紧急情况部负责核电站事故响应过程各部门之间的协调工作、紧急情况初期判定和救援小组的准备工作;另一方面,联邦原子能局则从技术层面负责运行核应急响应系统,应对核电站和其他核设施的应急情况。

因切尔诺贝利核事故的教训,俄罗斯政府尤其注重国民安全思想的培植,将应急理念、逃生本领等训练融入基础教育过程之中。俄罗斯的青少年从中学起就要认真学习安全自救知识,有条件的学校还要组织逃生演习。从小便培养安全思想,让安全文化深植于人心,这对俄罗斯各行业的健康发展起到了深远的影响。

第 4 章

核事故应急救援组织指挥

4.1 核事故应急救援指挥特点

4.1.1 预有准备,依案展开

核事故发生往往没有征兆,突发性极强,可供准备的时间有限。因此,各级核应急组织必须预有准备、常备不懈,以便核事故发生后,能迅速组织核应急救援工作。这就要求:

一是核应急指挥机构常态化运行。在保持平时核应急管理体系正常运行的同时,要强化应急响应及等级转换的快速性,建立健全快速反应、顺畅高效的核应急指挥机制,做好力量、预案、物资等各方面准备,一旦受命,能够快速转入核应急响应状态,做到快速进入情况、快速沟通联络、快速下达指令、快速协调行动。

二是核事故应急救援预案完善配套。针对担负的核事故应急救援任务,制定完善核应急救援预案。详细制定具体的行动计划、协同计划、保障计划,力争种类齐全、系统衔接、配套实用。适时与国家、军队、地方以及核设施营运单位的核应急预案对接,互换信息、共同协调,做到互相兼容、互为补充。要根据形势的发展变化,及时修订核应急预案,确保快速反应、从容应对。

三是提前进入核应急响应状态。在保持各类核应急指挥机构和核应急力量良好的战备状态基础上,在自然灾害常发期,适度提高戒备等级,依据预案收拢人员、健全组织、调整装备、加大储备,确保能快速出动。核事故发生后,要闻令而动,组织力量快速反应。

4.1.2 统筹安排,快速决策

核事故影响危害范围广,应急救援行动关系到人民群众的生命健康,关系到党、国家和军队的形象和声誉,关系到社会稳定,具有很强的政治性、全局性。核应急救援指挥员必须强化政治意识、大局意识,谋划核应急救援行动。

一是要统筹考虑核应急救援行动。核应急救援行动涉及单位多、动用力量多,因此,要树立政治意识、大局意识,把人民的生命健康作为应急救援的根本出发点和落脚点,坚持军地结合,坚持防救结合,坚持封除结合,确保核应急救援行动有条不紊展开。同时要积极发挥舆论引导作用,加强宣传教育和心理疏导,营造有利于核应急救援的外部环境。

二是快速定下核应急救援决心。核事故往往发展迅速,如果不快速做出决策,就可能使事故恶化,危害范围扩大。如福岛核事故,在事故之初,没有做出正确的决策,导致核电站发生氢气爆炸,大量放射性物质释放,核事故等级从4级上升为7级。因此,核应急指挥员和指挥机关,要合理运用先进的决策支持工具,充分听取核应急专家的意见建议,借鉴国外核应急救援的经验教训,快速准确地做出决策。

三是灵活果断地指挥。核应急救援,一方面要充分研究讨论,听取各方面的意见建议,另一方面,在情况紧急下,指挥员要当机立断,不能贻误救援时机。特别是当情况恶化时,现场情况不在预案范围之内或超出预期时,指挥员要根据总的意图,果断决策,组织开展核应急救援。

4.1.3 依靠技术,科学决策

核事故影响范围广、伤害途径多、持续时间长,而且放射性物质具有看不见、嗅不着、放射性极难改变等特点,使得核应急救援行动具有很强的技术性和复杂性,因此要求核应急救援指挥必须依托专业技术手段,采取科学的方法。

一是要充分发挥核应急技术支持机构和专家的作用。核应急救援涉及专业面多,要求指挥员必须发挥技术支持的作用。福岛核事故应急中,日本核事故应急对策本部成立了8人组成的专家组。

二是要依托核应急决策支持系统。核应急决策支持系统具有核危害预测、评估,核危害态势实时显示,核应急方案优化等功能。目前,世界拥有核电站的国家几乎都有核应急决策支持系统,如日本的SPEEDI,欧洲的RODOS,美国的RASCAL和ARAC。在核应急救援行动中,要发挥好系统的作用,为核应急决策提供科学的数据和参考。

三是要充分利用核设施所在单位的技术支持。核设施营运单位建立有完善的核应急指挥机构、应急机制和专业的应急救援力量,他们对核设施场区的情况十分熟悉。对于进入场区实施应急救援的力量,有必要依托核设施营运单位的技术支持,使核应急救援决策更加快速和科学。

4.1.4 注重协调,联合行动

核事故应急救援行动涉及军地多种力量,指挥层级涉及国家、省、市政府的多个部门,因此,必须建立科学高效的协调机制,提高核应急救援指挥效率。

一是注重军地协调。核应急救援行动通常是在地方核应急指挥部的统一领导下,军地多种力量协同展开的。因此,要求指挥员必须具备“一盘棋”的思想,要根据核应急救援的专项预案,受领核应急救援任务;同时,要根据国家核应急救援的法律法规要求,明确地方为军队参加核应急救援提供的保障内容和要求。

二是注重军种协调。核应急救援是多军种力量参加的行动,不仅仅是一个战区,往往是多个战区的力量参加的行动。在福岛核事故应急救援中,日本陆上自卫队的救援力量来自中央快速反应集团、东北方面队、东部方面队、中部方面队、北部方面队;海上自卫队救援力量来自海上自卫队航空群、横须贺地方队、舞鹤地方队、佐世保地方队等;航空自卫队救援力量来自航空总队北部方面队、航空总队中部方面队、航空总队百里基地和航空支援集团等。由此可以看出,军队核应急救援力量来自多个战区的多个军种,为了高效地完成核应急救援任务,必须加强跨区多各军种协调。

三是注重专业协调。核应急救援涉及核工程、辐射安全、辐射监测、去污洗消、医学救援、气象预报等多个专业，不同专业之间行动时间有先后、空间有区分、专业有对接，指挥员也需要重点把握，如空中辐射监测与地面辐射监测的协调、辐射监测与去污洗消的协调、去污洗消与医学救援的协调等。

4.2 核应急指挥体系

4.2.1 切尔诺贝利核事故应急指挥体系

1986 年 4 月 26 日凌晨，苏联能源部部长马约列茨通过电话向苏联部长会议主席雷日科夫汇报，核电站的核反应堆发生爆炸，核电站的密码警报显示“1、2、3、4”，这四个数字分别表示核泄漏、核辐射、火灾和爆炸。

雷日科夫接到核事故汇报后，立即组建政府委员会，在苏共中央政治局的领导下开展切尔诺贝利核事故应急工作。

政府委员会由原子能、反应堆、化学等方面的科学家、工程技术专家及克格勃官员组成，着手调查事故原因并参与应急处理决策。第一批政府委员会成员由苏联部长会议副主席舍尔宾领导，政府委员办公地点设置在切尔诺贝利，其成员实施轮流值班制度，直至 1986 年 9 月辐射水平稳定后，轮流值班制度才取消。

苏共中央工作组设在莫斯科，主要包括 4 名苏共中央政治局成员、2 名苏共中央政治局候补委员、3 名苏共中央政治局秘书、2 名苏联部长会议副主席、苏联中等机构制造部部长、第一副部长和 16 个主要部门主任、苏联科学院主席团主席、苏联科学院名誉主席、苏联国内贸易部长、苏联国防部第一副部长、副部长和化学部队主任及军事医疗机构主任、苏联卫生部部长和第一副部长、苏联民防部主任、苏联通讯部副部长、苏联高等和中等专业教育部部长、苏联内务部部长、苏联外交部第一副部长、苏联能源部部长、苏联化工部部长、苏联运输建设部部长、苏联煤炭工业部部长、苏联国家劳动委员会主席、苏共中央政治局重工业与动力部主任和副主任、苏联水文气象和自然环境监督委员会第一副主席等。4 名苏共政治局成员是雷日科夫、利加乔夫、沃罗特尼科夫和切布里科夫。

苏共中央工作组的具体工作包括：了解、指导政府委员会的工作；听取各部门事故处理的工作汇报,并对其进行指导;沟通各部门之间的信息;派出工作组成员赴重点地区进行考察等。在全国范围内,建立行政当局和军事当局的全部通信联络系统。

军队核应急救援由国防部负责,1986 年 12 月前,由西南战区总司令负责指挥,总指挥部设在切尔诺贝利城。工作人员有几百人,分若干批轮流值班,每次工作 12h,最长 17h。12 月后,西南战区把消除后果工作交给民防系统,总指挥部仍设在切尔诺贝利。下设 4 个作战组,一个在核电站附近,其余 3 个在外围,分属白俄罗斯、基辅和喀尔巴阡三个军区。

基辅军区成立救援指挥部,由军区司令员任总指挥,军区防化兵、工程兵和后勤部门主要领导参加了指挥部工作。

4.2.2 福岛核事故应急指挥体系

根据日本的防灾体制,核事故发生后政府要及时发布紧急事态宣言,成立原子力灾害对策本部和现地对策本部,与相关组织一起进行核事故应急响应,如图 4.1 所示。按照《核应急响应指南》等的规定,原子力灾害对策本部和现地对策本部是核应急的关键部门。内阁总理大臣发布紧急状态宣言后,在官邸设立原子力灾害对策本部(本部长:总理大臣),在场外应急中心设立现地对策本部。紧急情况下,现地对策本部本部长可代替原子力灾害对策本部本部长行使权力,采取响应措施。

2011 年 3 月 15 日,日本政府成立了福岛核电站事故响应联合指挥部,5 月 9 日后,命名为政府—东电联合响应办公室。政府和东京电力公司协调一致工作,共同分享核事故状态和重要测量数据。

根据《原子力灾害对策特别措置法》第 10 条规定,东京电力公司在地震发生当天 15 时 42 分将 1 ~ 5 号机组交流电源全部丧失的事故通报经济产业省(METI),经济产业省成立了核应急指挥中心和现场指挥中心。16 时,原子力安全委员会(NSC)召开了一次特别会议,决定成立一个应急技术咨询机构。16 时 36 分,负责灾害管理的内阁官房副长官对东京电力公司的报告进行了响应,在首相府成立了核事故应急管理办公室。随后,东京电力公司发现无法通过应急堆芯冷却系统向福岛第一核电站 1、2 号机组堆芯进行注水,16 时 45 分,根据

《原子力灾害对策特别措置法》第 15 条规定，东京电力公司向日本政府通报福岛第一核电站进入核应急状态。19 时 3 分，日本首相宣布福岛第一核电站进入核应急状态，并成立核应急对策本部和现场核应急对策本部，日本核应急的响应流程如图 4.2 所示。

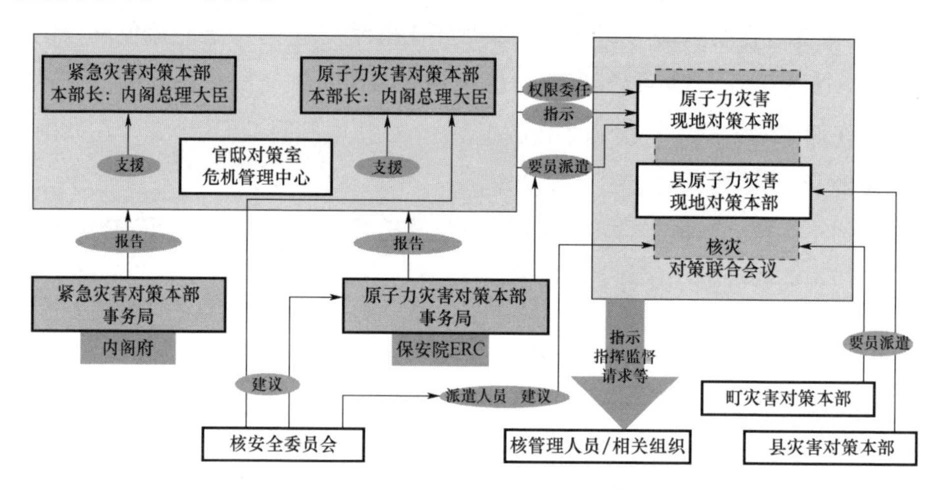

图 4.1 福岛核事故应急响应指挥体系

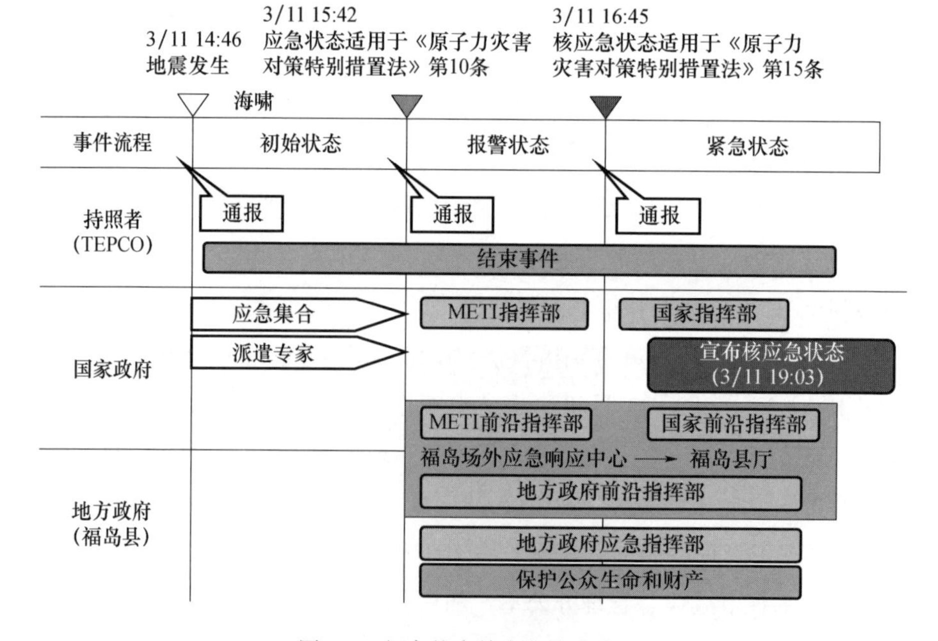

图 4.2 福岛核事故应急响应流程

根据《应急准备基本计划》的要求，现场核应急对策本部在福岛第一核电站场外应急中心（OFC）开展工作，由于场外应急中心停电、应急电源故障，各种通信手段失效，现场核应急对策本部临时转移到福岛县原子力中心。3月12日3时20分，场外应急中心应急电源恢复，通信系统恢复，现场核应急对策本部回到场外应急中心，并向相关地方自治体发出避难信息，向民众通报，准备稳定点，实施应急监测、污染检查及去污等相关指示。因场外应急中心无法利用核电站信息，应急响应支持系统（ERSS）和环境应急剂量信息预测系统（SPEEDI）不能正常运转。且因照射剂量高、周边物流停滞，导致燃料和食物不足，现场核应急对策本部在场外应急中心很难开展有效的工作，3月15日，现场核应急对策本部转移到福岛县厅。

4.3 核应急决策

4.3.1 宣布与解除紧急状态

2011年3月11日19时3分，日本发布核能紧急事态宣言命令（关于福岛第一核电站发生的事态），3月12日07时45分，发布福岛第二核电站核紧急事态宣言命令。

2011年12月26日，日本解除福岛第二核电站事故紧急事态，同日，防卫省发布停止自卫队派遣命令，标志自卫队核应急救援正式结束。

4.3.2 调整核事故等级

基于福岛核事故的发展进程以及放射性物质释放量，日本政府对福岛核事故的等级进行了4次调整。

第一次调整。3月11日16:36，福岛第一核电站1号机组和2号机组丧失交流电源，发动机失效，导致应急冷却系统无法注水。根据这一情况，日本政府将事故等级暂时定为3级。

第二次调整。3月12日，福岛第一核电站1号机组发生氢气爆炸，反应堆建筑遭到破坏。根据环境监测结果,原子力安全保安院确认放射性碘、铯和其他放射性物质释放到大气中,释放量超过堆芯总量的0.1%。根据国际事件分级中“人和环境”的相关内容,日本政府将事故等级调整为4级。

第三次调整。3月18日,福岛第一核电站2号机组和3号机组发生燃料损伤事故,并根据当时1号机组信息进行综合判断,日本政府将事故等级调整为5级。4号机组乏燃料池的冷却供水系统失灵。由于反应堆建筑爆炸遭到破坏,日本政府判断无安全设备残存,因此将其等级定为3级。

第四次调整。4月12日上午,日本经济产业省原子力安全保安院与日本原子力安全委员会举行联合新闻发布会,正式宣布根据国际核事件分级表,将福岛第一核电站事故的严重程度评价提高到最高级别7级。原子力安全保安院宣布,福岛第一核电站向大气泄漏的放射性物质的活度已达到3.7×10^{17} Bq ^{131}I当量,而原子力安全委员会推断为6.3×10^{17} Bq ^{131}I当量,虽然数值存在差异,但都已经远远超过核电站事故7级的标准。国际核事件分级表规定,如果放射性物质向外部的泄漏量达到10^{16}Bq,就应定为7级。

8月24日,日本原子能机构在考虑环境放射性监测数据和得到的事故早期的其他因素后,重新估算3月11日至4月5日之间福岛第一核电站释放的放射性核素的活度,其中^{131}I为1.3×10^{17}Bq,^{137}Cs为1.1×10^{16}Bq。与4月12日日本原子能机构公布的估算数值相比,此次估算考虑了3月12—14日之间释放的数据。根据日本原子能机构的估算值,2011年8月24日,原子力安全保安院将福岛核事故最终确定为7级。

4.3.3 设置和下达核应急防护行动区指示

1. 切尔诺贝利核事故

苏联政府根据污染情况,以事故点为中心,划定三个边界。一是隔离区,地面辐射水平大于20mR;二是撤离区,地面辐射水平为5~20mR;三是监督区,地面辐射水平3~5mR。苏联政府在事故发生36h后,撤离切尔诺贝利核电站周围的居民。划定总面积4300km^{2}的高剂量辐射区为隔离区,以防人员擅自进入。

2. 福岛核事故

2011年3月11日20时50分,福岛核事故应急对策本部对福岛第一核电站1号机组半径2km范围的居民下达撤离指示;21时23分,对福岛第一核电站半径3km范围内的居民发出撤离指示,3~10km范围内室内隐蔽。由于事故不断恶化,3月12日5时44分,对福岛第一核电站半径10km范围内的居民发出撤离指示;18时25分,1号机组反应堆厂房发生氢气爆炸,其他机组面临同样的风险,对福岛第一核电站半径20km范围内的居民发出撤离指示,对福岛第一核电站半径20~30km范围内的居民发出室内隐蔽指示。鉴于核电站事故恶化情况得不到有效控制,3月15日11时,对福岛第一核电站半径30km范围内的居民发出撤离指示,见表4.1。

表4.1 核事故发生初期的避难指示

发布时间	指示
3月11日20:50	福岛第一电厂组半径2km内居民撤离
3月11日21:23	福岛第一核电站半径3km内居民撤离
3月12日05:44	福岛第一核电站半径10km内居民撤离
3月12日18:25	福岛第一核电站半径20km内居民撤离
3月15日11:00	福岛第一核电站半径30km内居民撤离

根据《灾难对策基本法》,4月21日,日本首相决定将福岛第一核电站半径20km内的区域作为"警戒区"(与撤离区范围相同),禁止普通民众进入该区域。除非经当地政府市长许可进行应急响应工作或临时进入,否则禁止进入警戒区。4月22日,日本宣布建立"计划撤离区"和"撤离准备区",见图4.3。计划撤离区,考虑国际辐射防护委员会(ICRP)和国际原子能机构(IAEA)应急照射情况下的辐射防护剂量参考水平为20~100mSv,预测在事故发生后一年内,此区域内公众累积剂量可能达到20mSv,要求居民和其他人员在约1个月后撤离到其他区域。撤离准备区,由于福岛第一核电站事故状态还没有达到稳定,不能排除紧急撤离和室内隐蔽的可能,因此,要求处于该区域的居民做好随时撤离或室内隐蔽的准备。

3月12日7时45分,设定第二核电站3km为撤离区,3~10km范围内为隐蔽区,当天17时39分,撤离区半径扩大到10km。4月21日,撤离区半径扩大到8km。

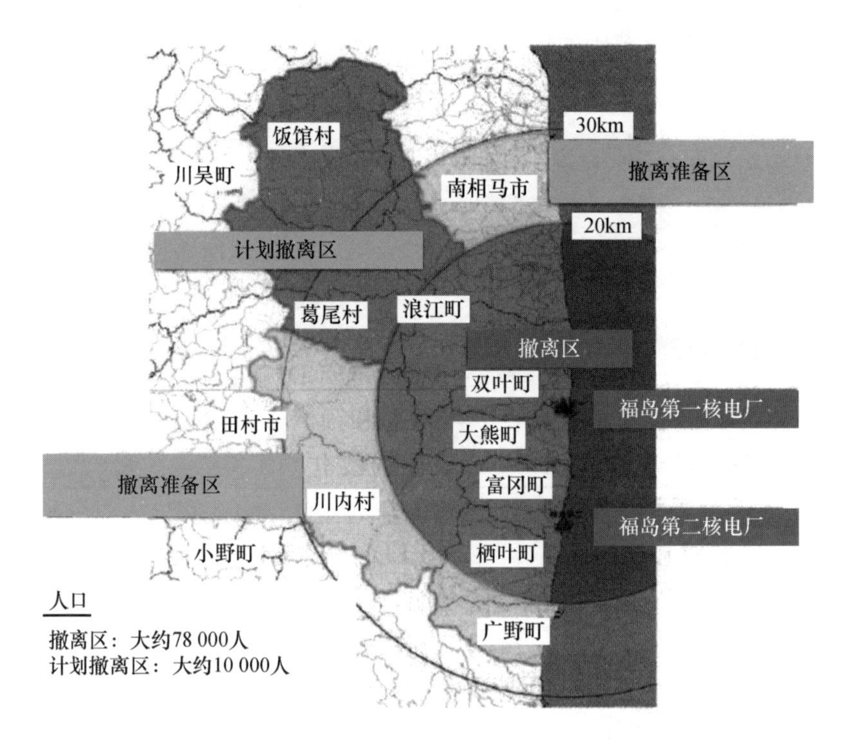

图 4.3　2011 年 4 月 22 日福岛核事故应急防护行动区

福岛第一核电站进入冷停状态后，2012 年 4 月 1 日起，重新考虑撤离区域的划分，将撤离区域分为 3 类：准备解除撤离指示区、限制居住区和返回困难区。准备解除撤离区是指在当时的撤离指示区内，累积剂量低于 20mSv/年的区域。限制居住区是在当时的撤离指示区内，累积剂量超过 20mSv/年，从降低居民受照剂量的角度考虑，要求继续避难的区域。当该区域的累积剂量降至 20mSv/年以下，可变为准备解除撤离指示区。返回困难区是当时累积剂量大于 50mSv/年，5 年后仍不小于 20mSv/年的区域。

随着照射剂量的降低，日本陆续解除了部分陆地及海域的撤离区域，随之对整个应急行动区域进行了调整。2013 年 5 月 28 日后，取消了设置在福岛第一核电站半径 20km 范围内的警戒区域。2013 年 8 月撤离指示区及各区域人员数量见图 4.4。

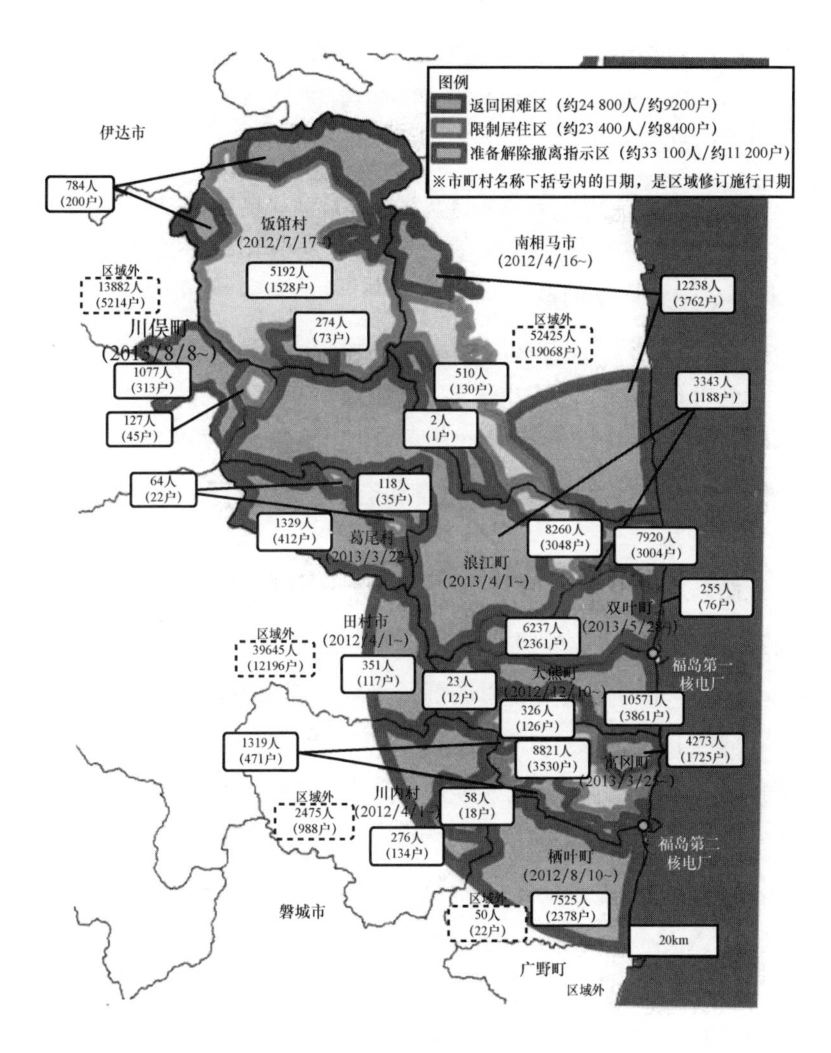

图 4. 4　2013 年 8 月 8 日撤离指示区分布

4. 3. 4　调整剂量限值

1. 切尔诺贝利核事故

苏联政府建立了应急工作人员的外照射标准：在 5mR/h 地区工作的人员为 5 个生物伦琴当量（1 个生物伦琴当量相当于 0. 01Gy）；在超过 5mR/h 地区工作的人员为 10 个生物伦琴当量。根据规定，所有在这一地区工作的消防官兵所受到的辐射剂量都要定期登记，如果达到 15 个生物伦琴当量者，就须及时上报苏联消防总局和乌克兰消防局派驻该地区的副总局长和副局长，并且不能再派到核电站周围工作。如果他们受到的辐射剂量达到 20 个生物伦琴当量，则必须调离核电站周围 30km 的区域。

苏联有关部门、共和国和地方当局提出了一系列不同的概念和干预水平。临时年剂量限值 100mSv，适用于事故的第一年；终身剂量限值 350mSv，事故后 70 年，包括事故当天所受剂量。

苏联最高苏维埃提出：铯表面污染大于 1480kBq/cm^2，强制避迁；铯表面污染为 555～1480kBq/cm^2，每月补偿 30 卢布，孕妇、儿童强迫避迁，其他人随意；铯表面污染为 37～555kBq/cm^2，每月补偿 15 卢布，但不予避迁。其中 70 年终身剂量限值 350mSv，自 1988 年由苏联部长会议批准后，受到猛烈批评。

2. 福岛核事故

日本文部科学省隶属的辐射评估委员会依据国际辐射防护委员会的建议，结合本国实际情况，将职业外照射的 1 年和 5 年的剂量上限分别设定为 50mSv 和 100mSv，女性职业外照射 3 个月的剂量上限设定为 5mSv，从事放射性应急工作的人员年剂量上限设定为 100mSv。

根据救援工作的需求，对放射性应急工作人员的剂量上限进行了相应调整。为此，国家人事院、厚生劳动省、经济产业省就调整剂量上限咨询了辐射评估委员会，基于放射性灾难防护技术标准，得出结论，即在不影响健康的情况下，可对剂量上限进行一定程度的调整。3 月 14 日，厚生劳动省将放射性应急工作人员的年剂量上限调整为 250mSv，并进行行政指导。250mSv 的个人剂量参考水平是根据 ICRP 1990 年的建议（60 号出版物）制定的。在 ICRP 的建议书中，对自愿参与紧急事故救援行动的个人最高剂量参考水平为 500mSv，防止发生确定性效应。根据核与辐射灾难预防技术法案，在修订个人剂量参考水平时，人事院主席、厚生劳动省大臣、经济产业省大臣等向文部科省设立的辐射审查委员会咨询修订个人剂量参考水平的相关事宜，辐射审查委员会认为修订是合适的。此外，厚生劳动省发布了针对前期参与应急工作，且后期参与其他非应急工作但仍在辐射环境下工作的人员的照射剂量管理导则。

此外，厚生劳动省对食品放射性物质进行了调整。将野菜、谷物、肉、蛋、鱼的放射性活度上调到 500Bq/kg，牛奶、乳制品上调到 200Bq/kg，饮水上调到

200Bq/kg,对不同年龄段摄入食品的放射性活度进行了调整,见表4.2。2012年4月1日,重新调整了食品放射性活度标准,将一般食品下调整到100Bq/kg,婴儿食品调整到50Bq/kg,牛奶下调到50Bq/kg,饮水下调到10Bq/kg,不同年龄段摄入食品的放射性活度统一调整到100Bq/kg。

表4.2 食品摄入限值

年龄区分	未满1岁	1~6岁		7~12岁		13~18岁		19岁以上		孕妇
性别	男/女	男	女	男	女	男	女	男	女	女
限值/(Bq/kg)	460	310	320	190	210	120	150	130	160	160
最小值	120									

4.3.5 食物与水摄入限制与解除

从2011年3月17日开始,原子力灾害对策本部、厚生劳动省、农林水产省等机构连续下达限制食物和水的摄入指令,并根据核事故的发展、放射性水平的降低,逐步变更或解除有关地区指令。

原子力灾害对策本部主要下达有关限制蔬菜、原料奶摄入与上市的指令。厚生劳动省主要下达有关限制饮用水、饮用超标自来水应对措施(特别是婴幼儿),也下达了有关限制蔬菜、水产品摄取与上市的指令。农林水产省主要下达有关保障受灾地区蔬菜、生鲜食品供应的指令。要求食品相关机构与企业采取行动促进限制上市地区生鲜食品的顺利流通,保证矿泉水的供给,且不要在毫无科学和客观根据的情况下,拒绝收售限制上市的蔬菜水果及水产品以外的品种。随着核事故的发展,逐步变更与解除指令。

4.3.6 出口限制与解除

从2011年3月21日开始,根据《原子力灾害事件应急特别法》第20条第3款的规定,原子力灾害对策本部负责下达限制食品出口的指示。其中包括对福岛县、栃木县、千叶县等受灾地区生产的食品实施出口限制。在发布出口限制指示的同时,从2011年4月8日开始,经过严格的检查之后,原子力灾害对策本部逐步对下达限制出口指示的区域进行出口限制解除。

4.4 核事故应急发布

4.4.1 向受影响地区公众通报核事故信息

在事故早期,为了尽可能确保当地居民和其他民众的安全,日本原子力灾害对策本部长划定了撤离区域,并下令进行撤离。指令发出后,原子力灾害对策本部事务局要求现地对策本部和福岛县政府向相关民众传达撤离命令和避居室内的命令。另外,原子力灾害对策本部还直接向这些民众发布指令。自2011年3月29日起,原子力灾害现地对策本部编辑印刷了一本灾情简报,将其分发到每个避难点,4月,还通过当地无线电台定期广播这些信息。由于大地震严重损坏了包括电话线路在内的通信设施,因此,部分民众并没有及时接到撤离指令,导致早期出现了当地政府的通知并没有得到很好贯彻的情况。

4.4.2 向社会公布核事故信息

1. 切尔诺贝利核事故

1986年4月28日11时,在国际社会的压力下,苏共中央政治局终于开会研究是否报道的问题。戈尔巴乔夫、利加乔夫、雅科夫列夫都认为应该尽快向外界通报情况,但通报还是被拖延。晚上9时,电视和广播才在新闻中发布公告,简单地向公民通报:“切尔诺贝利核电站发生了事故,一座原子能反应堆受到损坏。正在采取措施消除事故后果。受到影响者正在得到救助。已经为此成立了一个政府委员会。”

4月29日,苏共中央政治局召开政治局会议,会上通过题为《在苏联部长会议上》的新闻稿。根据这份新闻稿,当天,塔斯社发表了较为详细的公告。苏共中央政治局对国外透露的消息比向国内公众通报的内容相对多一些,向国外发布的通知分为两份:一份通知社会主义国家领导人,另一份通知资本主义国家领导人。

2. 福岛核事故

福岛核事故发生后，日本对策本部、防卫省、原子力安全保安院多次组织新闻发布会，防卫省从2011年3月14日—4月26日，共召开16次新闻发布会。原子力灾害现地对策本部还举行了多次新闻发布会，发布相关信息。到5月31日为止，原子力安全保安院举行了182次新闻发布会，发布民生相关信息。环境省部门发布地面、空气、水源等辐射监测信息；农村水产省发布蔬菜、农产品、水产品、牛奶、土壤等辐射监测信息；国土交通省发布相关危险区域航行及航空警报。这些信息通过移动载体、网站、广播、电视、网络、报纸等媒介发布。针对国际和国内关注的问题，组织专业力量发布专题报告，澄清各种疑惑。

4.4.3 向周边国家和国际原子能机构通报信息

1986年8月25—29日，国际原子能机构在维也纳召开专家会议，苏联国家原子能委员会专门编制了《苏联报告：切尔诺贝利核电站事故及后果》。该报告全面介绍了切尔诺贝利核事故及其后果，标志苏联政府对切尔诺贝利事故后期处置的公开化和国际化。

日本是《及早通报核事故公约》的缔约国。根据公约规定，缔约国有义务对引起或可能引起放射性物质释放、并已经造成或可能造成对另一国具有辐射安全重要影响的超越国界的国际性释放的任何事故，向有关国家和机构通报。通报内容应包括核事故及其性质、发生的时间、地点和有助于减少辐射后果的情报。各缔约国应将负责收发核事故通报和情报的主管当局和联络点通知国际原子能机构。日本外务省是官方通告机构，文部科学省和经济产业省是核设施通告的权威机构，负责完成核事故通报相关事宜。

第5章

核事故应急干预与防护

本章主要讨论涉及核事故应急状态下的干预,并不涉及因天然辐射持续照射而实施的干预。但是因核事故产生的长寿命放射性残存物引起的持续照射,其干预则在本章讨论范围之内。此外,本章讨论的关于干预和防护行动的相关准则,也适用于其他核与辐射突发事件的应急情况。

5.1 干预

5.1.1 实践与干预

自人类发现并应用核辐射至今,涉及核辐射照射的各种活动可分为实践和干预两大类。

1. 实践

实践是指人们以引入新的辐射源、照射途径,或扩大受核辐射照射人员的范围,或以改变现有辐射源照射环境等形式,使人们受到核辐射照射,或受到照射的可能性,以及受到照射的人数等增加的任何活动。

人类时刻都受到天然核辐射的照射(世界范围内,天然本底造成的人均年有效剂量当量约2.4mSv)。实践则是在带给人类利益(经济或健康)的同时,即人类受到天然本底照射的基础上,再增加受照剂量,涉及辐射源生产,射线装置或放射性物质在工农业、研究和教学等领域的应用,核能生产(包括核燃料循环中涉及辐射照射的各种活动),以及需控制的涉及天然核辐射照射(放射性伴生矿开采)等人类活动。

实践确实会给人类受核辐射照射带来附加剂量,但是由于辐射源可控,并严格执行剂量限制制度,因此可将实践对人的核辐射照射剂量控制在国家规定的剂量限值以下,达到合理的最小化。通常情况下,核设施或核活动在正常情况下对公众的照射就属于实践引起的照射,对这种照射的控制主要通过控制辐射源实现,包括限制源强、对辐射源采取可靠包装、屏蔽和严格实物保护,以及放射性流出物的净化、有效监督直至取消、关闭辐射源,如终止放射源使用或核设施退役等。

2. 干预

干预是指旨在减少或避免不属于受控实践或因突发事件导致失控辐射源带来核辐射照射可能性的任何人类活动。

需采取干预的主要情况包括:核或辐射事故、核或辐射恐怖袭击等各类核与辐射突发事件引起的需采取防护行动的应急照射情况,如核电厂事故、天然辐射源或以往事故或事件产生的放射性残存物引起的需采取补救行动的持续照射情况。

3. 实践与干预的主要区别

对于实践与干预这两类活动,在性质上有明显不同。

首先,实践是为了某种社会利益,结果是增加人类受核辐射照射的量;干预的目的和结果则是减少人类受核辐射照射的量。

其次,实践中的辐射源处于受控状态,对人的照射主要通过控制辐射源加以限制;干预下的辐射源则已不在控制中,即辐射源、照射途径和受照个人均已存在,只能通过干预来限制对人受核辐射照射的量,即采取对人的防护措施。

5.1.2 干预的目的

干预目的,即应急响应拟达到的基本目标,就是尽一切努力使公众和工作人员所受辐射照射的剂量低于相关阈值,防止发生严重的确定性健康效应;同时采取各种合理措施,减少公众随机性效应的发生。

确定性健康效应的发生多与个人所受急性大剂量照射有关。通常,在放射性释放期,距事故核设施不太远的邻近地区公众,可能受到引起严重确定性健康效应的大剂量照射。发生反应堆严重事故,一般只在10km甚至更小范围内才可能出现超过严重确定性健康效应阈值剂量的照射。防止严重确定性健康效应的发生是应急干预的首要目标和紧迫任务,实施预防性防护行动和紧急防护行动的主要目的也在于此,这也是核与辐射事故早期应急干预的主要任务。

限制个体和群体随机性效应的发生率是干预要达到的另一个基本目标。与防止严重确定性健康效应相比,这是次要目的。限制公众随机性效应的发生率,既与较大范围内大量公众(包括受较小剂量照射的公众)有关,也会涉及较长时间的持续照射。

通常,在事故早期,将干预的主要着眼点放在限制随机性效应发生率上的可能性不是很大,也不急需。但是随着事故发展,特别是当放射性释放已停止,主要核辐射危害来自地面放射性沉积时,除非沉积放射性水平高到足以引发严重确定性健康效应的照射剂量,否则,干预的主要着眼点将放在限制随机性效应的发生率上。

已发生的核事故表明,非放射性影响(包括经济、政治,尤其公众的社会心理影响)往往会超过核辐射照射的影响。因此,目前十分强调,尽可能防止个人和群体出现非放射性影响,并将其作为应急干预的目的之一,应在防护行动决策中充分考虑非放射性影响因素。

5.1.3 干预的原则

干预原则是指为了实现应急目标,实施干预时应遵循的辐射防护原则。由于干预在降低辐射剂量的同时,既可能付出代价,也可能带来新的风险。因此,应急决策时需权衡利弊,需判断必须干预的情况、不必干预的情况,甚至不正当干预的情况。干预原则正是解决这些问题的主要依据。

切尔诺贝利核事故发生之前,国际放射防护委员会(ICRP)和国际原子能机构(IAEA)曾分别在其出版物(ICRP 40号出版物,1984)、安全丛书(IAEA 72号安全丛书,1985)指出计划干预的以下3条基本原则。

(1)避免严重的非随机性效应(ICRP 60号出版物发布后改称为确定性健

康效应)发生,采取相应的干预措施将个人剂量控制在引起这类健康效应发生的阈值之下。

(2)通过相应的干预措施来限制随机性效应的个人危险,采取的措施应使涉及的个人获得利益,即措施本身的危害小于因辐射剂量的降低而获得的好处。

(3)通过减少集体剂量,将随机性效应的总发生率限制到尽可能合理可行的程度。

显然,上述原则也体现着干预的目的。

针对切尔诺贝利核事故以及其他核与辐射事故,如危险放射源事故、携带放射性物质飞行器重返地球大气层的事故性扩散,不同国家采取的应急响应不尽相同,一些防护措施的实施,实际上降低而不是改善了群体的生存条件和生活质量,某些情况下还导致一些国家资源不必要的过量消耗,切尔诺贝利核事故造成的跨国界辐射影响也使受影响国家采取不同,甚至相互矛盾的防护行动。因此,进一步澄清、明确干预原则,并在国际上取得协调一致的看法是十分必要的。

基于此,IAEA 于 1988 年在其技术文件(TECDOC－473)中,重申原有 3 条干预原则仍有效的同时,着重强调干预应遵循正当性和最优化的原则。之后,IAEA 在其 109 号安全丛书(IAEA Safety Series No. 109,1994)中进一步明确,构成干预决策基础的基本原则如下。

(1)尽可能努力防止严重的确定性健康效应。

(2)干预应是正当的,防护措施应利大于弊。

(3)引入干预及后续撤销干预所依据的应当是最优化的结果。

可见,第一条原则也是干预的主要目的。因此,目前国际上比较普遍地将正当性和最优化作为干预的基本原则。

需注意,应急干预的实施,在减少公众可能受核辐射照射剂量的同时,也可能会干扰公众的正常生活,还可能给公众和社会带来新的危害。例如,撤离途中可能出现交通事故造成人员伤亡、较长时间的隐蔽可能引起某些社会和经济问题、服用稳定碘对一些人可能有副作用、临时避迁和永久性重新安置都需要经济上的投入等。因此,决定干预时,必须综合权衡利弊。

也需注意,在要求干预的情况下,工作人员与公众之间也有区别。例如,如果不采取某些行动,公众将可能受到更多的照射;对于工作人员,如果没有充分理由做出使他们受到照射的决定,工作人员将不会受到照射(但是不包括事故初始阶段)。因此,上述用于公众的干预原则应区别于工作人员。对工作人员而言,被证明正当性的是来自辐射源的照射,最优化则是针对辐射源的辐射防护。除非有特别的取消理由,应保留对工作人员的照射剂量限值,尽可能防止严重的确定性健康效应。

5.2 干预水平

干预水平是指针对应急或持续照射情况来制定可防止剂量的水平。当达到这种剂量水平时,应考虑采取相应的防护行动或补救措施。这里的可防止剂量是指采取特定防护行动所减小的受照剂量,即在采取该防护行动情况下,预期受到的剂量与不采取该防护行动造成受照剂量之差。显然,不同的防护行动,干预水平值也不同,因此,需建立适用于不同防护行动的干预水平。

不同国家对干预水平有不同名称,但是含义基本相近,美国称干预水平为防护行动指导水平(Protective Action Guide Level),欧洲一些国家称应急参考水平(Emergency Reference Level),也有的称应急行动水平(Emergency Action Level)。

5.2.1 建立干预水平的目的

由于防护措施的决策与实施主要取决于防护措施可能带来的代价、风险与可能避免的辐射危害之间的权衡,用于判定是否采取任何特定防护措施的剂量水平必然与核设施厂址特征及事故特点有关,因此难以制定一个固定、适用于所有情况的干预水平。但是对于特定的防护措施,规定一个干预水平的剂量范围是合适的。为此,ICRP 和 IAEA 等国际组织自 20 世纪 80 年代相继推荐了干预水平的剂量范围。低于该剂量范围下限值而实施的防护行动被认为是不正当的;反之,则认为是必须执行的防护行动。

建立干预水平的主要目的在于,实现针对每项防护措施,建立一个定量的参考剂量水平,以便确定实施干预是正当和必需的时机,并符合最优化原则,以便输出防护行动。

5.2.2 干预水平的推荐值

根据干预原则和健康效应,干预水平包括 4 个量,分为两大类。一类是为了防止出现确定性健康效应,针对急性照射而给出的剂量行动水平;另一类是为了减小随机性效应的发生,针对特定防护措施而给出的持续照射剂量率行动水平、通用优化干预水平和通用行动水平。

1. 急性照射的剂量行动水平

核事故发生时,短时间、大剂量射线照射,可能引起公众急性核辐射损伤,甚至死亡,给公众心理造成极严重的影响。为了防止确定性健康效应的发生,应制定急性照射的剂量行动水平,通常采用器官或组织的吸收剂量来评价确定性健康效应的危险度。当预期器官或组织所受剂量达到规定的阈值时,为了保护公众生命安全、防止发生确定性健康效应,需采取一定合理有效的干预行动。

表 5.1 给出我国现行国家标准《电离辐射防护与辐射源安全基本标准》(GB 18871—2002)的急性照射剂量行动水平。该标准以 1996 年 IAEA 出版的安全丛书 115 号为基础而修订。表 5.1 中的数值是指短时间(2 天)内器官或组织的预期吸收剂量,这些剂量值大体上与相应的确定性健康效应发生阈值基本相当,GB 18871—2002 明确规定,任何个人所受预期剂量接近或预计接近表 5.1 所列数值时,实施干预、采取防护行动几乎总是正当的。

2. 持续照射的剂量率行动水平

核事故发生时,除因防止出现确定性健康效应而采取一系列干预措施外,对公众,为了防止因持续性照射而造成远期效应风险的增大,GB 18871—2002 也给出器官或组织受持续照射时,任何情况下都应采取干预的剂量率行动水平,如表 5.2 所列。同样,GB 18871—2002 也明确指出,当公众相应器官和组织的预期受照剂量接近或预计接近表 5.2 所列数值时,应采取一定的干预措施。

表 5.1 急性照射的剂量行动水平

器官和组织	2 天内器官或组织的预期吸收剂量/Gy
全身(红骨髓)①	1
肺	6
皮肤	3
甲状腺	5
眼晶体	2
性腺	3
胎儿②	0.1

① 受照剂量大于 0.5Gy 后第一天,辐射敏感性个体可能出现呕吐;
② 考虑紧急防护行动水平的正当性和最优化时,应考虑胎儿在 2 天时间内受到大于约 0.1Gy 的剂量时产生确定性健康效应的可能性

表 5.2 持续照射的剂量率行动水平

器官和组织	2 天内器官或组织的预期吸收剂量/(Gy/年)
性腺	0.2
眼晶体	0.1
骨髓	0.4

3. 通用优化干预水平

通用优化干预水平采用可防止剂量表示,当可防止剂量大于相应的干预水平时,需采取特定的防护行动。在确定可防止剂量时,应适当考虑采取防护行动时可能发生的延误和可能干扰行动的执行或降低行动效能的因素。表 5.3 列出 GB 18871—2002 通用优化干预水平。

表 5.3 对紧急防护措施建议的通用优化干预水平

紧急防护行动的通用优化干预水平		
防护行动	适用的持续照射时间	干预水平值(可防止剂量)
隐蔽	<2 天	10mSv
临时撤离	<7 天	50mSv
碘防护	<7 天	100mSv
较长期防护行动的通用优化干预水平		
临时避迁	<1 年	第一个月 30mSv,随后每月 10mSv
永久再定居	永久	终身剂量 >1Sv

这里所说可防止剂量是指对适当选定人群样本的平均值，而不是指最大受照（关键人群组）个人的受照剂量，但是无论如何，应使关键人群组的预期剂量保持在表5.3所规定的剂量水平以下。

一般情况下，作为防护决策的出发点，可采用GB 18871—2002通用优化干预水平。当考虑场址特有或情况特有的因素之后，具体核电厂厂址专用的干预水平可以比通用优化干预水平的值高一些或在某些情况下低一些。所考虑因素可能涉及特殊人群（如医院病人、常年居家的老年人或犯人）、有害天气状况或复合危害（如地震或有害化学物质）以及运输、人口密度、厂址或事故释放的特殊问题。

正如表5.3所列，隐蔽的通用优化干预水平是指当对特定公众采取隐蔽措施后，预期2天内的可防止剂量为10mSv。决策部门可建议在较短期间内的较低干预水平下实施隐蔽或为了便于执行下一步防护对策（如撤离），也可以将隐蔽的干预水平适当降低；类似地，临时撤离的通用优化干预水平是指在不长于1周时间内可防止的剂量为50mSv。当能迅速、方便地完成撤离时（如撤离较少的人群），决策部门可建议在较短期间内的较低干预水平下开始撤离，但是撤离有困难时（如撤离大量人群或交通工具不足），采用更高的干预水平则可能是适当的。

4. 通用行动水平

核事故发生后，向环境释放的放射性核素往往会造成大气、水体和土壤等环境介质受到污染，并通过多种直接或间接的途径进入食品，进而进入人体。在持续性照射或应急照射情况下，为了避免公众摄入过量的放射性核素，当食品的放射性污染水平超过规定的行动水平时，则需对放射性污染食物采取摄入限制措施，或通过加工、洗消、去皮和稀释等方法降低污染水平，使食物、饮用水中放射性核素的活度浓度控制在相应的行动水平之下，通用行动水平就是国际上推荐的用于控制食品的干预水平。

表5.4列出IAEA针对主要放射性核素的通用行动水平，与GB 18871—2002所列通用行动水平相比，增加了^{240}Pu和^{242}Pu两种核素。

表 5.4　食品的通用行动水平

放射性核素	通用行动水平/(kBq/kg)
一般消费用食品	
^{137}Cs, ^{134}Cs, ^{103}Ru, ^{106}Ru, ^{131}I, ^{89}Sr	1
^{90}Sr	0.1
^{241}Am, ^{238}Pu, ^{239}Pu, ^{240}Pu, ^{242}Pu	0.01
牛奶、婴儿食品和饮用水	
^{137}Cs, ^{134}Cs, ^{103}Ru, ^{106}Ru, ^{131}I, ^{89}Sr	1
^{131}I, ^{90}Sr	0.1
^{241}Am, ^{238}Pu, ^{239}Pu, ^{240}Pu, ^{242}Pu	0.001

需要说明的是,通用行动水平的应用仅限于核或辐射应急后的第一年,表 5.4 中的数值对应每组中各种核素的总和,是用于准备消费的食品,未考虑处理(如稀释和清洗等因素)。该表以联合国粮农组织(FAO)、世界卫生组织(WHO)的营养法典委员会关于事故性污染后进入国际贸易的食品中放射性核素的指导水平为基础,并与之一致。

5.2.3　干预水平选择的影响因素

核事故期间,源项、自然环境和社会因素等事故条件多变,都会影响到决策者对干预水平及防护措施的选择与实施;与此同时,干预水平的实施必须灵活、及时,以适应核事故条件。影响干预水平选择的主要因素如下。

(1)干预原则。任何时候,选择干预水平时,应遵循干预的正当性和最优化原则,并能防止发生严重的确定性健康效应。判断正当性、最优化的基础是进行防护行动的利弊分析,即权衡影响防护行动的利益和危害因素。图 5.1 为选择干预水平时需考虑的主要利弊因素(对其他防护行动也基本类同),决定利益大小的是防止行动所能防止的个人危险、集体危险以及使公众得到的安全感。防护行动带来的危害包括个人、集体健康危险(包括放射的和非放射的危险。例如,撤离时间选择不当,会比不撤离、停留在屋内遭受更大辐射剂量),经济代价(货币代价)对个人、社会生活的扰乱,引起公众焦虑不安,以及对工作人员产生的危害等。在上述各种影响因素中,经济代价、个人和集体健康风险、工作人员危险是可以定量的,其他影响因素则难以定量。

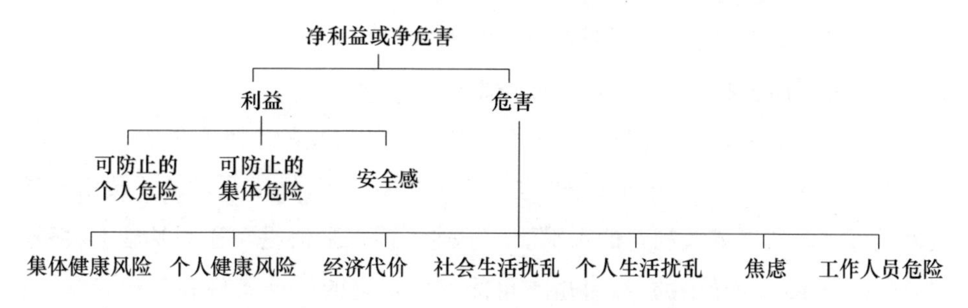

图 5.1 影响干预水平选择的利弊因素

(2)事故放射性释放的特征和大小。核事故期间,放射性释放的特征、释放量等,直接影响到受影响区区域的大小和受影响人群的多少:释放物组成、释放高度、释放时间等事故释放特征,将影响到主要照射途径、最大剂量与出现位置以及实施防护措施的时间,从而影响防护措施的代价、困难,影响干预水平的优化选择。

(3)事故期的气象条件。核事故期间,气象条件也是重要的影响因素,风向、风速、降水都将影响到受影响区大小、方位和主要照射途径,不同的气象条件,可能采取不同的主要防护措施。

(4)受影响的特殊人群组。孕妇、儿童等敏感人群,以及老弱病残人员等特殊人群,都会对防护行动的顺利实施造成一定的影响。对敏感人群组,可能在较低干预水平下实施防护行动;对一些特殊人群组,或许要在较高干预水平下实施防护行动。

(5)社会条件。人口分布、通信和交通等社会条件及可得到用于防护行动实施的资源条件,同样要影响干预水平的优化选择。

在实践中,如上所述,由于影响干预水平选择的因素很多,因此,选择干预水平值时,应综合考虑当时的主导情况和特殊性,并因情况不同而改变,即制定实际的干预计划时,干预水平的选择应具一定的灵活性。例如,当实施防护行动的代价、风险或困难相对较大时,在较高的干预水平下实施防护行动才是正当的。

5.2.4 干预水平的应用

干预水平不仅在核事故期间得到重要应用,核应急准备阶段,核设施及地方政府同样有必要结合厂址和假想事故的特点，建立经优化的干预水平，并在实际应用时，保持灵活性，以达到防护目的。

1）应急准备阶段，建立反映厂址和事故特点的优化的干预水平

如前所述，目前国际上推荐的，也是我国有关法规、标准采用的干预水平被认为是可大体获得最大利益的水平值。上述干预水平值是在通用基础上，根据辐射防护技术因素导出的，没有也不可能考虑特定的厂址条件和事故状态，更没有考虑社会、政治，甚至文化特征等非技术因素的影响。事实上，各种因素都可能影响干预水平的选择和防护行动的决策。例如，当防护行动的实施会涉及大量公众和大范围地区时，需付出的资源代价和社会干扰等因素往往会起到突出作用，适当提高干预水平值是可接受的；相反，当受影响的人数和区域面积较小时，为了赢得公众的充分信任，付出一些代价则是社会乐于接受的，此时，可考虑降低干预水平值。因此，有必要在应急计划制定及应急准备阶段即考虑建立反映厂址及事故特点的优化干预水平，并在实际响应过程中，针对真实事故和环境条件作最优化分析。

核应急准备阶段应用干预水平时，首先，需结合应急计划采用的假想事故情景（包括释放源项、释放特征、释放量、自然环境和社会因素等），以防护行动的典型效能计算为基础，进行防护行动的最优化分析；其次，需针对选择的每种情景和特定的防护行动，导出优化的干预水平值，以该水平值作为应急计划阶段的干预水平，也作为事故发生后立即采取防护行动的第一判据。

在我国，有关干预水平优化分析的研究工作已取得一些研究成果，并且多数研究工作已列入应急决策支持系统的研发工作中。目前，国内各核设施和所在地方政府的应急计划，基本采用国家推荐的干预水平作为应急计划阶段的干预水平。

2）应急响应阶段，以优化干预水平为基础进行防护行动决策

核事故发生后，进行防护行动决策，需对所作防护行动进行最优化分析，以确定实施特定防护行动的剂量水平。

一定意义上讲，防护行动的最优化分析也是干预水平的最优化分析，是对特定防护措施所对应干预水平的优化与选择。防护行动决策所对应干预水平的优化分析方法与应急准确阶段确定干预水平的优化分析方法基本相近且唯

一，存在的差别只是，前者使用的资料、数据趋于真实（而是假想），原因在于随着事故的发生、发展，就可逐渐按照有关事故性质、后果以及发展趋势得出相关数据，同时，也能得到较充分的气象及环境监测的数据，因此，就可根据实际数据，以防护措施可能的实际效果为基础，进行更精细、更具体的最优化分析，以适时、合理地确定针对每一特定防护行动的最优化干预水平，作为防护行动实施的标准。

干预水平的优化分析，可采用多种方法，其中利益—代价方法较为常用。进行利益—代价权衡、比较时，应尽可能对影响干预水平选择的各种因素进行合理的量化，确定它们的权重，进而进行系统权衡；同时，也应考虑政治、社会、文化以及公众心理等难以量化的因素。此外，防护行动的最优化分析与决策，也可采用各种辅助决策技术，如利用多属性分析技术。

3）根据实际情况，灵活应用干预水平

由于影响干预水平选择的因素较多，引入某一特定干预水平值时，往往会因主导情况不同而改变，因此，核事故期间，制定和实施干预计划时，对干预水平的确定，应保持一定的灵活性。

恶劣的天气条件、可用资源的不足、波及大量的人群、涉及大面积的地区，类似这样的不利条件，很可能给临时性撤离这类防护行动带来较大的代价、困难和风险，这种情况下，在较高干预水平下实施撤离可能才是正当的；类似地，当食品短缺、不可能提供充分的未受污染替代食品时，可能在较高干预水平下实施食品禁用才是正当的。

与上述条件相反，当实施防护行动的代价、风险或困难相对较小时，可在较低干预水平下采取一些防护行动。1986 年，切尔诺贝利事故发生后，针对事故产生的放射性烟羽对欧洲地区的影响，WHO 就曾建议欧洲受影响国家公众可实施禁止饮用雨水、对农产品进行清洗等食品控制措施，显然，实施这种防护行动的代价几乎是可忽略的；对某些食品（如香料），消费量很低，也可采用比主要食品高的干预水平。

对于受影响的特殊人群组，为了减小危害或顺利实施防护行动，干预水平的选择也应具有一定的灵活性。对孕妇、儿童等辐射较敏感人群，可在较低干预水平下实施防护行动；对另外一些人群组（如 70 岁以上成年人），在较高干预水平下采取防护行动或许也是正当的。

5.3 操作干预水平

5.3.1 操作干预水平的建立及发展现状

1. 操作干预水平的建立

在反应堆应急计划和响应中,采取公众防护行动的主要依据是干预原则和干预水平。如5.2节所述,干预水平是预期的剂量或被认可的剂量,而依据剂量判断是否有必要引入某种防护行动,就必须将已得到的监测数据转换成相应的剂量水平,然后再进行判断,这很可能延误防护行动的实施,难以满足实际应急的需要,基于此,人们提出了操作干预水平(Operational Intervention Level,OIL)这一概念。

操作干预水平是指通过现场仪器测量或通过实验室检测分析得到的与干预水平相对应的计算水平,通常采用剂量率、释放放射性物质的活度、一段时间内的空气放射性浓度、地面或表面活度以及环境介质、食物和水中放射性核素的放射性浓度表示。参照操作干预水平,可立即、直接地利用相应的测量(监测)数据确定适当的防护行动。IAEA、ICRP等国际组织建议各国建立相应的操作干预水平,核事故期间,比较监测数据与批准的操作干预水平,当超过操作干预水平时,即要求采取相应的防护和响应行动。因此,应用操作干预水平,可根据监测结果立即确定适当的防护行动,使防护行动满足实际应急的需求。

2. 操作干预水平的发展现状

对于核事故的操作干预水平,迄今有3个版本,分别是1997年IAEA出版的技术报告TECDOC-955(以下简称IAEA-955报告)、2011年IAEA出版的安全标准《用于准备和响应核与辐射应急通用安全准则的标准(暂行版)》(以下简称IAEA-GSG-2)以及2013年IAEA在总结福岛核事故应急经验基础上出版的《轻水反应堆严重事故应急公众防护行动(应急准备与响应—核电厂公众防护行动)》(EPR-NPP Public Protective Actions 2013)(以下简称IAEA-2013报告)。

比较IAEA－GSG－2与IAEA－955报告，主要差别体现在，通用准则取代了以前描述的通用干预水平和通用行动水平体系，并基于设定的参考水平（20～100mSv），得到默认的操作干预水平（OIL）；将9类OIL改为6类，这6类OIL（OIL1～OIL6）主要涉及放射性沉积、个体放射性污染以及食物、牛奶和水的放射性污染等方面，但是未包括由仍处在不断释放过程中的烟羽中的剂量率或空气放射性浓度对应的OIL，以及由再悬浮引起空气放射性浓度OIL。

比较IAEA－2013报告与IAEA－GSG－2，主要差别是：IAEA－2013报告将IAEA－GSG－2的6类OIL改为8类，但是OIL5和OIL6被用于其他方面，与反应堆堆芯或乏燃料池事故导致的放射性释放基本无关；IAEA－2013报告给出的各OIL默认值主要用于轻水反应堆核应急，也可以用于石墨慢化堆，但是不适用于重水堆（CANDU）。

5.3.2 操作干预水平的推荐值

目前，我国核电厂制定OIL时，参考的是IAEA－955报告所推荐的OIL。表5.5列出IAEA－955报告中OIL1～OIL9的默认值。

表5.5 IAEA－955报告中OIL1～OIL9的默认值

OIL默认值		防护行动	监测（测量）类别
OIL1	1mSv/h	撤离或实质性隐蔽	烟羽的周围剂量率
OIL2	0.1mSv/h	碘防护和临时隐蔽	烟羽的周围剂量率
OIL3	1mSv/h	撤离	地面沉积的周围剂量率
OIL4	0.2mSv/h	临时避迁	地面沉积的周围剂量率
OIL5	1μSv/h	食物和牛奶的预防性限制	地面沉积的周围剂量率
OIL6	普通食物10kBq/m^2	限制食物食用	地面沉积物中^{131}I的活度浓度
	牛奶2kBq/m^2	限制牛奶饮用	
OIL7	普通食物2kBq/m^2	限制食物食用	地面沉积物中^{137}Cs的活度浓度
	牛奶10kBq/m^2	限制牛奶饮用	
OIL8	谱食物1kBq/kg	限制食物食用	食物、水或牛奶样品中^{131}I的活度浓度
	牛奶和水0.1kBq/kg	限制牛奶和水饮用	
OIL9	普通食物0.2kBq/kg	限制食物食用	食物、水或牛奶样品中^{137}Cs活度浓度
	牛奶和水0.3kBq/kg	限制牛奶和水饮用	

如前所述,IAEA 在总结福岛事故经验基础上,于 2013 年出版的 IAEA - 2013 报告中推荐了新的 OIL 推荐值,如表 5.6 所列。新的 OIL 有 8 种操作干预水平,分 2 类,即紧急防护行动的 OIL 和早期防护行动的 OIL。OIL1、OIL3、OIL4 用于紧急防护行动,主要包括碘防护、撤离、短期隐蔽,减少不慎摄入,人员去污,防止潜在受污染食物、牛奶或水的摄入,以及确定需要接受医学检查的人员等;OIL2、OIL7、OIL8 用于早期防护行动,主要包括避迁、长期限制受污染食物的消费以及需接受医疗检查人员的登记等。OIL5 和 OIL6 则应用于其他方面,与反应堆堆芯或乏燃料池事故所致放射性释放基本无关。

表 5.6 IAEA - 2013 报告中 OIL1 ~ OIL8 的默认值

<table>
<tr><th colspan="2">OIL 默认值</th><th>防护行动</th><th>监测(测量)类别</th></tr>
<tr><td>OIL1</td><td>1mSv/h</td><td>紧急防护行动</td><td>地面以上 1m 处的周围剂量当量率</td></tr>
<tr><td rowspan="2">OIL2</td><td>停堆≤10 天,0.1mSv/h</td><td rowspan="2">早期防护行动</td><td rowspan="2">地面以上 1m 处的周围剂量当量率</td></tr>
<tr><td>停堆 >10 天,0.025mSv/h</td></tr>
<tr><td>OIL3</td><td>1μSv/h</td><td>紧急防护行动</td><td>地面以上 1m 处的周围剂量当量率</td></tr>
<tr><td>OIL4</td><td>1μSv/h</td><td>紧急防护行动</td><td>距皮肤 10cm 处的周围剂量当量率</td></tr>
<tr><td rowspan="2">OIL7</td><td>^{131}I 1000Bq/kg</td><td rowspan="2">早期防护行动</td><td rowspan="2">食品、牛奶和饮水中特定放射性核素的质量活度</td></tr>
<tr><td>^{137}Cs 200Bq/kg</td></tr>
<tr><td rowspan="2">OIL8</td><td>年龄≤7 岁,0.5μSv/h</td><td rowspan="2">早期防护行动</td><td rowspan="2">甲状腺剂量率(暴露 1 ~ 6 天后监测探头接触甲状腺部位皮肤)</td></tr>
<tr><td>年龄 >7 岁,2μSv/h</td></tr>
</table>

应该指出,我国核电厂现仍参考采用 IAEA - 955 报告推荐的 OIL,与 IAEA - 2013 报告推荐的 OIL 并不匹配,并且实际应用中,IAEA - 955 报告推荐的 OIL 已暴露许多问题,例如,根据 IAEA - 955 报告,对于早期行动,需测量烟羽中的周围剂量率或空气中放射性核素的活度浓度(体积活度),但是在许多情况下,严重释放的时间长度可能超过环境监测的时间,使得监测时烟羽的释放并未结束,造成监测数据的不准确,并且空气样品中放射性核素的活度浓度分析时间较长,难以及时得到结果。因此,参考 IAEA - 2013 报告推荐的 OIL 来制定我国的 OIL 势在必行。

5.3.3 操作干预水平的影响因素

操作干预水平是可通过现场仪器测量或实验室检测分析而得到与干预水

平相对应的计算水平，因此当发生核事故时，核应急决策机构可直接利用得到的各种核辐射监测数据，参照各级操作干预水平而采取适当的防护行动。尽管如此，核事故实际发生期间，因照射途径、照射时间以及所涉及放射性物质等因素的变化，决策者仍需根据建立操作干预水平默认值（或缺省值）的基本假设条件，结合特定核事故的实际情况，对操作干预水平进行必要的修正，以确保防护措施或行动的正当性。

操作干预水平选择的主要影响因素如下。

（1）未采取OIL所对应防护措施的可能后果。与建立干预水平类似，建立操作干预水平，首先应考虑核事故条件下，如果未采取相应OIL所对应防护措施的可能后果。例如，人员可能出现严重确定性效应和随机性效应，对环境的污染和财产的损失，其他影响（心理效应、社会混乱及经济影响等）。核应急时，主要通过考虑预期剂量（若不采取预计的防护行动或补救行动，预期会接受到的剂量）和接受剂量（在应急照射情况下，人员实际接受到的剂量）决定采取何种防护措施或响应行动。

（2）受照射时间与未采取防护措施条件下的有效剂量当量（或当量剂量）。建立操作干预水平，必须根据可能的受照射时间，评估未采取OIL所对应防护措施情况下的典型有效剂量当量（或当量剂量），以此确定OIL值。对于OIL1、OIL2默认值，监测类别为地面以上1m处的周围剂量当量率，基本假设条件是，代表性个人（在受照人群中接受剂量较高的有代表性的个人）在7天内受照有效剂量当量100mSv，代表性个人在7天内受照时其胎儿当量剂量100mSv；对于OIL3默认值，监测类别为地面以上1m处的周围剂量当量率，基本假设条件是，代表性个人在1年内消费本地产品的有效剂量当量10mSv；对于OIL4默认值，监测类别为距皮肤10cm处的周围剂量当量率，基本假设条件是，代表性个人4天内皮肤受照的相对生物效应的加权吸收剂量1Gy，代表性个人4天内受照有效剂量当量100mSv，代表性个人4天内受照时其胎儿当量剂量100mSv；对于OIL7默认值，监测类别为食品、牛奶和饮水中特定放射性核素的质量活度，基本假设条件是，代表性个人消费食品、奶和水等产品在1年内的待积有效剂量当量10mSv；对于OIL8默认值，监测类别为甲状腺周围剂量当量率（暴露1~6天后监测探头接触甲状腺部位皮肤），基本假设条件则是，代表性个人甲状腺的待积当量剂量 100 ~ 200mSv。

(3)照射方式与放射性物质。建立操作干预水平,还需结合核事故期间,可能的照射方式、涉及的代表性核素,评估未采取各 OIL 所对应防护措施情况下的典型有效剂量当量(或当量剂量),以此确定各 OIL 值。对于 OIL1、OIL2 默认值,基本假设是,地面沉积放射性物质的外照射、吸入再悬浮的放射性物质、再悬浮放射性物质的外照射、误食入泥土;对于 OIL3 默认值,基本假设条件是,食入被核事故释放的放射性物质污染的本地产食品和奶引起的内照射,消费的食品、奶和水中有 50% 受污染,实际的消费率(事故期间实际消耗食品、奶和水的量与全年消耗量之比),因天气因素(如事故期间的降水)而去除的放射性污染;对于 OIL4 默认值,基本假设是,皮肤受照以及不经意食入皮肤上的放射性物质造成的内照射;对于 OIL7 默认值,基本假设是,食入受放射性污染的食品、奶和水引起的内照射,食入所有食品和水均受污染;对于 OIL8 默认值,基本假设是,吸入或食入亲甲状腺裂变产物。

除考虑上述影响因素外,选择操作干预水平时,为了更科学合理地采取防护措施,针对特定核事故,还应考虑所涉及放射性核素的衰变、在人体内的有效储积和气象条件等。

5.3.4 操作干预水平的应用

下面以轻水反应堆为例,参考 IAEA - 2013 报告,介绍 OIL 的应用。

(1)OIL1 的应用。OIL1 的默认值为地面以上 1m 处周围剂量当量率 1mSv/h,对周围剂量当量率水平超过 OIL1 的地区,应急防护措施主要包括:立即向公众发放并使其服用稳定碘;安全撤离;减少误食入;停止分发和消费所有当地农副产品、野生物产(如蘑菇、可食野生动物等)、当地放牧动物的奶、雨水和动物饲料;停止分发其他商品直到其被评估;对此区域内的人员进行登记、监测、去污和医学筛查,并在数日内对其进行剂量估算以判断其是否需要接受医学检查、医学跟踪和其他措施。

(2)OIL2 的应用。OIL2 主要针对反应堆停堆后的不同时间给出不同的周围剂量当量率数值,主要考虑短寿命核素在停堆后最初一段时间内产生的高周围剂量当量率对测量的影响。停堆≤10 天内,地面以上 1m 处周围剂量当量率默认值为0.1mSv/h；停堆 >10 天，默认值为0.025mSv/h。对周围剂量当量率水平超过OIL2的地区，主要应急防护措施包括：立即通知公众准备避迁，减少不经意食入；停止分发和消费当地农副产品、野生物产、当地放牧动物的奶和雨水；在数日内登记生活在此区域内的人员并安全撤离；对此区域内的人员进行剂量估算以判断其是否需要接受医学检查、医学跟踪和其他措施。

(3)OIL3的应用。OIL3的监测数据默认值为地面以上1m处的周围剂量当量率1μSv/h，对周围剂量当量率水平超过OIL3地区，主要应急防护措施包括：立即停止分发和消费非必需的当地农副产品、野生物产、当地放牧动物的奶、雨水和动物饲料，直到用OIL7对其活度浓度水平进行评估；停止分发商品直到其被评估；在数日内替换必需的当地产品、奶和雨水，如果无替代品，对人员实施避迁；对可能消费了限制食用的当地农副产品、奶和雨水的人员，进行登记和剂量估算，以判断其是否需要接受医学咨询和医学跟踪。

(4)OIL4的应用。OIL4主要用于判断人员皮肤表面的放射性物质水平是否达到需要对其采取医学检查或其他响应行动而制定，其默认值为距皮肤表面10cm处测到的周围剂量当量率为1μSv/h。对污染水平超过OIL4的人员，主要应急防护措施包括：应立即要求其服用稳定碘，减少误食入；对所有受检查人员进行登记并记录该剂量率；对超过OIL4的人员进行去污和医学筛查，确保救治和运输受污染人员的工作人员安全(采取通用防护措施，如佩戴手套、口罩等)；在数日内对超过OIL4的人员进行剂量估算以判断其是否需要接受医学检查和医学跟踪。

上述OIL1、OIL2、OIL3及OIL4，不仅适用于轻水堆核事故，同样适用于其他类型的核与辐射事故。但是对于OIL5、OIL6，主要针对的是辐射应急情况下食品和饮用水中放射性核素活度浓度的控制水平，并不适用于轻水堆核事故，在此不予讨论。

(5)OIL7的应用。OIL7是根据轻水堆事故特点而有针对性设立的，主要用于判断食品、奶和饮用水是否安全，是以食品、奶和水中有代表性的放射性核素的活度浓度给出，重点考虑轻水堆核事故释放的^{131}I和^{137}Cs两种常见的裂变产物。其活度浓度以单位质量的放射性活度来表示，单位为Bq/kg。其默认值，核素^{131}I为1000Bq/kg，^{137}Cs为200Bq/kg。当食品、奶和水的活度浓度超过

OIL7 时，主要应急防护措施包括：停止消费非必需的食品、奶或水；尽快替换必需的食物、奶和饮用水，如果无替代品，对公众实施避迁；对可能已消费活度浓度超过 OIL7 的当地农副产品、奶和雨水的人员，进行剂量估算，以判断其是否需要接受医学检查和医学跟踪。

需注意的是，OIL3 与 OIL7 均是为了判断是否需要限制消费受污染的食品、饮用水而设立，但是在应用上，两者存在差异。采用 OIL3 判断时，周围剂量当量率的数值可通过现场的地面或空气监测装置（如便携式 β/γ 巡测仪）得到，无须采样和实验室分析，可用于应急现场快速做出判断；OIL7 则需要在有实验室分析结果的情况下，更准确地判断是否需要限制消费的食品和饮用水。

（6）OIL8 的应用。OIL8 主要用于判断人员甲状腺内放射性核素活度浓度是否达到需要采取医学检查和其他响应行动的水平而制定，以甲状腺皮肤外的周围剂量当量率（扣除本底剂量率）而给出。对年龄≤7 岁的儿童，其默认监测值为 0.5μSv/h；对 >7 岁的儿童及成人，其默认监测值为 1μSv/h。当甲状腺皮肤外的周围剂量当量率超过 OIL8 时，主要应急防护措施包括：立即要求其服用稳定性碘；减少误食入；对所有受检查人员进行登记并记录甲状腺皮肤外的周围剂量当量率，对超过 OIL8 的人员进行医学筛查；对数日内甲状腺周围剂量当量率超过 OIL8 的人员，进行剂量估算以判断其是否需要接受医学检查和医学跟踪。

需注意的是，采取服用稳定碘防护措施时，对敏感人群（婴儿和孕妇）应慎用；也需注意个别人服用稳定碘后会出现毒副反应症状。

5.4 应急人员及公众的防护

5.4.1 应急行动的分类

核应急人员是指在核事故应急响应中承担特定应急任务的人员，既包含核电厂的工作人员，也包括场外应急响应组织的人员，如警察、消防员、医学急救人员、担负核应急救援任务的官兵，以及撤离车辆的司机、乘务员等。核应急响应行动往往涉及工程抢险、消防、医学急救、环境监测、污染消除等多种应急组织的一线应急人员，为了更高效合理地指挥、管理应急人员，最大限度地保障应急人员的生命安全，尽可能避免严重确定性效应的发生、降低远期效应的风险。对核事故响应中应急人员的行动进行分类是十分必要的。

根据应急行动的紧迫性、危险性，并考虑应急人员受照剂量控制的指导值，核应急行动可分为以下 4 类。

(1)抢救生命的应急行动(给他人带来的预期利益明显大于应急人员自身的健康危险)，如抢救生命受到紧急威胁的行动和避免或缓解造成总体应急的行动。

(2)可能抢救生命、防止出现严重确定性效应或伤害，以及避免出现严重影响公众与环境的灾难性状态等而采取的应急行动。例如，在场内或场外执行公众撤离、在应急计划区的人口密集区域进行核辐射监测(为判定需采取隐蔽、食品限制等紧急防护行动的地区提供数据)、营救处于潜在威胁中的严重受伤人员、紧急处置严重受伤人员、对人员实施紧急去污、实施防止或缓解可能危及生命的行动(防止或缓解火灾等)。

(3)避免出现大的集体剂量而采取的应急行动。例如，在人口密集区域进行现场监测、采集与分析环境样品以判定需实施防护行动或限制食物的地区，为了保护公众生命安全进行区域性放射性污染去除，实施场外防护行动或食物限制。

(4)恢复重建作业以及不直接与应急响应相关的工作。例如，与安全无关的设备维修，较佳时间处理受照射、受污染人员，收集或分析样品，大范围去污，水处理，长期医学管理，与公众信息沟通。

5.4.2 应急人员受照剂量的指导值

应急人员在执行核应急响应任务时，很可能受到核辐射照射，甚至威胁生命安全。因此，为了保护应急人员，十分有必要制定应急人员受照剂量的指导值。

表 5.7 列出了某核电厂的应急照射控制水平指导值，前 3 类任务下的外照射剂量按 GB 18871—2002 中有效剂量相应控制值的 1/2 进行控制，应急照射情况下，剂量控制的基本要求与 IAEA 安全丛书 115 号一致。

表 5.7　某核电厂的应急照射控制水平指导值

序号	应急行动类别	有效剂量当量/mSv	外照射剂量当量/mSv
1	拯救生命行动,或防止堆芯损坏或堆芯损坏时防止大量泄漏,并且给他人带来的利益明显大于其本人承受的风险; 防止堆芯损坏或堆芯损坏时防止大量泄漏	>500	>250
2	避免大的集体剂量或防止向重大或灾难性事故的演变; 恢复反应堆安全系统	<500	<250
3	短期恢复操作;实施紧急防护行动	<50	<25
4	长期恢复或重建行动;与事故没有直接关联的工作	职业照射控制	职业照射控制

近些年,随着国际上对于辐射损伤与核应急研究的深入,IAEA 也对相应规定做出修订,于 2014 年颁布了新的基本安全标准,在此标准中,对应急人员受照剂量的控制水平给出了修订后的指导值,并在 2015 年针对核应急工作又发布了《核与辐射应急准备与响应基本安全要求》,如表 5.8 所列,进一步细化了控制应急人员受照剂量的指导值,尤其引入了对器官受照剂量的指导值,利用这些指导值,可进一步优化核应急人员的防护措施。

表 5.8　IAEA 所列应急人员受照剂量的指导值

序号	应急行动类别	指导值		
		$H_{10}(p)$	E	AD_T
1	抢救生命的行动	<500mSv	<500mSv	$<1/2AD_{T,通用准则}$
2	避免发生严重确定性效应而采取的行动和为避免发展成严重影响公众与环境的灾难性状态而采取的行动	<500mSv	<500mSv	$<1/2AD_{T,通用准则}$
3	为避免出现大的集体剂量而采取的行动	<100mSv	<100mSv	$<1/10AD_{T,通用准则}$

通常,表 5.8 所列指导值是指由强贯穿辐射对人员造成的外照射剂量当量。与此同时,应采取各种措施(如穿着防护服、佩戴呼吸装置等)以防止来自弱贯穿辐射的外照射以及摄入和皮肤污染产生的剂量。如果这些剂量不可避免,应使用体现所有照射途径(外照射剂量和内照射待积剂量当量)的剂量学量

（有效剂量当量和组织/器官相对生物效应加权的吸收剂量）作为剂量的控制量，以有效控制个体的健康危害。

需说明，表 5.8 中 $H_{10}(p)$ 为深度 $d=10$mm 处软组织的个人剂量当量，E 为有效剂量当量，AD_T 为特定组织/器官 T 相对生物效应（RBE）的加权吸收剂量，$AD_{T,通用准则}$ 为避免或减少严重确定性效应的发生，在任何情况下，应采取防护行动和其他响应行动所需的急性照射剂量通用准则（表 5.9）。

表 5.9 IAEA 所列为避免或减少严重确定性效应发生，任何情况下应采取防护行动和其他响应行动所需的急性照射剂量通用准则

<table>
<tr><th colspan="2">通用准则</th><th>防护行动或其他响应行动举例</th></tr>
<tr><td colspan="3">急性外照射（<10h）</td></tr>
<tr><td>$AD_{红骨髓}$</td><td>1Gy</td><td rowspan="4">如果是预期剂量：
立即采取预防性紧急防护行动（即使在困难条件下），使剂量低于通用准则；
发布公众信息和警报；
紧急去污</td></tr>
<tr><td>$AD_{胎儿}$</td><td>0.1Gy</td></tr>
<tr><td>$AD_{组织}$</td><td>0.5cm 深处 25Gy</td></tr>
<tr><td>$AD_{皮肤}$</td><td>100cm^2 面积 10Gy</td></tr>
<tr><td colspan="3">短时间摄入引起的急性内照射（$\Delta=30$ 天）</td></tr>
<tr><td rowspan="2">$AD(\Delta)_{红骨髓}$</td><td>对原子序数大于≥90 的放射性核素，0.2Gy</td><td rowspan="7">如果是已接受剂量：
立即进行医学检查、会诊和有指征的治疗；
控制污染；
立即促排（条件允许）；
进行登记，以开展长期医学随访；
提供全面心理咨询</td></tr>
<tr><td>对原子序数大于≤89 的放射性核素，2Gy</td></tr>
<tr><td>$AD(\Delta)_{甲状腺}$</td><td>2Gy</td></tr>
<tr><td>$AD(\Delta)_{肺}$</td><td>30Gy</td></tr>
<tr><td>$AD(\Delta)_{结肠}$</td><td>20Gy</td></tr>
<tr><td>$AD(\Delta)_{胎儿}$</td><td>0.1Gy</td></tr>
</table>

表 5.9 中 $AD_{红骨髓}$ 表示来自强贯穿辐射均匀场的照射对体内组织和器官（如红骨髓、肺、小肠、性腺、甲状腺）以及眼晶体产生的 RBE 加权的平均吸收剂量；$AD_{组织}$ 表示因密切接触辐射源（如手拿或放在衣袋中），造成体表组织下方 0.5cm 深处、100cm^2 面积所受的剂量；$AD_{皮肤}$ 表示面积 100cm^2 真皮（体表下方质量厚度 40mg/cm^2 或 0.4mm）处皮肤组织接受的剂量；$AD(\Delta)$ 表示使 5% 的受照个体发生严重确定性效应的摄入量（I_{05}）在 Δ 时间内产生 RBE 加权的吸收剂量；对原子序数≥90 的放射性核素，通用准则为 0.2Gy，对原子序数≤89 的放射性核素，通用准则为 2Gy，两者差别明显，主要原因在于这两类放射性核素引起

RBE 加权吸收剂量的摄入阈值存在显著差异;防护行动促排的通用准则是根据没有促排的预期剂量而制定,主要通过化学或生物试剂使结合的放射性核素加速从人体排出的生物学过程;对通用准则而言,“肺部”是指呼吸道的肺泡间质区。

5.4.3 应急人员受照剂量指导值的应用

如5.4.1 节所述,在核应急响应中,遂行第一类应急行动的人员将承担极其紧迫、危险的任务,往往在事发初期或早期即展开行动。其行动给他人带来的利益应明显大于本人所承受的危险,如源项封控堵漏等抢险行动,能遏制事态恶化,避免出现灾难性后果,阻止或减缓核设施出现总体应急,避免公众受到大剂量照射,以及抢救生命或避免严重损伤。对这类行动,尊重个人意愿,原则上可不设受照剂量的上限。但是与此同时,要尽各种努力,防止出现确定性效应(例如,把有效剂量保持在1000mSv 以下,可避免严重确定性效应的发生;把剂量降至500mSv 以下,则可避免确定性健康效应的发生)。此外,IAEA 推荐2Sv/h 的剂量率返回指导值,即当环境辐射水平达到2Sv/h 时,应马上撤离该地域,采取轮班作业方式完成任务,尽可能减少个人受照剂量。

遂行第二类应急行动人员受照剂量的指导值为500mSv,即在执行应急任务时,单次或短时间内个人受照剂量一般不应超过500mSv。第二类人员的救援任务虽然没有第1 类应急行动紧迫、危险,但是他们的救援行动也多在事发初期或早期即展开。核应急响应行动时,第二类应急人员也会承担抢救生命的紧迫任务、执行场内紧急防护的行动、阻止或减缓出现威胁生命的行动。例如,危重伤员搜救和灭火等,在应急区内对居民区实施环境核辐射监测以确定需采取应急防护行动的区域,也会执行场外的一些应急防护行动,如公众疏散和撤离等任务。此外,第二类人员同样也会承担阻止出现灾难性后果的现场救援任务。例如,阻止或减缓引起应急状态的应急行动。同样,IAEA 也给出0.1Sv/h 的剂量率返回指导值,即当环境辐射水平达到0.1Sv/h 时,应让第二类应急人员撤离该地域,以减少个人受照剂量。

遂行第三类应急行动人员受照剂量的指导值为100mSv,即在执行应急任务时,单次或短时间内个人受照剂量一般不应超过100mSv,他们的行动多在事发早期或中期展开。第三类人员属一般应急人员,其救援行动主要涉及防止出现严重损伤,如对可能发生严重损伤威胁的人员实施急救;紧急处理严重损伤人员;对受染人员实施去污;采取防止出现大集体剂量的行动,如对居民区实施环境辐射监测,以及场外的防护行动和食物控制措施的实施等。

遂行第四类应急行动人员受照剂量的指导值为 50mSv,即在执行应急任务时,单次或短时间内个人受照剂量一般不应超过 50mSv,与放射性职业人员 5 年中单年 1 次受照剂量限值相同。第四类应急行动多在核事故中、后期展开。例如,对受照或受染人员的长时间处理;样品的收集分析;短时间的修复性活动;局部去污;此外也包括对完成工作的信息发布等。

综上所述,IAEA 及我国各核电厂给出应急人员受照剂量及返回剂量率指导值的主要目的是避免应急人员出现严重确定性效应,并尽可能减少受照人数,在事故应急行动中,应结合实际情况,灵活把控。

5.4.4 应急人员的防护

1. 准备阶段

为了更好地保护应急人员,减免他们在核事故响应时的受照剂量,核应急准备阶段,有必要开展以下工作。

(1)制定、优化和完善防护计划。针对可能担负的应急行动,各级核应急管理机构及各类核应急响应组织可预先制定防护计划,并通过仿真评估、模拟推演等多种手段检验、优化和完善应急人员的防护计划。

(2)预先确定受照剂量指导值。核应急管理机构和各应急响应组织可结合自身担负的应急任务与特定事故场景等影响应急人员受照剂量指导值的因素,参考核应急行动分类及相应受照剂量指导值,事先确定遂行不同核应急行动人员的受照剂量指导值。

(3)进行专项培训和演练。各应急响应组织应向应急人员发放防护指导资料,经常性开展防护专业培训,针对典型的核事故场景,结合承担的应急任务,加强岗位训练,提高专业技能,熟练掌握装备操作方法和应急行动流程,同时增强体能、强化心理素质,确保响应时能高效协同、快速完成任务,从而缩短受照时间,降低受照剂量。

(4)研发核应急无人遥控装备及先进的防护器材。对于可能的高危应急行动,如源项封控堵漏、高放污染物压制回收等危险性高的行动,研发环境适应性强、可靠性高的核应急无人遥控装备及先进的防护器材,以避免或减少人员执行高危应急行动的可能性,减免因高危行动造成的核辐射伤害。

2. 响应阶段

核事故响应阶段,对于应急人员的防护,可采取以下防护措施。

(1)收集多种信息,尽早实施监测。进入核事故现场之前,应尽可能多地获取有关核事故的信息,包括:核设施基本情况、事故起因和事故工况等基本信息,行动地域气象、水文和地理等环境信息,当地人口分布和民族宗教等人文信息;尽可能利用无人监测装备器材或事故核设施及周围固定式核辐射监测仪器设备,查明应急行动空间的核辐射影响程度与范围。

(2)划分污染区等级,视情调整受照剂量指导值。根据核辐射监测数据,结合核与辐射突发事件不同等级污染区的参考值,对事发地区进行污染区等级划分,使辐射防护负责人能结合任务紧迫性、危险性,视情调整各类应急人员的受照剂量与返回剂量率指导值,优化防护措施,避免应急人员确定性效应的发生,尽可能合理地降低受照剂量、减免受照人数,最大限度地保护应急人员生命安全,使远期效应风险最小化。

(3)适度使用防护装具,避免内照射伤害。穿戴个人防护装具确实能减免人员遭受内照射,但是也会造成动作受限、延长作业时间等问题。通常,放射性沉降结束后,处在轻微污染区的应急人员,可穿轻便防护服和轻便防护长筒靴,戴普通医用或防雾霾口罩和 2 ~ 3 层医用或一次性防护手套,避免皮肤裸露即可;但是当处在放射性沉降进行中或进入严重污染区时,除穿轻便防护服装外,应尽可能戴有护目镜的防尘或防毒面具、防毒手套,避免吸入放射性物质以及 β 射线造成的皮肤损伤;如条件允许,也可利用屏蔽材料,保护身体的敏感器官。

(4)缩短受照时间,减少受照剂量。重大核事故的发生多会引起大范围的放射性污染,应急人员作业时,很可能受到超过职业人员年剂量限值的照射,尤其执行抢救生命或工程抢险任务的应急人员,行动地域的环境辐射水平较高。因此,应尽可能缩短在沾染区的停留时间,或在条件允许时,及时清除周围及体表放射性污染物，降低周围核辐射水平，减少受照剂量。例如，辐射防护负责人可根据各类应急人员受照剂量指导值，结合沾染区核辐射水平，让应急人员采取换班作业，缩短个人受照时间；也可利用机械化装备器材或加装防护屏蔽的装备器材，快速实施行动，减少受照剂量。

（5）监督个人剂量，确保生命安全。如果条件允许，进入行动地域前，每名应急人员（至少同一班组人员）应正确佩戴电子直读式个人剂量报警仪，合理设置报警阈值，同时佩戴热释光或光释光个人剂量片，在整个应急行动过程中，全程监控应急人员的外照射累积剂量和剂量率。实施个人剂量监督，一方面能使辐射防护负责人和医学救治人员结合各类应急人员返回剂量率和受照剂量指导值，及时调整防护措施诊治伤员，确保应急人员生命安全；另一方面能实时评估人员可停留时间、受照剂量以及后续的长期健康监测。

（6）实施沾染检查，及时消除污染。作业过程中，如条件允许，应及时对撤离污染区的人员、装备器材以及污染区内重要设施及场所进行沾染检查，判定是否受到放射性沾染、是否需马上消除污染，并查验污染消除是否满足要求；同时，在条件允许的情况下，及时对受污染的人员、装备器材以及污染区内重要设施及场所实施消除，从而减少人员受照剂量。

（7）药物综合防治，降低辐射伤害。核应急条件下，确因任务必需，应急人员进入高辐射水平地域前，如果预计应急人员外照射剂量可能超过 500mGy 时，应在辐射医护人员指导下，事先使用急性核辐射损伤预防药物，以减轻外照射辐射损伤；核事故发生时，所释放裂变产物中往往含有放射性同位素碘，应急人员可提前服用稳定碘片（如碘化钾（KI）），使甲状腺预先富集稳定碘，则能阻断放射性碘进入甲状腺的代谢环节，减少放射性碘在甲状腺的蓄积及其受照剂量（服用注意事项见公众的防护一节）；除放射性碘外，释放物中也包含放射性锶、钡、锆、铌和钚等多种元素，一旦放射性污染物进入体内，可使用阻止胃肠道内吸收的药物，如褐藻酸钠、磷酸三钙，能阻止胃肠道吸收放射性锶、钡，普鲁士蓝能在胃肠道内与放射性铯（Cs）结合以阻止胃肠道中放射性铯的吸收（或再循环），利用缓泻剂则能加速体内放射性物质排出。例如，使用促排灵与体内沉积放射性稀土族核素锆、铌、钚等元素发生络合反应，加速其从体内排出。

除上述防护措施外，应急人员应充分、综合应用缩短受照时间、增大与辐射源距离和屏蔽等外照射防护方法，严禁在放射性污染区进食、饮水、吸烟、随地坐卧，采用一些轻便的材料包裹应急装备器材，并适时更换，一方面能避免装备器材受到污染，另一方面也能减少人员受照剂量。

5.4.5 公众的防护

1. 主要防护措施

核事故发生后，为了使公众免受核辐射伤害，并尽可能合理地降低受照剂量，需采取多种防护措施。

针对核事故，保护公众的防护措施主要有隐蔽、服用稳定碘、撤离、避迁、个人防护、进出通道控制、食物与饮水摄入控制、消除放射性污染等。在事故不同阶段，应根据干预原则及相关干预水平，对公众实施科学有效的防护。表 5.10 列出核事故不同阶段，可采取的公众防护措施及优先等级。

表 5.10 核事故公众防护措施及优先等级

防护措施	事故阶段		
	早期	中期	后期
隐蔽	***	**	*
服用稳定碘	***	***	*
撤离	***	**	*
避迁	*	***	**
进出通道控制	***	***	**
呼吸道及体表防护	**	**	**
人员去污	**	**	**
区域去污	*	**	***
食物及饮水控制	**	***	***

注：*** 为高优先级措施；** 为次优先级措施；* 为少采用或不采用的措施

核事故早期是指事故开始延续至几小时甚至几天。该阶段最重要的特点是：事故发生并持续伴随有放射性物质的环境释放。此时段，主要照射途径是吸入和烟云中放射性物质的外照射。隐蔽、撤离、呼吸道防护等可能是较适用的防护措施，特别是有较大量放射性物质向大气释放 1 ~ 2 天，可采用隐蔽、呼吸道防护、服用稳定性碘、撤离、控制进出口通道等。隐蔽、撤离、控制进出口通路等对来自放射性烟羽中放射性核素的外照射、由烟羽中放射性核素所致的体内污染,以及来自表面放射性污染物引起的外照射均有防护效果;呼吸道防护,包括用干或湿毛巾捂住鼻子的行动,可防止或减少吸入烟羽中放射性核素所致的体内污染;服用稳定性碘可防止或减少烟羽中放射性碘进入体内后在甲状腺内的沉积。

中期是指事故得到控制后几天到几个月的时间。该阶段的主要特点是:不可控制的大气释放基本停止,大量放射性物质沉积于地面,可能有时还有放射性物质继续向大气释放。此时段,主要照射途径是沉积于地面的放射性物质引起的地面沉积外照射、再悬浮物质(指因各种原因而悬浮于空气中的地面放射性污染)的吸入内照射和食入污染食品的内照射。对于公众,除了可考虑中止呼吸道防护外,其他早期防护措施可继续采取。与此同时,为了避免长时间停留造成过高的累积剂量,可有控制、有计划地实施避迁;也应考虑限制当地生产或储存的食品和饮用水的销售和消费,需注意,控制食品和饮用水带来的风险应比避迁小得多;还需在畜牧业中使用储存饲料、人员体表去污、伤病员救治等防护措施。

晚期可能持续几个月或更长的时间。此阶段的主要特点是:长寿命放射性核素已进入环境和食物链中。主要任务是:环境和基础设施的修复或重建等恢复性行动,同时应考虑在早期、中期阶段已采取防护措施的地区是否、何时可恢复社会正常生活,是否需进一步采取防护措施,受影响地区进行活动的特点,避迁公众的人数,季节及时令,消除地区污染的难易,以及公众对重返家园的态度等。由于此时段食入和吸入再悬浮物质也会造成一定的辐射影响,因此,较适用的防护措施主要包括区域去污和食物及饮水的控制。

2. 公众心理干预

对于核事故,与电离辐射直接相关,而电离辐射不可直观感知,并与核武器、核爆炸有着某种意义上的联系,因此,大多数公众对这类事故易产生显著的恐惧心理。为避免或减少核事故造成的社会心理影响,需采取不同的心理干预措施,主要有信息沟通、心理抚慰、心理咨询、心理治疗等措施。

信息沟通是核与辐射事故应急中对公众心理进行干预最基本、也是最重要的一项措施。良好的信息沟通可以避免产生大范围的社会恐慌,可以减轻受事故影响公众的不良情绪反应。信息沟通的实施主体应是政府权威部门,实施的方式可以是开新闻发布会、向公众发放科普资料,或是电视、广播、报纸、网络、手机短信等手段的综合利用。应急期间向公众提供的信息应是有用的、及时的、真实的、一致的和适当的,对谣言或不确切信息应做出回应,并尽力满足公众、新闻媒体对信息的要求;在应急报警以后迅速向公众提供有关风险和防护行动的信息,并在发布防护行动建议后持续发布相关信息。向公众提供有关是否应采取防护行动及其原因的信息。在宣布应急以后,可向涉及的单位、居民区负责人员介绍基本情况。迅速向公众提供下列方面的信息:医疗检查、监测、取样结果或涉及其自身、家庭、居民区或其工作场所的其他响应行动,也包括如何保护家庭成员(如学校中的儿童)的信息;在现场向新闻媒体工作人员提供有关风险、限制和自我防护措施的信息,应包括辐射防护和长期医疗监督方面的信息。新闻媒体工作人员可以被认为是应急工作人员,因为需要他们向公众提供可信的信息。对媒体信息进行检查并采取措施,对错误的、不确切的或混乱不清的信息做出回应。采取措施查明公众在应急期间的不适当反应,并向媒体提供有助于缓解这种情况的相关信息。

心理抚慰是核事故应急中对受事故影响产生不良情绪反应公众(事故受害人)采取的一种有效干预措施。及时、持续的心理抚慰可以消解受害人的恐慌、焦虑情绪和不安全感,恢复其受到破坏性冲击的心理平衡。心理抚慰人员通常要代表官方进行,由于核与辐射事故的特殊性,最好还具备一定的核与辐射专业背景,这样实施者可以享有官方和专业的双重权威,从而形成一种“权威暗示”,可更容易让事故受害者的情绪平静下来。心理抚慰的实施主体可以是专业的心理干预人员,也可以是处在一线的应急工作人员。由于严重核与辐射事故往往影响人数众多,而全国范围内能够从事灾害心理干预的专业人员很少,掌握一定核与辐射知识的心理干预人员更是少之又少,所以对公众的心理抚慰工作更多地还需要依靠应急工作人员。这就要求对应急工作人员增加有关心理抚慰工作的知识、能力和技巧的培训。在心理抚慰的实施上,媒体的作用是十分有限的,因为处在危机中的当事人很难从文字、声音、图像上获得情感上的慰藉,只有与危机中的个体保持密切的接触,表示关心和理解,建立良好、信任的关系，才能用那些感同身受的温馨言语打动他们的内心，让他们从心理上获得安抚和慰藉。

心理咨询是向核与辐射事故中产生应激障碍的事故受害者提供的，目的是使当事人在心理上（认知上和情感上）消除创伤。心理咨询的实施主体应是具有一定资质的心理咨询师，客体是存在心理应激障碍并能意识到问题存在的事故受害者。心理咨询通常由心理咨询师与单个来访者一对一进行，也可以将具有同类问题的来访者组成小组或较大的团体，进行共同讨论、指导或矫治。心理咨询的核心是谈话，谈话中包含了一些治疗因素，使受害者减少孤独感，获得健康帮助。

对因核应急而撤离、避迁或永久性再定居的公众，政府有必要为他们提供长期的心理咨询服务，主要原因在于核与辐射事故在他们之中产生的慢性心理紧张会在较长时间内存在，从而容易诱发慢性心理疾病。在切尔诺贝利事故后进行的一项为期 6 年的研究发现，悲痛和精神紊乱（主要是较轻微的精神病症）在受到严重污染的地区很流行。如果当时在该地区能够提供较充分的心理咨询服务，就可能出现这种精神疾病的流行。

心理治疗是对核与辐射事故中产生严重心理应激障碍的受害者采取的最高层次心理干预措施。严重核事故发生后少数受害者的心理障碍不能得到缓解，他们的心理矛盾较深，症状顽固，采用简易的心理帮助难以见到成效，多需要进行专业性治疗。心理治疗的实施主体应是具有资质的心理治疗师。专业性心理治疗应该掌握的几个原则是：整体综合性医疗的原则；可接受原则；调动自我心理防御的原则；巩固的原则；信任的原则；内因起作用的原则。专业性心理治疗一般每 1 ~ 2 周 1 次，每次 0.5h 左右，5 ~ 10 次为一个疗程。常用的心理疗法有催眠疗法、精神分析法、森田疗法、生物反馈法、行为疗法等，这些治疗方法的模式是建立在精神病学或医学模式基础上的。

心理治疗对于受核与辐射事故影响产生严重心理疾病的患者是适用的，如在事故中受到直接辐射伤害伴随产生严重心理疾病的人员，而对于有些因事故影响而产生自杀等极端倾向的人员，心理治疗不一定适用。

第6章

核事故后果评价与决策支持

6.1 核事故后果评价的目的及方法

6.1.1 核事故后果评价的目的

严重核事故发生后,放射性物质直接向环境中释放,可能对人进行辐射照射,使环境造成放射性污染,引发社会动荡,造成生命经济财产损失。为了尽可能降低核事故对社会的影响,将损失降至最低,必须采取一系列有效的措施。在核应急决策过程中必须有一定的数据作为基础,以便于与相关标准进行比较,或为专家提供参考,这些数据包括监测数据、后果评价系统预测结果等。

核事故后果评价可为应急防护行动决策提供技术依据,在应急响应中发挥着重要作用。在事故发生后,核事故后果评价的主要用途和目的:一是预测或评估核事故所造成的放射性后果,提供基于放射性物质运动机理支撑的核事故放射性物质浓度场、剂量场;二是为应急防护行动和事故决策提供参考数据,方便与现行标准进行比较,以进行应急决策。此外,在应急准备阶段还可为厂址规划、演习演练提供依据。

在事故发生时,应尽可能早地启动事故后果评价程序,获取可靠的第一手源项信息和气象数据。源项信息和气象数据的可靠度越高,预测的不确定性就越低。同时,及时获取电厂周边的监测数据,对评价结果进行校验修正,也是十分有必要的。

此外,在应急决策中,应当综合多方面的信息进行考虑,除核事故后果评价提供的数据外,还应当包括监测数据、社会经济影响、民众的心理因素等。

6.1.2 后果评价的一般步骤

事故后果评价一般包括源项估计、大气扩散模拟和剂量评估等基本步骤。

源项估计就是根据所获知的核电厂工况信息或其他途径,确定放射性物质的释放量、释放时间特性、核素组分等。源项是重要的输入参量,源项的大小与事故的污染水平直接相关。

大气扩散模拟就是通过一定的数学物理方程模拟大气的扩散规律,获取放射性物质的时空分布。输入基本参量包括源项数据、气象数据、弥散因子程序等。其中气象数据决定了放射性物质扩散的方向。

剂量估算就是根据放射性物质的浓度分布情况估算辐射场剂量分布情况。

此外,还可根据空气浓度场和辐射剂量场估算个人和群体的健康风险,与现有标准进行比较,然后综合考虑污染范围水平、行政规划和人口分布、应急保障力量、物资调度等,进行应急决策。

6.2 后果评价所需的主要参数及获取方法

6.2.1 源项

1. 源项的概念

为了计算核动力反应堆和核试验堆的厂外选址因子,美国核能行业协会(U. S. AEC)在 1962 年发布了 TID - 14844 报告《动力堆或实验堆厂址距离因子的计算》,并在其中提出了“源项”这一概念。在此之后,“源项”陆续得以广泛运用,NRC 和 IAEA 随后发布了多份相关技术报告,如 WASH - 1400《反应堆安全研究》、NUREG - 1228《严重核电厂事故响应期间源项估算》、NUREG - 1150《严重事故风险:5 个美国核电厂评估》、NUREG - 1465《轻水堆核电厂事故源项》、IAEA - TECDOC - 1127《LWR 设计参考源项估算简化方法》、RASCAL 系列文档等。

核事故源项可以理解为反应堆中的放射性物质的积存量以及其向外界释放的具体情况,包括核素种类及其总量、释放时间(开始释放时间、释放持续时间等)、释放率及其随时间的变化情况、释放的几何特征(如高度、安全壳破口尺寸等)和释放总量等。IAEA 将源项划分为安全壳内源项和安全壳外源项。安全壳内源项是指放射性物质由堆芯释放到安全壳内的量和份额及其释放过程。安全壳外源项是指逃逸出安全壳的放射性物质量和份额及其释放过程等。

在核事故后果评价和决策中,源项是很重要的一个参量。一方面,源项是后果评价大气扩散模式的输入条件之一;另一方面,核事故的评级也需要源项作为参考。

源项的获取方式主要包括以下几种方式:根据核电厂工况或监测数据获取、历史源项研究成果、一体化计算程序、根据辐射监测数据反演等。若核事故发生时,能正常读取电厂的工况数据,那么,直接根据工况数据获取源项是较为靠谱的。但严重核事故条件下,极有可能无法获取这些数据,那就需要依靠核电厂以外的数据进行支撑。下面着重介绍历史源项研究成果、一体化计算程序、根据监测结果反演等方法。

2. 历史源项研究成果

历史源项研究成果是基于以往的科学研究得出的可以直接作为参考源项而使用的源项数据,一般来说,历史源项研究成果代表了最典型的事故序列情况下的源项释放情形。经过多年的研究,形成了多套历史源项研究成果,并在实践中得以广泛运用,如 WASH - 1400 源项、法国 S 源项、《德国风险研究》源项、NUREG - 1465 和 NUERG/CR - 6189 源项、AP1000 设计基准事故推荐源项等。

1)WASH - 1400 源项

美国 NRC 在 1975 年发表了著名的 WASH - 1400《核反应堆安全研究》报告,首次对特定电厂的各种特定事故序列进行了研究,并采用概率风险评价对各种现象进行了模拟计算。在美国三哩岛核事故后,该报告重放光彩,该报告的科学性和有效性得到认可。WASH - 1400 报告中将发生的压水堆核事故序列划分为 9 类,沸水堆事故序列 5 类。该报告源项也称为 RSS 源项。

PWR1:这一类释放可以概括为由于堆芯熔毁,紧接着熔融的核燃料与压力壳内底部的残存水相接触后，导致发生了蒸汽爆炸。安全壳喷淋和热量系统也被认为发生故障，因此，蒸汽爆炸时安全壳的压力可能高于环境压力。假设蒸汽爆炸会使反应堆容器上部破裂，并冲破安全壳屏障，结果是在10min内，大量放射性物质可能会从安全壳中喷出。由于安全壳融化过程中产生的气体的清扫作用，此后，放射性物质的释放将以较低的速率进行。总释放量包含堆芯中70%的碘和40%的碱金属。由于安全壳发生故障时会包含高温加压气体，因此，安全壳中相对较高的能量释放率可能与这一类别有关。这一类别还包括某些潜在事故序列，这些事故序列可能涉及堆芯熔化和安全壳因超压而破裂后的蒸汽爆炸。在这些序列中，能量释放率会更低，尽管仍然相对较高。

PWR2：这一类别与堆芯冷却系统故障和堆芯熔化以及安全壳喷淋和排热系统故障有关，安全壳屏障故障将通过超压发生，导致大量安全壳内气体以气雾形式在30min内释放。由于安全壳熔化过程中产生的气体的清扫作用，此后，放射性物质的释放将以较低的速率进行。总释放量包含堆芯中70%的碘和50%的碱金属。与PWR1类似，安全壳失效时安全壳内的高温高压将导致安全壳的显能释放率相对较高。

PWR3：这一类别涉及由于安全壳排热失效而导致的安全壳超压失效。在堆芯熔化开始之前，安全壳会发生故障。堆芯熔化会导致放射性物质通过破裂的安全壳屏障释放出来。释放时存在于堆芯中的大约20%的碘和20%的碱金属将释放到大气中，大部分释放将在1.5h内完成。从安全壳中释放出放射性物质是由于熔融燃料与混凝土反应产生的气体清扫作用造成的。由于这些气体最初是通过与熔体接触而被加热的，因此，释放到大气中的显能速率将相当高。

PWR4：这类事故包括失水事故后堆芯冷却系统和安全壳喷淋注入系统的故障，以及安全壳系统在适当隔离方面的并发故障。这将导致堆芯中9%的碘和4%的碱金属得以释放，事故会持续2~3h。由于安全壳再循环喷淋和排热系统将在堆芯熔化期间从安全壳大气中排出热量，因此，相对较低的显能释放速率与这一类别有关。

PWR5：这一类涉及堆芯冷却系统的故障，与PWR4类似，只是安全壳喷淋注入系统的运行将进一步减少空气中放射性物质的数量，并初步抑制安全壳的温度和压力。由于安全壳系统未能正确隔离，安全壳屏障的泄漏率会很大，大多数放射性物质会在几个小时内持续释放。大约3%的碘和0.9%的碱金属会被释放。由于安全壳排热系统的运行，能量释放率很低。

PWR6：这一类涉及由于堆芯冷却系统故障而导致的堆芯熔毁。安全壳喷淋不会运行，但安全壳的屏障将保持其完整性，直到熔化的堆芯继续熔化通过安全壳底板。放射性物质将释放到地下，通过地面向上泄漏到大气中。在安全壳熔化之前，直接泄漏到大气中的速率也很低。大部分释放将持续10h，包括0.08%的碘和碱金属将得以释放。因为从安全壳到大气的泄漏率很低，通过地面逸出的气体与土壤接触会被冷却，所以能量释放率很低。

PWR7：这一类释放与PWR6类似，只是安全壳喷淋的作用是降低安全壳温度和压力以及空气中放射性的量。0.002%的碘和0.001%的碱金属会释放，持续时间约10h。能量释放率非常低。

PWR8：这类事故类似于基准事故（大型管道破裂），但安全壳不能按要求正确隔离。其他设计的防护装置被认为正常工作。堆芯不会熔化，能量释放率也很低。

PWR9：这一类别近似于压水堆设计基准事故（大型管道破裂），在该事故中，只有最初包含在燃料芯块和包壳之间间隙内的活动才会被释放到安全壳中，堆芯不会熔化。大约0.00001%的碘和0.00006%的碱金属会释放。能量释放率很低。

BWR1：这类泄漏代表了反应堆容器内发生蒸汽爆炸后的堆芯熔毁。后者将导致大量放射性物质释放到大气中。总释放量将包含大约40%的碘和碱金属。大多数释放将持续0.5h。由于蒸汽爆炸产生的能量，这一类的特点是向大气中的能量释放率较高。这一类别还包括堆芯熔化和蒸汽爆炸发生之前，涉及安全壳超压失效的某些序列。在这些序列中，能量释放率比上面讨论的要小，尽管它仍然相对较高。

BWR2：这类释放代表了衰变热排出系统假定失效的瞬态时间导致的堆芯熔毁。安全壳超压失效，堆芯熔化随之而来。大多数释放将持续3h。安全壳的失效会导致放射性物质的释放，直到排到大气中而没有明显的残留裂变产物。由于熔融物质产生气体的清扫作用，这类释放的能量释放率较高。堆芯中90%

的碘和50%的碱金属会释放到大气中。

BWR3:该释放类别表示有瞬态事件引起的堆芯熔毁,并伴有未能紧急停堆或未能排出衰变热,安全壳失效可能发生在堆芯熔化之前,也可能是由于反应堆容器熔化后熔融燃料与混凝土相互作用时产生的气体。在释放到大气之前,一些裂变产物会滞留在抑压池或反应堆厂房中。大部分释放将持续3h,10%的碘和10%的碱金属将释放。对于那些在堆芯熔化之后由于超压而导致安全壳失效的序列,能量释放到大气中的速率会相对较高。在堆芯熔化之前发生超压破坏的序列中,能量释放速率会稍微小一些,但仍然较高。

BWR4:该释放类代表堆芯熔毁,安全壳泄漏到反应堆厂房足以防止安全壳超压而失效。通过反应堆厂房内的正常通风路径和二次安全壳过滤系统的潜在缓解释放措施,释放到大气中的放射性数量将明显减少。释放将持续2h,0.08%的碘和0.5%的碱金属将释放。

BWR5:这类释放近似于沸水堆设计基准事故(大型管道破裂),其中只有最初包含在燃料芯块和包壳间隙之间内活动的放射物质才会被释放到安全壳中。堆芯不会熔化,压力容器泄漏也很小。假设所需的最低设计安全防护装置能令人满意地发挥作用。释放将持续5h,6×10^{-9}%的碘和4×10^{-7}%的碱金属将释放。

核素组分根据各自的化学物理特征被划分为了7组。值得注意的是,有时为了简便,直接用元素名称代表了组别,如Xe组、Ba组、Ru组,但并不意味着该组只含有一种元素,而是应该参考该组包含具体的核素种类(表6.1)。

表6.1 WASH-1400中推荐的事故源项放射性核素分组

组别	核素种类
Xe-Kr	^{85}Kr, ^{86}Kr, ^{87}Kr, ^{88}Kr, ^{133}Xe
I	^{131}I, ^{132}I, ^{133}I, ^{134}I, ^{135}I
Cs-Rb	^{134}Cs, ^{136}Cs, ^{137}Cs, ^{86}Rb
Te-Sb	^{127}Te, ^{127m}Te, ^{129}Te, ^{129m}Te, ^{131m}Te, ^{132}Te, ^{127}Sb, ^{129}Sb
Ba-Sr	^{89}Sr, ^{90}Sr, ^{91}Sr, ^{140}Ba
Ru	^{58}Co, ^{60}Co, ^{99}Mo, ^{99m}Tc, ^{103}Ru
La	^{90}Y, ^{91}Y, ^{95}Zr, ^{97}Zr, ^{95}Nb, ^{140}La, ^{141}Ce, ^{143}Ce, ^{144}Ce, ^{143}Pr, ^{147}Nd, ^{239}Np, ^{240}Pu, ^{241}Pu, ^{241}Am, ^{242}Cm, ^{244}Cm

9种不同的释放序列类型其各自的释放时间和持续时间也是不一样的，具体如表6.2和表6.3所列。

表6.2 事故释放特征

释放序列类型	释放频率/每堆年	开始释放时间/h	释放持续时间/h	撤离报警时间/h	释放高度/m	安全壳释热率/(英热单位/h)
PWR1	9×10^{-7}①	2.5	0.5	1.0	25	20和520①
PWR2	8×10^{-6}	2.5	0.5	1.0	0	170
PWR3	4×10^{-6}	5.0	1.5	2.0	0	6
PWR4	5×10^{-7}	2.0	3.0	2.0	0	1
PWR5	7×10^{-7}	2.0	4.0	1.0	0	0.3
PWR6	6×10^{-6}	12.0	10.0	1.0	0	N/A
PWR7	4×10^{-5}	10.0	10.0	1.0	0	N/A
PWR8	4×10^{-5}	0.5	0.5	N/A	0	N/A②
PWR9	4×10^{-4}	0.5	0.5	N/A	0	N/A
BWR1	1×10^{-6}	2.0	0.5	1.5	25	130
BWR2	6×10^{-6}	30.0	3.0	2.0	0	30
BWR3	2×10^{-5}	30.0	3.0	2.0	25	20
BWR4	2×10^{-6}	5.0	2.0	2.0	25	N/A
BWR5	1×10^{-4}	5.0	5.0	N/A	150	N/A

① PWR1释放类型被分为了PWR1A和PWR1B两类，PWR1A发生概率为每堆年4×10^{-7}，释热率为5.86×10^{3}kW(等于20英热单位/h)；，PWR1B发生概率为每堆年5×10^{-7}，释热率为1.52×10^{5}kW(等于520英热单位/h)，1英热单位/时$=2.93\times10^{-4}$kW；
② N/A表示无

表6.3 核素组分释放份额

释放类型	释放量占堆芯总量的份额							
	Xe-Kr组①	有机I组②	I组③	Cs-Rb组	Te-Sb组	Ba-Sr组	Ru组	La组
PWR1	0.9	6×10^{-3}	0.7	0.4	0.4	0.05	0.4	3×10^{-3}
PWR2	0.9	7×10^{-3}	0.7	0.5	0.3	0.06	0.02	4×10^{-3}
PWR3	0.8	6×10^{-3}	0.2	0.2	0.3	0.02	0.03	3×10^{-3}
PWR4	0.6	2×10^{-3}	0.09	0.04	0.03	5×10^{-3}	3×10^{-3}	4×10^{-4}

（续）

释放类型	释放量占堆芯总量的份额							
	Xe－Kr组①	有机I组②	I组③	Cs－Rb组	Te－Sb组	Ba－Sr组	Ru组	La组
PWR5	0.3	2×10^{-3}	0.03	9×10^{-3}	5×10^{-3}	1×10^{-3}	6×10^{-4}	7×10^{-5}
PWR6	0.3	2×10^{-3}	8×10^{-4}	8×10^{-4}	1×10^{-3}	9×10^{-5}	7×10^{-5}	1×10^{-5}
PWR7	6×10^{-3}	2×10^{-5}	2×10^{-5}	1×10^{-5}	2×10^{-5}	1×10^{-6}	1×10^{-6}	2×10^{-7}
PWR8	2×10^{-3}	5×10^{-6}	1×10^{-4}	5×10^{-4}	1×10^{-6}	1×10^{-8}	0	0
PWR9	3×10^{-6}	7×10^{-9}	1×10^{-7}	6×10^{-7}	1×10^{-9}	1×10^{-11}	0	0
BWR1	1.0	7×10^{-3}	0.40	0.40	0.70	0.05	0.5	5×10^{-3}
BWR2	1.0	7×10^{-3}	0.90	0.50	0.30	0.10	0.03	4×10^{-3}
BWR3	1.0	7×10^{-3}	0.10	0.10	0.30	0.01	0.02	4×10^{-3}
BWR4	0.6	7×10^{-4}	8×10^{-4}	5×10^{-3}	4×10^{-3}	6×10^{-4}	6×10^{-4}	1×10^{-4}
BWR5	5×10^{-4}	2×10^{-9}	6×10^{-11}	4×10^{-9}	8×10^{-12}	9×10^{-14}	0	0

① 本表各核素组的详细核素分组如表6.1所列；
② 在计算中，有机碘和元素碘合并计算，对于所有大的释放类别，其释放份额都很小，因此其误差都可以忽略不计；
③ 可用10m高程替代安全壳破裂的零点，计算的结果误差对该地区的影响很小

2）法国S源项

20世纪70年代末，法国针对其反应堆的特点和法国国内实际，在美国NRC研究的基础上提出了3种严重的释放源项S1、S2和S3。S1源项是事故在发生后几小时内，安全壳被早期破坏的情况下产生的释放；S2源项是事故发生一天或几天后，由于丧失了安全壳密封而逐渐向大气的直接释放；S3源项是放射性裂变产物经延迟后向大气的间接释放，裂变产物在通过释放通道时相当一部分都被过滤掉。这3种源项释放进入环境的份额在表6.4中列出。

表6.4 法国使用的压水堆事故源项

核素	S1	S2	S3
惰性气体	0.8	0.75	0.75
有机I	7×10^{-3}	5.5×10^{-3}	5.5×10^{-3}
无机I	0.6	0.027	3×10^{-3}
Cs	0.4	0.055	3.5×10^{-3}

（续）

核素	S1	S2	S3
Te	0.08	0.05	4×10^{-3}
Sr	0.05	6×10^{-3}	4×10^{-6}
Ru	0.02	5×10^{-3}	3×10^{-4}
La	3×10^{-3}	8×10^{-4}	5×10^{-5}
Ce	3×10^{-3}	8×10^{-4}	5×10^{-5}

3)《德国风险研究》源项

德国在《德国风险研究》中定义了5种不同事故后果的源项(表6.5)。其中安全壳早期失效的源项和美国商业压水堆考虑的严重事故源项PWR2相当。

表6.5　德国使用的压水堆事故源项

核素	早期安全壳失效	安全壳小破口	安全壳经过滤后的排气
Xe,Kr	1	1	0.9
I	>0.5	8×10^{-3}	2×10^{-3}
Cs	>0.5	4×10^{-4}	3×10^{-7}
Te	>0.5	2×10^{-3}	4×10^{-6}
Sr	0.4	2×10^{-4}	2×10^{-7}
开始释放时间	>2h	6h	4天

4)NUREG－1465和NUERG/CR－6189源项

1995年,美国核管会(NRC)发布了NUREG－1465《轻水堆核电厂事故源项》,是目前应用最广泛的源项之一,也常运用于核应急中。NUREG－1465源项也常称为“可替代源项”,其是通过分析严重事故序列而得到的具有代表性的典型源项结果,而并非保守值或边界值。NUREG－1465源项假设裂变产物向安全壳内释放分为5个阶段。

(1)冷却剂释放阶段。从始发事件开始,直至发生燃料包壳破损这个阶段,在此期间只有少量放射性物质进入压力容器内冷却剂中。

(2)间隙释放阶段。从燃料包壳开始破损,到温度上升至燃料元件融化这个阶段,在此期间燃料包壳间隙内的裂变产物大量释放至冷却剂中。

(3)压力容器内早期释放阶段。从堆芯和堆芯构件开始熔化裂解,而后逐渐在下封头处沉积重新定位,直至下封头失效这个阶段,在此期间大量挥发性放射性物质得以释放至安全壳内,少量非挥发性放射性产物释放至安全壳。

(4)压力容器外释放阶段。从堆芯熔融物熔穿压力容器,进入堆腔,到被堆腔内的冷却剂完全冷却直至不再释放放射性产物为止。这个阶段,非挥发性产物在此期间大量释放,并且由于冷却剂的作用会产生大量气溶胶。

(5)压力容器内晚期释放阶段。与压力容器外释放同时开始,但会持续较长时间,在此期间一回路中的大量放射性物质会由于衰变热挥发至安全壳中。

在 NUREG-1465 源项中,根据不同的物理化学性质,严重事故下释放的放射性核素被分成 8 组,如表 6.6 所列。

表 6.6　NUREG-1465 源项放射性核素分组

组别	组名	元素种类
1	惰性气体(Noble Gases)	Xe,Kr
2	卤素(Halogens)	I,Br
3	碱金属(Alkali Metals)	Cs,Rb
4	碲组(Tellurium Group)	Te,Sb,Se
5	钡和锶(Barium,Strontium)	Ba,Sr
6	贵金属(Noble Metals)	Ru,Rh,Pd,Mo,Tc,Co
7	镧系元素(Lanthanides)	La,Zr,Nd,Eu,Nb,Pm,Pr,Sm,Y,Cm,Am
8	铈组(Cerium Group)	Ce,Pu,Np

在 STCP 源项程序包、MECOR 程序和 NUREG-1150《严重事故风险:5 个美国核电厂评估》研究的基础上,NUREG-1465 分别给出了沸水堆(BWR)和压水堆(PWR)的推荐源项,包括不同释放阶段和释放份额,如表 6.7 和表 6.8 所列,以供研究和借鉴使用。

表 6.7　BWR 安全壳内源项①

释放阶段	间隙释放②	压力容器内早期释放	压力容器外释放	压力容器内晚期释放
持续时间/h	0.5	1.5	3.0	10.0
惰性气体	0.05	0.95	0	0

（续）

释放阶段	间隙释放[②]	压力容器内早期释放	压力容器外释放	压力容器内晚期释放
卤素	0.05	0.25	0.30	0.01
碱金属	0.05	0.20	0.35	0.01
碲组	0	0.05	0.25	0.005
钡和锶	0	0.02	0.1	0
贵金属	0	0.0025	0.0025	0
镧系元素	0	0.0002	0.005	0
铈组	0	0.0005	0.005	0
① 表中数值表示释放量占堆芯总量的百分比份额； ② 如果能维持堆芯燃料的长期冷却，间隙释放的释放份额为 3%				

表 6.8　PWR 安全壳内源项[①]

释放阶段	间隙释放[②]	压力容器内早期释放	压力容器外释放	压力容器内部晚期释放
持续时间/h	0.5	1.3	2.0	10.0
惰性气体	0.05	0.95	0	0
卤素	0.05	0.35	0.25	0.1
碱金属	0.05	0.25	0.35	0.1
碲组	0	0.05	0.25	0.005
钡和锶	0	0.02	0.1	0
贵金属	0	0.0025	0.0025	0
镧系元素	0	0.0002	0.005	0
铈组	0	0.0005	0.005	0
① 表中数值表示释放量占堆芯总量的百分比份额； ② 如果能维持堆芯燃料的长期冷却，间隙释放的释放份额为 3%				

值得注意的是，在表 6.7 和表 6.8 源项结果中，放射性核素释放的不同阶段里，核素组的释放速率是保持恒定的。同时，该报告中 NUREG - 1465 源项是基于较低燃耗水平（不超过 40GWD/MTU）下的研究情况，在高燃料水平下是否能够运用有待验证。

NUREG - 1465 源项主要研究对象为安全壳内源项，并未研究气溶胶在安全壳内的去除过程。一旦安全壳失效，放射性物质会向环境排放，此时，主要依靠气溶胶粒子的自然去除作用，通过自身的动力学特征，如重力沉降、扩散、电泳和热泳等，自然沉积到热构件表面和水中，以降低对外界的影响。美国核管会 NUERG/CR－6189 报告采用蒙特卡罗方法对不同阶段的气溶胶粒子进行了不确定分析，并给出了相关去除系数的表达式，可结合 NUREG－1465 源项使用。表 6.9 和表 6.10 分别给出了压水堆和沸水堆的气溶胶自然去除系数与功率之间的关系。

表 6.9　压水堆气溶胶自然去除系数

释放阶段	时间段/s	关系表达式/h^{-1}
间隙释放	0～1800	$\lambda_e(90) = 0.0349 + 3.755\times10^{-6}P(MW)$ $\lambda_e(50) = 0.0256 + 3.90\times10^{-6}P(MW)$ $\lambda_e(10) = 0.0167 + 3.25\times10^{-6}P(MW)$
间隙释放	1800～6480	$\lambda_e(90) = 0.0808 + 5.955\times10^{-6}P(MW)$ $\lambda_e(50) = 0.0474 + 8.39\times10^{-6}P(MW)$ $\lambda_e(10) = 0.0322 + 7.16\times10^{-6}P(MW)$
间隙释放	6480～13680	$\lambda_e(90) = 0.1146 + 371.9/P(MW)$ $\lambda_e(50) = 0.0948 + 141.2/P(MW)$ $\lambda_e(10) = 0.0472 + 62.0/10^{-6}P(MW)$
间隙释放	13680～42480	$\lambda_e(90) = 0.378 + 161.6/P(MW)$ $\lambda_e(50) = 0.269 + 141.2/P(MW)$ $\lambda_e(10) = 0.068 + 81.8/P(MW)$
间隙释放	42480～80000	$\lambda_e(90) = 0.210 + 50.6/P(MW)$ $\lambda_e(50) = 0.144$ $\lambda_e(10) = 0.0915[1-\exp(-2.216P(MW)/1000)]$
间隙释放	80000～100000	$\lambda_e(90) = 0.0933 + 12/P(MW)$ $\lambda_e(50) = 0.0838$ $\lambda_e(10) = 0.0377$
间隙释放	100000～120000	$\lambda_e(90) = 0.0717 + 10.8/P(MW)$ $\lambda_e(50) = 0.0669$ $\lambda_e(10) = 0.0277$
压力容器内早期释放	1800～6480	$\lambda_e(90) = 0.0505 + 0.94\times10^{-6}P(MW)$ $\lambda_e(50) = 0.0257 + 3.87\times10^{-6}P(MW)$ $\lambda_e(10) = 0.0166 + 3.49\times10^{-6}P(MW)$

（续）

释放阶段	时间段/s	关系表达式/h^{-1}
压力容器外释放	6480 ~ 13680	$\lambda_e(90) = 0.0754 + 184.9/P(MW)$ $\lambda_e(50) = 0.0551 + 84.65/P(MW)$ $\lambda_e(10) = 0.0272 + 42.0/P(MW)$
压力容器内晚期释放	13680 ~ 42480	$\lambda_e(90) = 0.0829 - 3.40 \times 10^{-6} P(MW)$ $\lambda_e(50) = 0.0547 - 0.62 \times 10^{-6} P(MW)$ $\lambda_e(10) = 0.0222 + 6.44 \times 10^{-6} P(MW)$
注：1. P 为反应堆热功率水平(MW)； 2. $\lambda_e(10)$、$\lambda_e(50)$、$\lambda_e(90)$ 分别为不确定分布的分位置为10%、50%、90%对应的值		

表6.10　沸水堆气溶胶自然去除系数

释放阶段	时间段/s	关系表达式/h^{-1}
间隙释放	0 ~ 3600	$\lambda_e(90) = 2.912[1 - \exp(-0.798P(MW)/1000)]$ $\lambda_e(50) = 4.186[1 - \exp(-0.134P(MW)/1000)]$ $\lambda_e(10) = 2.912[1 - \exp(-0.140P(MW)/1000)]$
间隙释放	3600 ~ 9000	$\lambda_e(90) = 6.201[1 - \exp(-0.887P(MW)/1000)]$ $\lambda_e(50) = 4.611[1 - \exp(-0.155P(MW)/1000)]$ $\lambda_e(10) = 2.217[1 - \exp(-0.124P(MW)/1000)]$
间隙释放	9000 ~ 19800	$\lambda_e(90) = 3.303 + 5.75 \times 10^{-6} P(MW)$ $\lambda_e(50) = 1.563[1 - \exp(-0.897P(MW)/1000)]$ $\lambda_e(10) = 0.579 + 87.0 \times 10^{-6} P(MW)$
间隙释放	19800 ~ 45000	$\lambda_e(90) = 1.561[1 - \exp(-1.210P(MW)/1000)]$ $\lambda_e(50) = 0.787[1 - \exp(-1.318P(MW)/1000)]$ $\lambda_e(10) = 0.591[1 - \exp(-1.255P(MW)/1000)]$
间隙释放	45000 ~ 80000	$\lambda_e(90) = 1.200[1 - \exp(-1.004P(MW)/1000)]$ $\lambda_e(50) = 0.398[1 - \exp(-0.673P(MW)/1000)]$ $\lambda_e(10) = 0.210[1 - \exp(-0.579P(MW)/1000)]$
间隙释放	80000 ~ 100000	$\lambda_e(90) = 1.085[1 - \exp(-1.018P(MW)/1000)]$ $\lambda_e(50) = 0.462[1 - \exp(-0.893P(MW)/1000)]$ $\lambda_e(10) = 0.274[1 - \exp(-0.902P(MW)/1000)]$
间隙释放	100000 ~ 120000	$\lambda_e(90) = 1.041[1 - \exp(-1.084P(MW)/1000)]$ $\lambda_e(50) = 0.388[1 - \exp(-0.695P(MW)/1000)]$ $\lambda_e(10) = 0.190[1 - \exp(-0.558P(MW)/1000)]$

（续）

释放阶段	时间段/s	关系表达式/h^{-1}
压力容器内早期释放	3600～9000	$\lambda_e(90) = 4.495[1 - \exp(-0.120P(MW)/1000)]$ $\lambda_e(50) = 2.188[1 - \exp(-0.131P(MW)/1000)]$ $\lambda_e(10) = 1.089[1 - \exp(-0.124P(MW)/1000)]$
压力容器外释放	9000～19800	$\lambda_e(90) = 0.756 + 3.50 \times 10^{-6}P(MW)$ $\lambda_e(50) = 0.532[1 - \exp(-1.232P(MW)/1000)]$ $\lambda_e(10) = 0.374[1 - \exp(-1.263P(MW)/1000)]$
压力容器内晚期释放	19800～45000	$\lambda_e(90) = 0.0648[1 - \exp(-0.959P(MW)/1000)]$ $\lambda_e(50) = 0.0254[1 - \exp(-0.0943P(MW)/1000)]$ $\lambda_e(10) = -0.089 + 10.72 \times 10^{-6}P(MW)$

注：1. P 为反应堆热功率水平（MW）；
　　2. $\lambda_e(10)$、$\lambda_e(50)$、$\lambda_e(90)$分别为不确定分布的分位置10%、50%、90%对应的值

5）AP1000设计基准事故推荐源项

WASH－1400和NUREG－1465源项数据均是基于二代堆型的研究而得出的，目前以AP1000和EPR为代表的三代堆型均已开始在我国和全球进行部署。美国核管会在《AP1000设计控制文档》、NUREG－1793《AP1000安全分析最终报告（FSER）》中给出了相关的设计基准事故下的推荐源项，用以进行分析评估。表6.11为寿期末的AP1000内堆芯积存的放射性物质总量。

表6.11　反应堆堆芯源项

组别	核素	堆芯总量（C_i）	组别	核素	堆芯总量（C_i）
I组	^{130}I	3.66×10^6	惰性气体	^{85m}Kr	2.63×10^7
	^{131}I	9.63×10^7		^{85}Kr	1.06×10^6
	^{132}I	1.40×10^8		^{88}Kr	7.14×10^7
	^{133}I	1.99×10^8		^{87}Kr	1.06×10^7
	^{134}I	2.18×10^8		^{88}Kr	7.14×10^6
	^{135}I	1.86×10^8		^{131m}Xe	1.06×10^6
Cs组	^{134}Cs	1.94×10^7		^{133m}Xe	5.84×10^6
	^{136}Cs	5.53×10^6		^{133}Xe	1.90×10^8
	^{137}Cs	1.13×10^7		^{135m}Xe	3.87×10^7
	^{138}Cs	1.82×10^8		^{135}Xe	4.84×10^7
	^{86}Rb	2.29×10^5		^{138}Xe	1.65×10^8

（续）

组别	核素	堆芯总量(C_i)	组别	核素	堆芯总量(C_i)
Te 组	^{127m}Te	1.32×10^{6}	Sr 和 Ba	^{89}Sr –	9.66×10^{7}
	^{127}Te	1.02×10^{7}		^{90}Sr	8.31×10^{6}
	^{129m}Te	4.50×10^{6}		^{91}Sr	1.20×10^{8}
	^{129}Te	3.04×10^{7}		^{92}Sr	1.29×10^{8}
	^{131m}Te	1.40×10^{7}		^{139}Ba	1.78×10^{8}
	^{132}Te	1.38×10^{8}		^{140}Ba	1.71×10^{8}
	^{127}Sb	1.03×10^{7}	Ce 组	^{141}Ce	1.63×10^{8}
	^{129}Sb	3.10×10^{7}		^{143}Ce	1.52×10^{8}
Ru 组	^{103}Ru	1.45×10^{8}		^{144}Ce	1.23×10^{8}
	^{105}Ru	9.83×10^{7}		^{238}Pu	3.83×10^{5}
	^{106}Ru	4.77×10^{7}		^{239}Pu	3.37×10^{4}
	^{105}Rh	9.00×10^{7}		^{240}Pu	4.94×10^{4}
	^{99}Mo	1.84×10^{8}		^{241}Pu	1.11×10^{7}
	^{99m}Tc	1.61×10^{8}		^{239}Np	3.37×10^{4}
La 组	^{90}Y	8.66×10^{6}	La 组	^{142}La	1.57×10^{8}
	^{91}Y	1.24×10^{8}		^{143}Pr	1.46×10^{8}
	^{92}Y	1.30×10^{8}		^{147}Nd	8.48×10^{7}
	^{93}Y	1.49×10^{8}		^{241}Am	1.25×10^{4}
	^{95}Nb	1.67×10^{8}		^{242}Cm	2.95×10^{6}
	^{95}Zr	1.66×10^{8}		^{244}Cm	3.62×10^{5}
	^{97}Zr	1.64×10^{8}		^{141}La	1.62×10^{8}
	^{140}La	1.82×10^{8}			

注：1. 堆芯热功率3468MW（比设计功率3400MW高2%），主给水流量测量值支持1%的不确定性，使用2%的不确定性是保守的；

2. 处于寿命末期的堆芯三区域平衡

表6.12为AP1000最终安全分析报告中关于LOCA事故的想定，可用于评估其导致的辐射后果。

表6.12 用于评估反应堆冷却水丧失事故所致辐射后果的想定

参数		值
反应堆功率/MW		3468
由堆芯释放至安全壳的放射性物质比例		
	间隙释放 (0～0.5h)	压力容器内释放 (0.5～1.3h)
惰性气体	0.05	0.95
卤素	0.05	0.35
碱金属	0.05	0.25
碲组		0.05
钡和锶		0.02
贵金属		0.0025
镧系元素		0.0005
铈组		0.0002
碘化学形态分布		
有机碘		0.0015
元素碘		0.0485
微粒碘		0.95
主安全壳泄漏量,质量百分比/天		
0～24h		0.1
>24h		0.05
主安全壳自由体积/m^3		5.83×10^4 (2.06×10^6 英尺^3)
单质碘沉积去除系数/h^{-1}		1.7
去除元素碘的去污因子限值		200
粒子去除系数		
	0～0.37h 0.37～0.87h 0.87～1.37h 1.87～2.37h 2.37～2.87h 2.87～3.37h 3.37～6.87h 6.87～24.00h	$0.945h^{-1}$ $0.540h^{-1}$ $0.430h^{-1}$ $0.600h^{-1}$ $0.855h^{-1}$ $0.585h^{-1}$ $0.575h^{-1}$ $0.480h^{-1}$ $0.430h^{-1}$

（续）

参数		值
事故持续时间/天		30
大气弥散因子/(s/m^3)		
禁区边界		
	0 ~ 2h	5.1E-4
低人口密度区		
	0 ~ 8h	2.2E-4
	8 ~ 24h	1.6E-4
	1 ~ 4 天	1.0E-4
	4 ~ 30 天	8.0E-5

3. 一体化计算程序

WASH-1400 源项、法国 S 源项、NUREG-1465 源项等各种历史源项研究成果方案的优点在于能够快速给出具有代表性的结果，适合于应急条件下的工作，但是忽略了事故情况下热工水力相关的进程演化，没有对事故过程进行精细建模，无法准确给出不同电厂不同情况下的源项数据。因此，世界各国和机构建立了各种严重事故一体化程序，并加以实验验证和研究，用于严重事故的整体分析，以及精细模拟各种不同事故序列下的源项、事故进程和科学验证实验，具有代表性的一体化程序有 MELCOR、MAAP 和 ASTEC 等。

1) MELCOR 程序

MELCOR 程序是美国桑迪亚国家实验室(SNL)为美国核管会(US. NRC)开发的，于 1982 年开始研发，1986 年首次在美国国内发行，1989 年开始公开国际发行，目前，最新版本为 2017 年发行的 MELCOR2.2 版本。MELCOR 程序主要用于研究轻水堆严重事故，包括压水堆(PWR)和沸水堆(BWR)源项估计和各种事故的不确定性分析。MELCOR 程序由执行程序、各计算模块和软件包组成，能模拟多种事故类型，其能够模拟响应的事故过程主要包括以下 8 个方面。

(1)反应堆冷却剂系统、反应堆堆腔、安全壳和封闭厂房的热工水力学响应。

(2)冷却剂丧失下的堆芯裸露、燃料加热、燃料元件包壳氧化、堆芯坍塌以及堆芯材料的熔融和位移。

（3）由于堆芯材料的位移、热载荷、机械载荷造成的反应堆压力容器下封头升温和失效（破损），以及堆芯材料由压力容器向堆腔的转移。

（4）堆芯熔融物和混凝土的相互作用，及其产生的气溶胶。

（5）压力容器内外氢气的产生、迁移和燃烧。

（6）裂变产物（包括气溶胶和蒸汽等）的释放、迁移和沉积。

（7）安全壳内放射性气溶胶的运动，包括水池内的水洗作用、安全壳大气内的气溶胶行为特征，如粒子聚集和重力沉降等。

（8）专设安全设施对热工水力学和放射性核素行为的影响。

此外，MELCOR 程序提供的源项可以直接供 MACCS 后果评价程序使用，分析场外的事故环境影响。

2）MAAP 程序

MAAP（Modular Accident Analysis Program）程序是由 FAI（Fauske and Associates）为 EPRI 开发的用于严重事故分析的计算机程序，它可以用于模拟失水事故（LOCA）、非 LOCA 瞬态概率风险分析和其他严重事故序列，能够对各种事故提供一个快速且较为准确的响应。一般来说，MAAP 的计算时间明显小于 MELCOR 和 ASTEC。MAAP 有多个并行版本，包括沸水堆、压水堆、CANDU 重水堆、俄罗斯 VVER 型压水堆等。MAAP 最新版本为 MAAP5，其能够通过更详细的节点化、点动力学和 1－D 中子模型，计算反应堆内冷却剂系统（RCS）的强迫和自然循环，从而更好地适应新的先进堆型，包括 AP1000 和 EPR。MAAP5 具备以下新特性。

（1）可模拟反应堆堆芯破损前后热管段和蒸汽发生器的自然循环。

（2）改进的中子动力模型，包括点堆模型、一维空间和时间模型。

（3）更好的蒸汽发生器模型，提高了蒸汽发生器传热管破裂事故（SGTR）、主蒸汽管道破裂（MSLB）、失水事故（LOCA）分析的能力。

（4）能够模拟严重事故的乏燃料池模型，可计算乏燃料加热和降解、锆氧化、氢燃烧、锆与空气相互作用而引发的锆火等。

（5）更好的压水堆冷却剂模拟系统。

3）ASTEC 程序

法国核安全与辐射防护研究院（IRSN）和德国核设施与安全研究中心

(GRS)于1996年联合开始研发一体化程序ASTEC(Accident Source Term Evaluation Code),ASTEC程序可以模拟水冷式反应堆熔毁事故期间的所有现象过程,包括始发事件到放射性物质向安全壳的释放过程,可以提供源项,并进行PSA2研究。堆型涵盖范围包括欧洲第三代压水堆EPR、法国设计的压水堆PWR、俄罗斯设计的压水堆VVER、沸水堆BWR、CANDU型重水堆。ASTEC目前由IRSN维护,最新版本为ASTEC2.1。

4. 根据辐射监测数据反演

通过工况数据无法获取源项时,若能获取电厂周边的足够的环境连续监测数据,利用环境监测数据反演源项也是可行的,但一般需要与后果评价模式相结合,利用源项反演算法获取放射性物质释放率或释放总量。但由于风场的不确定性,在选取监测点时,需进行筛选,不宜使用距离释放源过远的监测点数据进行推算,否则,不确定性会较大。

6.2.2 风场

获取风场的方法主要有两种:一是利用现场观测的有关资料构造当地的风场,称为客观分析方法或诊断方法;二是利用数值方法求解具有特定边界条件的大气运动方程,称为动力学初始化方法或预报方法。两种方法中,预报方法计算复杂,在复杂地形条件下计算耗费巨大,对观测资料依赖性小;诊断方法受物理约束粗略,计算简明,但要求相对充分的观测资料作为保证。

1. 风场诊断模式

风场诊断方法客观分析观测资料,经过一系列的内插、外推和调整等运算过程得到计算区域内的三维风场。这样得到的风场有以下局限:插值方法得到的风场并不能保证大气质量的连续性,并且在插值过程中难以考虑地形的约束和作用。当需要大气垂直运动资料时,插值风场也无法反映大气的垂直运动,而对有地形起伏的情况,垂直运动是重要的,这样的风场将会使扩散计算产生较大的误差。因此,需要按照一定的物理约束对插值风场进行调整。有多种方法可以达到流场的质量守恒,目前以变分方法应用最广。变分方法的目的是使调整后的风场与原插值风场的总体偏差最小,同时满足质量守恒条件的约束。用这种方法得到的水平流场比较光滑流畅,并且输出的结果受主观影响小,因此又称为客观诊断模式。

在一定的条件下,诊断模式能够满足简单、快速、客观的要求,在核事故实时应急决策支持系统中应用也较多。风场诊断结果的质量取决于实测风的密度、精度和代表性。

2. 风场预报模式

风场预报模式是直接从大气控制方程出发,利用数值求解的方法得到方程的解,从而获取各个网格节点的风矢量和其他一些气象参数的值。预报方法需要考虑流动的各种物理约束和边界条件,获得的风场能较客观地反映实际大气的情况,并且对客观资料的依赖性小。

计算机技术的迅速发展为运行复杂的气象预报模式提供了硬件条件,气象学家们研发出功能越来越强大的气象模式,考虑的气象因素也越来越多,这类模式在核事故后果评价中使用风场预报模式已经逐渐成为现实。

6.2.3 电厂周边的人口和环境数据

早期核电站一般建造在远离城市居民区的地方,但随着社会的发展,核电站周围的居民分布和社会地理环境可能会发生变化,为了能更好地估算核事故后果危害,为应急决策和应急行动提供支撑依据,有必要定期和在核事故后了解核电站周边的人口分布情况与环境数据。

1. 人口相关的参数

人口相关的参数主要包含以下几个方面。

(1)各行政区域内的人口分布。了解此项可以有助于评估核事故的总体危害,估计集体受照剂量,为行动决策和后期进行辐射致流行病学调查提供依据等。同时,根据行政区域进行统计,也方便事故期间的公众组织工作的开展,如撤离、隐蔽、发放碘片、分发物资通知等,利于高效开展工作。

(2)人口年龄分布。主要包括婴幼儿、孕妇、青少年、中青年、老年人的结构比例,特别是婴幼儿和孕妇的统计,受同等剂量照射的情况下,他们产生的效应比普通人的概率高很多,利于精准布控。

(3)公众的整体教育情况和核应急知识科普情况,了解此项有助于评估实施应急干预措施时的整体难度,一般公众受教育程度高、核应急科普较为完善的地区在进行应急干预时较易获得公众的理解。

2. 地理环境参数

(1)核电站周围地理环境的信息数据。例如，山丘、河流、森林植被等，地形和地面环境的数据会对早期核事故放射性物质的扩散产生影响，在进行精细化的大气扩散模拟和水污染模拟时需要利用这些数据。

(2)居民区住宅和办公建筑的材料类型、人防工事的分布等，有助于评估建筑物的屏蔽因子，在估算人员剂量时进行屏蔽计算。

(3)核电站周边学校、医院、幼儿园、屠宰场、蔬菜供应基地等大型公共场所的分布，可采取针对性的应急措施。

(4)若核设施位于多国边境处，事故可能会对邻国产生影响。在需要评估对其影响时，有必要获取邻国相关的数据，遵照国际条例共享相关信息。

获取相关详细人口数据、地理信息和环境相关的数据可能需要核电站所在地方行政部门的帮助，如户籍管理部门或村(镇)的人口协助调查统计。在核事故条件下，若能绘制详细的人口参数地图，融入 GIS 系统中，在核事故后果评价系统中予以可视化显示，则更有助于实施后果评价。

6.3 大气扩散模式

严重核事故后，放射性物质会经安全壳缺口向环境中释放，在大气中进行扩散和沉降，形成较为复杂的辐射污染场。放射性物质在大气中的运动行为较为复杂，为此，科学家建立了各种大气扩散模式对其运动过程进行模拟，以期获得辐射场的时空分布，达到为决策提供技术支持的目的。目前，各国运行的核事故后果评价系统中，常用模式包括高斯模式、拉格朗日烟团模式和随机游走模式，其原理和特点各有不同，技术支持人员需要根据当时的要求、条件，选择合适的大气扩散模式进行预测或评估，以匹配最佳的效果。

辐射场的剂量预测过程由源项估计、大气扩散模拟(如高斯烟羽模式、高斯烟团模式)、地面沉积、衰变和浓度—剂量转换等部分共同协调完成。大气扩散模式负责模拟放射性物质在大气中的输运和扩散过程，能将输入的气象场数据和源项数据转化为各个坐标点的放射性物质空气浸没浓度随时间的变化信息，是预测的关键步骤。地面沉积模块负责模拟空气中的放射性物质在大气中的干、湿沉积过程,并计算沉降到地面的份额。衰变模式负责模拟放射性物质的衰变过程。剂量转换模式负责将得到的空气浸没浓度信息和地面沉积的浓度信息转化为各个坐标点处的剂量率信息,完成由浓度到剂量率的转化过程。

核事故辐射场大气扩散模式的运行原理如图 6.1 所示。

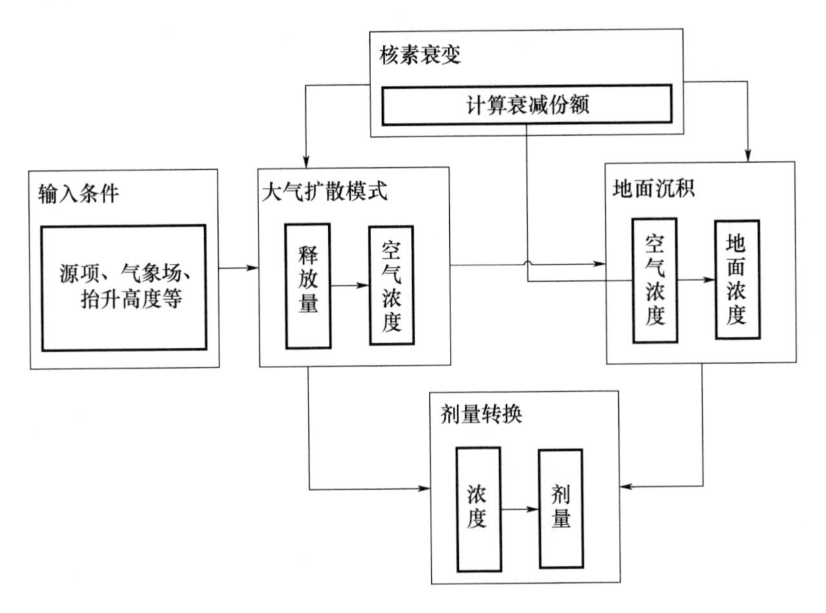

图 6.1 核事故辐射场大气扩散模式的运行原理

得益于技术的进步,上述这些计算过程,目前一般全部在计算机中自动化完成。高斯烟羽模式可以现场直接得到结果,计算时间一般在几十秒到几分钟之间。高斯烟团模式和随机游走模式由于涉及风场诊断和三维扩散模拟,时间会较长,计算时长一般在几十分钟到数小时之间,同时对技术支持人员的操作要求较高。

6.3.1 高斯烟羽模式

1. 高斯烟羽模式方程表达

高斯烟羽模式发展较早,是应用最为广泛的一种模式,不仅在核事故扩散模拟中,而且在其他污染物扩散模拟(如化学污染)中均得以广泛应用,是目前各核事故后果评价与决策支持中必备的扩散模式，也是 HAD101/02《核电厂厂址选择的大气弥散问题》中推荐的快速评估模式。高斯模式以 K 理论为基础，是在假定扩散系数 K 为常数的条件下导出。也可在平稳、均匀湍流的假定下，通过湍流统计理论导出。高斯模式的输入参数少，输出结果与输入参数有明显的对应关系且计算便捷，被广泛应用于大气污染物的输送扩散计算。高斯模式在气象条件平稳的情况下，模拟效果一般较为合理，是模拟污染物扩散的经典方法。在假定气象条件下，即风向、风速、大气稳定度不随时间和距离变化的情况下，污染物的浓度在垂直方向和横向方向是高斯分布的，得到下风坐标(x,y,z)处的放射性物质浓度。

高斯烟羽模式的一般表达式为

$$C_a(x,y,z)=\frac{\bar{Q}}{2\pi\sigma_y\sigma_z\bar{u}}\cdot\exp\left(-\frac{y^2}{2\sigma_y^2}\right)\cdot\left[\exp\left(-\frac{(z-h)^2}{2\sigma_z^2}\right)+\exp\left(-\frac{(z+h)^2}{2\sigma_z^2}\right)\right] \tag{6.1}$$

式中：x、y、z 为要预测浓度的位置的坐标，坐标原点是释放点，x 取平均风方向；$C_a(x,y,z)$为坐标(x,y,z)的放射性物质空气浸没浓度，$\mathrm{Bq/m^3}$；$\bar{Q}$ 为排放源的放射性物质释放率，Bq/s；σ_y 为水平横风方向的浓度分布的标准偏差，m；σ_z 为垂直方向的浓度分布的标准偏差，m；$\bar{u}$ 为平均风速，m/s；h 为放射性烟羽中心线的有效高度，m。

有效高度计算方法为

$$h=h_s+\Delta h \tag{6.2}$$

式中：h_s为释放的几何高度；Δh 为烟羽因热和动力抬升的高度。

2. 高斯烟羽模式适用范围

由于高斯模式是扩散系数 K 为常数的特殊条件下导出的，需满足以下 4 个假设。

(1)恒定释放，即放射性物质向环境中的排放速率在此阶段是恒定不变的，通常在模式中处理为释放率 = 释放总量/释放时间，即释放率为恒定值。

(2)风场稳定并均匀，这种均匀体现在某一高程下的风速和风向为恒定值，不随时间变化，并且评估区域内部不同地理网格点处的风速值和风向恒定(或风场向量恒定)，在模式中表现为风速 $\bar{u}$ 为恒定值。

(3)要求评估区域的海拔高度起伏不大,一般为平坦开阔的平原地带,对起伏较大丘陵和山谷地带存在局限性,在模式方程中表现为高度 z 值为恒定值,即解析结果为某一固定高度条件下的结果。

(4)湍流均匀且稳定,体现在模式中水平和垂直方向的扩散参数不随时间变化,且一般是下风方向距离的函数,具体计算方法见 6.3.2 节。

从以上适用条件推导可知,高斯烟羽模式的适用范围一般在几千米到十几千米之间,在小范围内才有可能保证风向和地形条件的要求。但有的时候,特别是在严重核事故早期,由于获取的信息条件有限,为了快速评估得到一个结果,而将范围扩大至几十千米到上百千米,这种方法计算出来的结果存在很大的不确定性,有可能在 2 ~3 个数量级以上,此时的结果仅仅只能作为一个参考,而不可以单纯作为决策的依据,必须结合辐射监测结果进行辅助。

由于高斯烟羽模式的气象场是恒定的,有时只是为了得到地表"热线"上的辐射水平数值变化过程,而可以忽略风向因素,得到一个通用的快速解,作为表格查询使用。在模式中取 y 和 z 值为零,且不考虑反射项 $\exp\left(-\frac{(z+h)^2}{2\sigma_z^2}\right)$,此时,高斯烟羽模式可以简化为

$$C_a(x,y,0)=\frac{\bar{Q}}{\pi\sigma_y\sigma_z\bar{u}}\cdot\exp\left(-\frac{h^2}{2\sigma_z^2}\right) \tag{6.3}$$

运用式(6.3)即可得到轴线上的浓度分布。

6.3.2　高斯烟团模式

1. 高斯烟团模式的方程表达

由于高斯烟羽模式只能表达出一维和二维的辐射场,而无法刻画出核事故后辐射场在变化气象场下随时间的变化关系,此时,就需要用到三维的大气扩散模式。高斯烟团模式是经典的大气扩散模式之一,也称为拉格朗日烟团模式(或烟团模式),如 RODOS 中的扩散模式 RIMPUFF 就是基于高斯烟团模式。高斯烟团模式由一系列方程式组成,其可完成由源项、风场至空间中各坐标处的空气浓度的转换过程,高斯烟团模式的原理是利用一系列离散的、内部符合高斯分布的放射性物质烟团模拟连续的烟羽变化过程,放射性物质烟团在风场的

作用下进行运动,同时又受到自身衰变以及干、湿沉积的影响。放射性物质在烟团内部并不是均匀分布的,而是符合三维高斯分布的。根据各个烟团的信息计算放射性物质分布状况。烟团的模拟原理如图 6.2 所示。

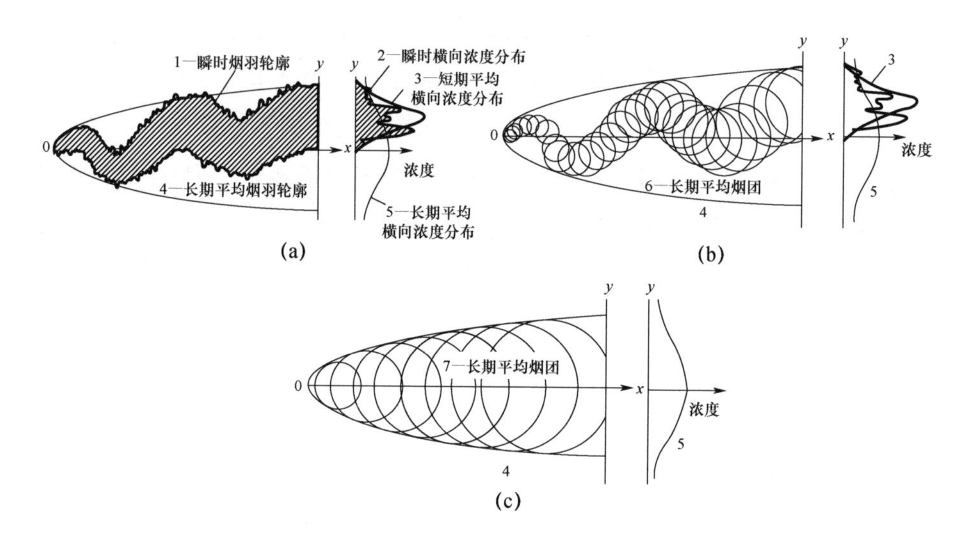

图 6.2 大气弥散运动行为的烟团模拟

(a)烟羽行为;(b)短期烟羽行为;(c)长期烟羽行为。

在 t 时刻,共有 k 个烟团(k 个时间步),则坐标(x,y,z)处的放射性物质浓度可表示为

$$C_a(x,y,z,t) = \sum_{i=1}^{k} \frac{Q_{i,t} f_{d,i,t} f_{w,i,t} f_{r,i,t}}{(2\pi)^{3/2} \sigma_{xy,i,t}^2 \sigma_{z,i,t}} \cdot \exp\left[-\frac{1}{2}\left(\frac{(x-x_{i,t})^2}{\sigma_{xy,i,t}^2} + \frac{(y-y_{i,t})^2}{\sigma_{xy,i,t}^2} + \frac{(z-z_{i,t})^2}{\sigma_{z,i,t}^2} \right) \right] \tag{6.4}$$

式中:C_a 为坐标点(x,y,z)在 t 时刻的放射性物质空气浸没浓度,Bq/m^3;$x_{i,t}$、$y_{i,t}$、$z_{i,t}$为第 i 个烟团的中心坐标,m;$Q_{i,t}$为第 i 个烟团的放射性物质总量,等于释放率与烟团间隔时间的乘积,Bq;$\sigma_{xy,i,t}$和 $\sigma_{z,i,t}$为第 i 个烟团 t 时刻在水平和垂直方向的扩散参数,m;$f_{d,i,t}$为第 i 个烟团的干沉积因子,无量纲常数;$f_{w,i,t}$为第 i 个烟团的湿沉积因子;$f_{r,i,t}$为第 i 个烟团的核素衰变因子。

烟团中心经过 Δt 时间从 n 时刻$(x_{i,t_n}, y_{i,t_n}, z_{i,t_n})$位置,到达 $n+1$ 时刻$(x_{i,t_{n+1}}, y_{i,t_{n+1}}, z_{i,t_{n+1}})$位置,烟团中心坐标可以根据以下公式计算,即

$$x_{i,t_{n+1}} = x_{i,t_n} + u_{i,t_n}\Delta t \tag{6.5}$$

$$y_{i,t_{n+1}} = y_{i,t_n} + v_{i,t_n}\Delta t \tag{6.6}$$

$$z_{i,t_{n+1}} = z_{i,t_n} + w_{i,t_n}\Delta t \tag{6.7}$$

式中：Δt 为烟团的间隔时间，s；u_{i,t_n}、v_{i,t_n}、w_{i,t_n}为在 t_n时刻第 i 个烟团的三维风速，m/s。

在高斯烟团模式中，关键在于计算烟团在不同时间步长中的烟团中心坐标。由于是三维风场，并且后一时刻与前一时刻是相互关联的，一般无法进行并行计算，所以耗时较长。

在垂直方向上，初始的烟团中心坐标为

$$z_0 = H_s + \Delta H \tag{6.8}$$

式中：H_s 为排放源的有效高度，m；ΔH 为烟羽的抬升高度，m。

2. 扩散参数

扩散参数表征放射性物质在高斯烟团三维空间内分布的标准差。一种常用的计算方法是 P－G 扩散曲线，最初由 Pasquill 在 20 世纪 60 年代提出，后来由 Gifford 完善。其将大气条件划分为 6 种稳定度——强不稳定、不稳定、弱不稳定、中性、弱稳定和稳定，并用字母 A－F 分别进行区分。P－G 扩散曲线如图6.3 所示。

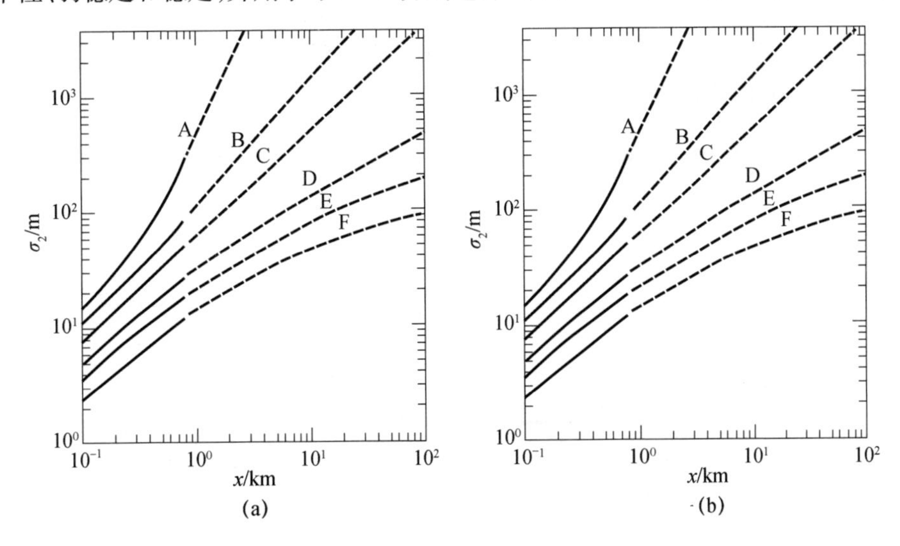

图6.3 P－G 扩散曲线

(a)水平扩散参数随下风距离的变化；(b)垂直扩散参数随下风距离的变化。

在P－G扩散曲线的基础上，发展了多种扩散参数计算方法，如适用城市扩散的Briggs公式和我国的GB/T 3840—91计算公式。我国根据实际情况进行了实验，制定了国家标准GB/T 3840—91《制定地方大气污染物排放标准的技术方法》，其采用以下经验公式确定扩散参数，即

$$\sigma_{xy} = \gamma_1 x^{\alpha_1}, \sigma_z = \gamma_2 x^{\alpha_2} \quad (6.9)$$

式中：x为下风向距离，m；γ_1、α_1、γ_2及α_2为扩散系数，无量纲常数。扩散常数的值在不同距离，取值也不相同。大气稳定度的划分方法如表6.13所列。

表6.13　大气稳定度分级

地面风速 U/(m/s)	太阳辐射等级					
	3	2	1	0	1	2
≤1.9	A	A－B	B	D	E	F
2～2.9	A－B	B	C	D	E	F
3～4.9	B	B－C	C	D	D	D
5～5.9	C	C－D	D	D	D	D
≥6	D	D	D	D	D	D

关于大气稳定度，以及扩散常数的取值方法可以在GB/T 3840—91进行查阅。

图6.4为释放后12h，不同大气稳定条件下，根据GB/T 3840—91计算的下风方向20km内浓度的变化情况对比图。

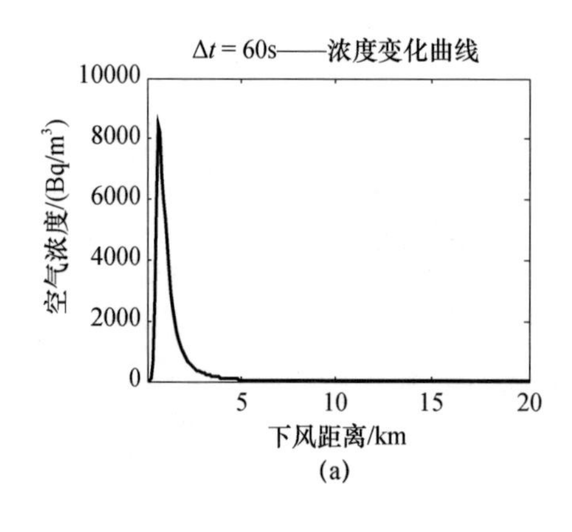

(a)

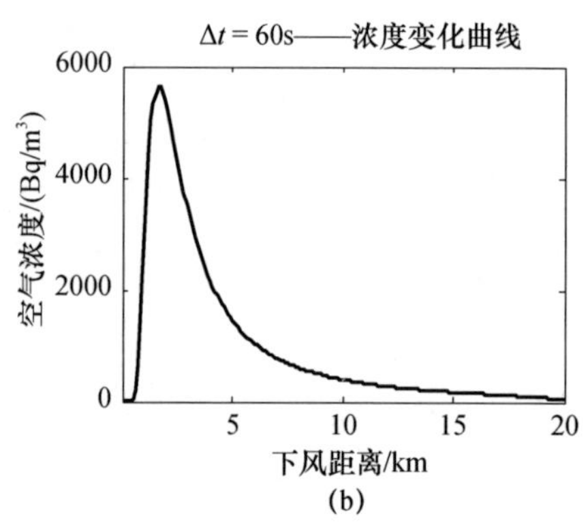

(b)

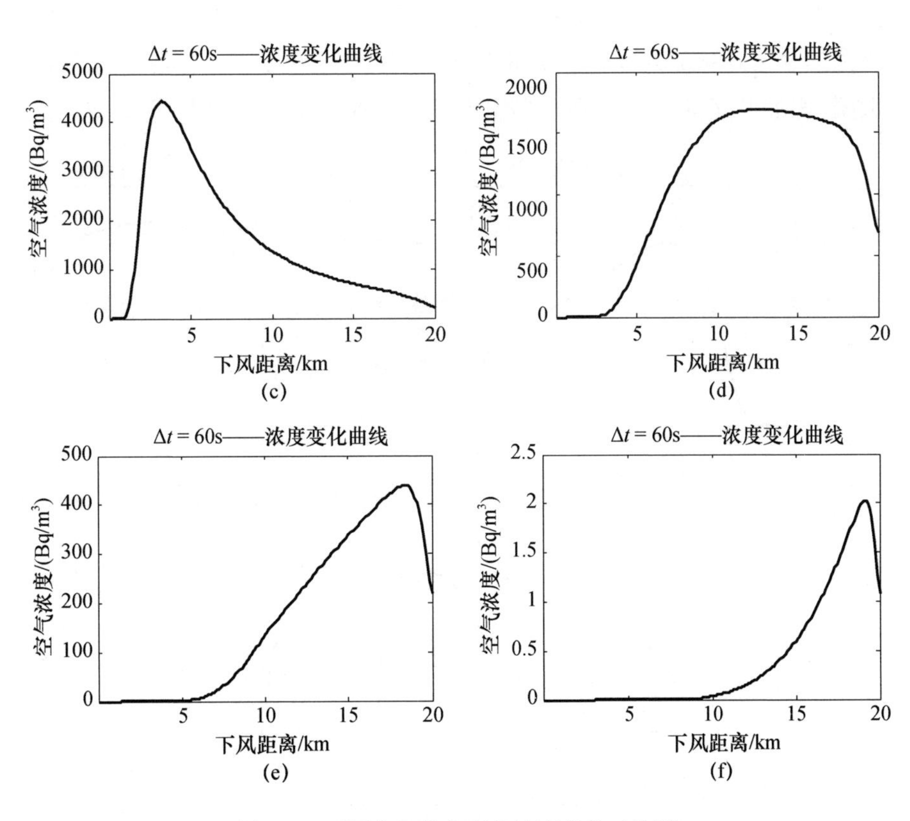

图 6.4 不同大气稳定度的浓度变化对比图

(a)大气稳定度——A 类;(b)大气稳定度——B 类;(c)大气稳定度——C 类;
(d)大气稳定度——D 类;(e)大气稳定度——E 类;(f)大气稳定度——F 类。

从图 6.4 分析可知,气象条件越稳定,浓度污染峰值越低,整体污染范围更广;气象条件越不稳定,污染的浓度峰值更高,但污染范围相对小。

图 6.5 为同样条件下,大气稳定度为 D 类下,P－G 扩散曲线、GB/T 3840—91 公式和 Briggs 公式的浓度曲线对比图。

从图 6.5 中可以看出,不同的计算公式,在中性条件下,GB 3840—91 公式与 Briggs 公式计算的浓度水平相差不大,P－G 曲线计算的浓度要比后两种高出很多。

3. 烟团分裂

当烟羽在复杂地形下扩散时,在沟道气流和下坡气流的影响下,往往会出现烟羽分裂或被分割的现象。为了模拟这种特殊情形,可以采取烟团分裂的方法,将一个大烟团分裂为几个小的烟团,而后各自按照相应轨迹进行运动。一种典型的分裂方案是五分裂。在 RIMPUFF 模式中,对于水平扩散系数为 σ_{xy} 的母烟团,若水平分裂为 5 个新的子烟团,其需满足以下几个约束,即

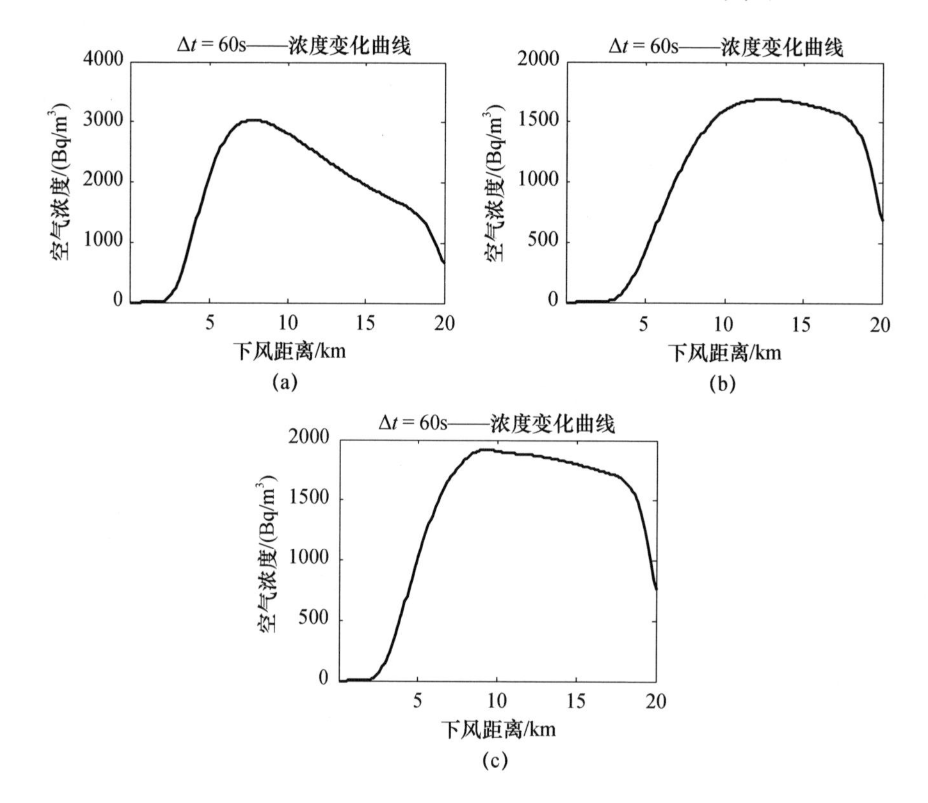

图 6.5　不同扩散计算公式的比较(D 类)

(a)P－G 扩散曲线;(b)GB/T 公式;(c)Briggs 公式。

$$\sum \sigma_{xy5}^{2} = \sigma_{xy}^{2} \tag{6.10}$$

$$C_5(X,Y,Z) = C(X,Y,Z) \tag{6.11}$$

$$\sigma_{xy5} = \frac{1}{2}\sigma_{xy} \tag{6.12}$$

$$\sum_{1}^{5} Q_{xy5}(i) = Q_{xy} \tag{6.13}$$

式中:σ_{xy} 为母烟团的水平扩散参数;σ_{xy5} 为子烟团的水平扩散参数;$C(X,Y,Z)$ 为母烟团的中心坐标;$C_5(X,Y,Z)$ 为所有子烟团之和的中心坐标;Q_{xy} 为母烟团携带的放射性物质总量;$Q_{xy5}(i)$ 为第 i 个子烟团所携带的放射性物质。

这样做的优点如下：

(1)在水平面上，分裂后的子烟团的质心与母烟团质心重合，二阶矩相等。

(2)在母烟团的烟团中心，分裂后的子烟团的浓度之和与母烟团相等。

(3)子烟团的扩散系数是母烟团的一半，便于后期的计算。

(4)满足质量守恒定律，分裂前后的放射性物质总量不变。

五分裂的效果如图 6.6 所示。

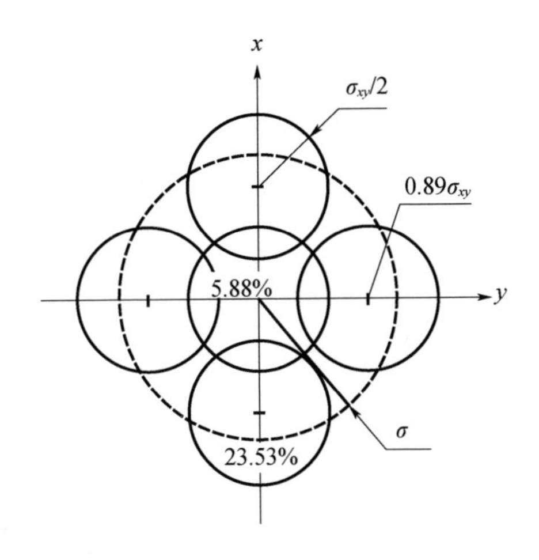

图 6.6　烟团五分裂的效果图

图 6.6 中母烟团分裂为 5 个大小相等的烟团：由 1 个中心烟团和 4 个子烟团组成。子烟团的质心位于坐标轴上，距离母烟团中心距离均为 $0.89\sigma_{xy}$，每个携带母烟团 23.53% 的质量。中心烟团的中心坐标与母烟团的重合，质量密度略小，占 5.88%。分裂之后，子烟团随各自的风场和湍流进行运动，重新计算污染情况。

4. 烟羽抬升

烟羽刚释放时，温度一般较高，由于受到空气热力动力学的影响，会向上抬升一段距离，而后保持大致水平运动，遇到湍流后会扩散加剧。已知计算烟羽抬升的公式繁多，如 Brigges、Holland、Moses 等。但是利用公式计算，往往需要知道热排放率或浮力通量。一种较为有效的方法是直接利用设备观测烟羽的运动高度，然后进行记录。可采用的设备如外观景象观测仪等物理设备直接进行观察，直接进行测量，既能保证精度，又适合快速测量。

5. 烟团间隔时间

高斯烟团模式利用离散的烟团来模拟连续的烟羽，为了达到良好的连续性效果，必须控制合适的烟团间隔时间。烟团间隔时间越小，连续性越好，但是相应的计算时间也会增加。

可以利用两个一样大小的高斯烟团考察不同间隔距离下，前后烟团的重叠效果。图6.7为两个烟团在不同间隔距离的重叠效果。

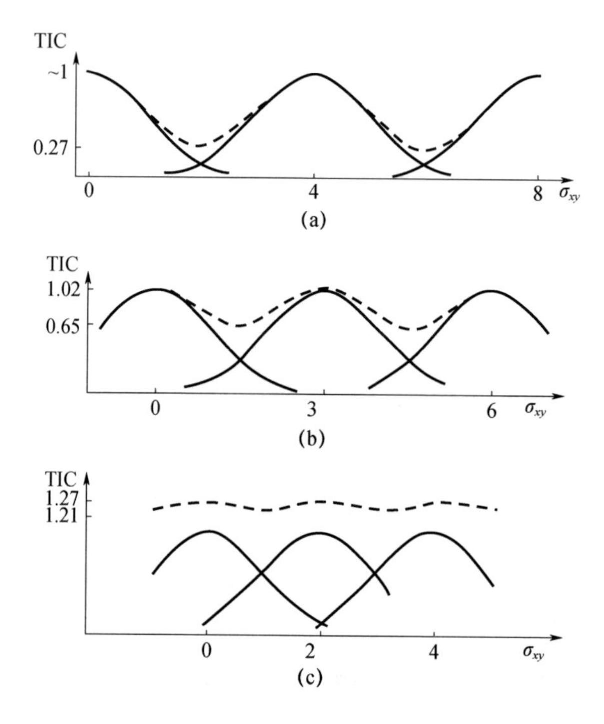

图6.7　两个烟团在不同间隔距离的重叠效果

横轴表示烟团的间隔距离；纵轴为归一化浓度。当烟团之间间距2个σ_{xy}以下时，连续性较好。为了在下风方向x处，出现连续的烟羽，烟团之间的间隔时间必须满足

$$\Delta t \leqslant \frac{2\sigma_{xy}(x)}{\overline{U}} \tag{6.14}$$

式中：Δt为烟团之间的间隔时间，s；$\sigma_{xy}(x)$为下风x处的水平扩散参数，m；$\overline{U}$为平均风速。假定风速5m/s恒定不变，要求在下风3km处模拟出连续烟羽，

$\sigma_{xy}(x)=226\mathrm{m}$，则烟团间隔时间应该满足 $\Delta t \leqslant 2\times 226/5 \approx 90\mathrm{s}$。图 6.8 为在大气稳定度是 D 的情况下，不同的烟团间隔时间情况下，模拟的放射性物质在下风方向 0 ~ 50km 内的浓度分布曲线。

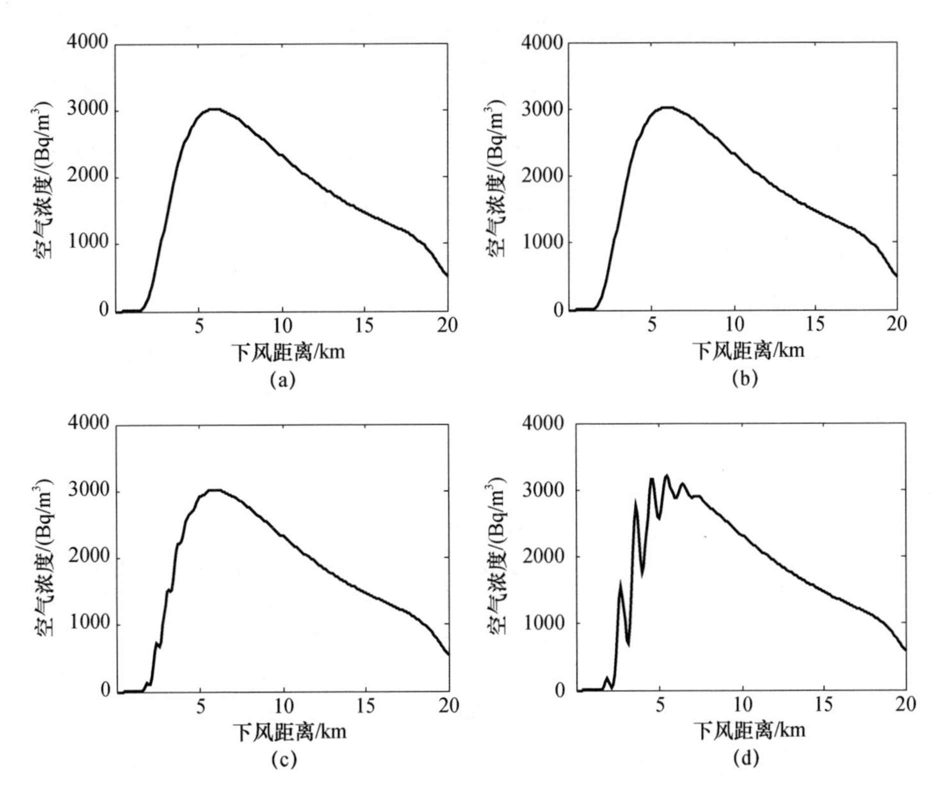

图 6.8 烟团间隔时间对空气浸没浓度连续性的影响

(a)烟团间隔 30s；(b)烟团间隔 60s；(c)烟团间隔 120s；(d)烟团间隔 180s。

一般情况下，当烟团间隔时间在 60s 以下时，烟羽的连续性较好，与真实运动情况更为一致。

6. 干沉积因子

高斯烟团模式的作用只在于将释放率信息转化为各坐标点的空气浸没浓度信息，并不能表达出放射性烟羽的沉积量。烟羽在大气中的运动除了随风运动外，还会受到干湿沉积的影响。沉积会降低放射性物质在空气中的份额，使得地表的放射性物质浓度增加，造成土壤、道路、植被和食物的污染。放射性核素的沉降分为干沉积和湿沉积两种。

放射性物质由于受到不规则运动的影响,会与空气中的其他颗粒发生碰撞,并且受到引力以及地面静电的吸引等作用,会逐渐沉积下来,降落到地表。干沉积的作用机理复杂,一般在野外采取实验的方法进行确定。实验表明,因干沉积导致的地面沉积浓度与近地面空气浓度成正比。定义干沉积速率为

$$V_d = \frac{C_a}{\chi} \tag{6.15}$$

式中:V_d 为干沉积速率,m/s;C_a 为近地面的空气浸没浓度,Bq/m^3;χ 为该时段内因干沉积导致的地面沉积浓度,Bq/m^2。表 6.14 为美国核管会推荐的常见的几种核素在不同沉积表面的沉积速率。

表 6.14　常见核素的沉积速率

核素	沉积速率 V_d/(cm/s)	沉积表面
Co	0.3 ~ 1.9	
I	0.3 ~ 2	
Pb	0.38	
Cs - 137	0.09 ± 0.06	水体
	0.04 ± 0.05	土壤
	0.2 ~ 0.5	草地
Te - 127, Te - 129	0.7 ± 1.3	

在某时刻,因干沉积导致烟羽的损耗可以用干沉积因子表示。假定一个时段只释放一个烟团,在 t 时刻(第 k 时间步)干沉积因子的离散表达为

$$f_{d,t} = \prod_{t=1}^{t=k} F_{d,t} \tag{6.16}$$

$$F_{d,i} = \left(\frac{\pi}{2}\right)^{-1/2} V_d \Delta t \exp\left(-\frac{z_i^2}{2\sigma_{z,i}^2}\right) / \sigma_{z,i} \tag{6.17}$$

式中:$f_{d,k}$为该烟团在 t 时刻的干沉积因子;V_d 为干沉积速度,m/s。图 6.9 为常见核素在风速 5m/s,释放源下风方向 50km 范围内,不同沉积速度情况下的干沉积因子对比情况。

在 t 时刻,共有 k 个烟团,坐标(x,y,z)处,因干沉积所导致的地面沉积浓度为各个时段之和,即

$$C_d(x,y,z,t) = \sum_{t=1}^{t=k} C_a(x,y,z,t) \cdot V_d \cdot \Delta t \tag{6.18}$$

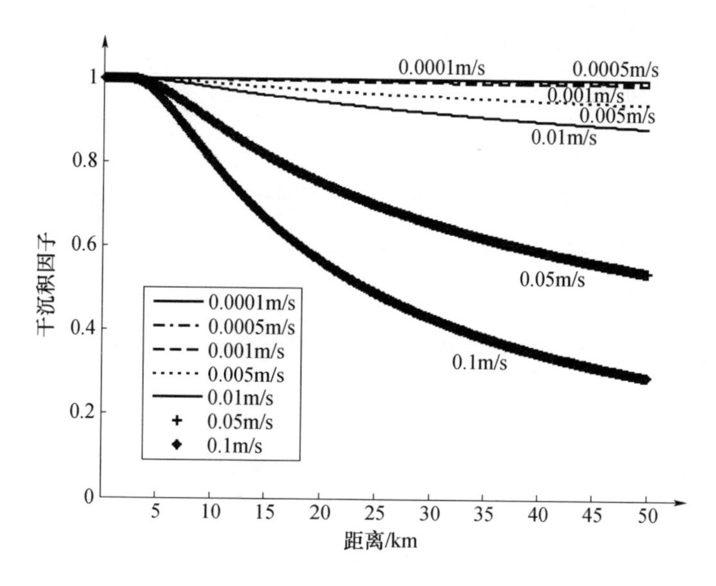

图 6.9 不同干沉积速率的干沉积因子

7. 湿沉积因子

假如释放期间遇到下雨或降雪的情况，核素会随着雨滴迅速降落到地表，导致地表的放射性物质总量迅速升高，如日本福岛核事故早期就出现了降雨，并且大量放射性物质降雨冲刷到地面，导致福岛西北方向成为主要的污染径迹带所在。

定义冲洗系数描述湿沉积的强度。冲洗系数与降雨强度有关，表达为

$$\Lambda = \alpha\ (F_c I_c + F_n I_n)^{\beta} \tag{6.19}$$

式中：α 为冲洗常数，取值 5×10^{-5}；β 为冲洗常数，取值 0.8；F_c、F_n 分别为对流和非对流系数，在降雨地区为 1，非降雨地区为 0；I_c、I_n 分别表示对流和非对流降雨量，mm/h。

在 t 时刻，假若降雨从 t_1 时刻持续到 t_2 时刻，并且降雨强度不变。共 k' 个时间步，烟团的湿沉积因子表达为

$$f_{w,t} = \begin{cases} \exp(\Lambda_k \cdot k' \cdot \Delta t)，降水时 \\ 1，不降水时 \end{cases} \tag{6.20}$$

t 时刻，因湿沉积导致的地面沉积浓度为降雨期间的所有时段的沉积之和，其离散表达式为

$$C_w(x,y,z,t) = \sum_{t=t_1}^{t_2} c_{w,t} \Delta T_t \tag{6.21}$$

$$c_{w,t}=\begin{cases}\dfrac{\Lambda_t Q}{2\pi\sigma_{xy,i,t}\sigma_{z,i,t}}\exp\left(-\dfrac{(x-x_{i,t})^2}{2\sigma_{xy,i,t}^2}\right)\exp\left(-\dfrac{(z-z_{i,t})^2}{2\sigma_{z,i,t}^2}\right),\text{降雨时}\\0,\text{不降雨时}\end{cases}\tag{6.22}$$

式中：$C_w(x,y,z,t)$为坐标(x,y,z)处t时刻的时沉积地面浓度，Bq/m^2；Λ_t为t时刻烟团的冲洗系数，s^{-1}。

8. 衰变因子

衰变模式可以计算因衰变而减少的放射性物质份额，起到修正模式的作用。随着核素的衰变，各核素的总量会减少，并且各核素的组分比例也会发生变化。表现出来的是，随着时间的推移，放射性物质浓度会降低，可以利用衰变因子进行修正。对于单一核素，在事故后t时刻，有

$$f_{r,t}=\exp(-\lambda t)\tag{6.23}$$

$$\lambda=\frac{\text{In}2}{T_{1/2}}\approx\frac{0.693}{T_{1/2}}\tag{6.24}$$

式中：$f_{r,t}$为该核素的衰变因子；λ为衰变常数；$T_{1/2}$为该核素的半衰期。

衰变过程始终伴随着放射性物质的运输过程，不仅在大气中的扩散过程，而且当沉积到地面以后，衰变过程也是必不可少的，否则，无法体现释放结束后，辐射场剂量率的下降趋势。图6.10为典型核素在不同时刻的衰变因子。

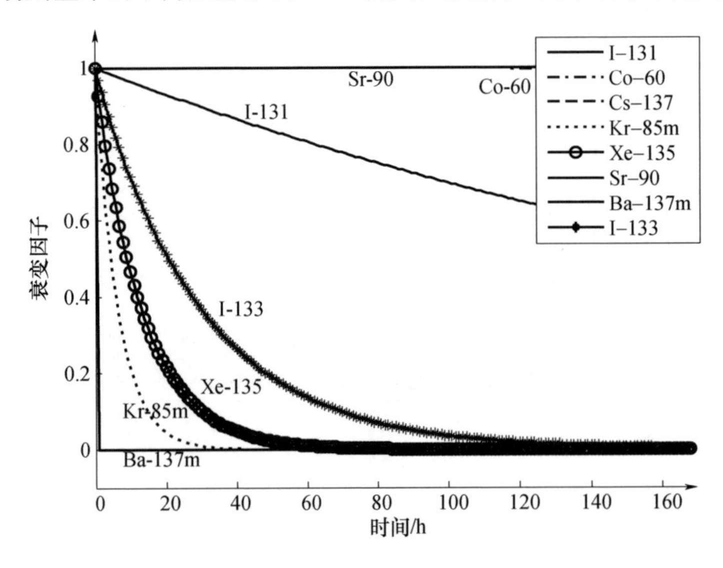

图6.10　典型核素在不同时刻的衰变因子

从图 6.10 中可以看出,短寿命的核素在事故早期的衰减速度很快,在事故早期考虑短寿命核素的衰变是很有必要的。

6.3.3 拉格朗日粒子模式

拉格朗日粒子模式又称为随机游走模式,或者蒙特卡罗模式,也是在各大后果评价系统中运用较多的模式之一,如著名的用于计算放射性物质扩散的开源程序 flexpart 中就是运用的拉格朗日粒子模式。与高斯烟团模式类似,拉格朗日粒子模式也可以用于三维辐射场的模拟,可以用于计算复杂地形变化风场条件下的辐射场水平。

拉格朗日粒子模式的原理:通过在固定时长内,用大量放射性粒子的释放模拟污染物的连续排放,通过计算风场的平均输运叠加随机扰动,确定放射性粒子在时间和空间中的分布,从而得出放射性物质在整个空间中的浓度。

在模式中,最关键的信息在于确定放射性粒子的实时坐标,也即放射性粒子的运动轨迹。设共释放 N_p 个标记放射性粒子,$t=n\Delta t$ 为计算时间步长,第 ip 个标记粒子在 $t=n\Delta t$ 时刻的空间坐标为 $(x_{ip}^n, y_{ip}^n, z_{ip}^n)$,则它在下一时刻 $t=(n+1)\Delta t$ 的空间三维坐标为

$$\begin{cases} x_{ip}^{n+1} = x_{ip}^n + u(t)\Delta t \\ y_{ip}^{n+1} = y_{ip}^n + v(t)\Delta t \\ z_{ip}^{n+1} = z_{ip}^n + w(t)\Delta t \end{cases} \tag{6.25}$$

式中:$u(t)$、$v(t)$ 和 $w(t)$ 为 $t=n\Delta t$ 时刻的粒子速度,表达方程为

$$\begin{cases} u(t) = \bar{u}(t) + u'(t) \\ v(t) = \bar{v}(t) + v'(t) \\ w(t) = \bar{w}(t) + w'(t) \end{cases} \tag{6.26}$$

式中:$\bar{u}$、$\bar{v}$ 和 $\bar{w}$ 为在此 Δt 步长内的平均三维风速,一般需由外界提供,如气象观测站或预报中心提供。随机脉动速度 $u'(t)$、$v'(t)$ 和 $w'(t)$ 的表达式为

$$\begin{cases} u'(t) = u'(t-\Delta t)R_{Lu}(\Delta t) + \sigma_u \left[1 - R_{Lu}^2(\Delta t)\right]^{1/2}\nu \\ v'(t) = v'(t-\Delta t)R_{Lv}(\Delta t) + \sigma_v \left[1 - R_{Lv}^2(\Delta t)\right]^{1/2}\nu \\ w'(t) = w'(t-\Delta t)R_{Lw}(\Delta t) + \sigma_w \left[1 - R_{Lw}^2(\Delta t)\right]^{1/2}\nu \end{cases} \tag{6.27}$$

式中：σ_u、σ_v和σ_w分别为三维风速u、v和w的标准差；$u'(t-\Delta t)$、$v'(t-\Delta t)$和$w'(t-\Delta t)$分别为u、v和w在$t=(n-1)\Delta t$时刻的脉动速度；ν是一个由计算机产生的均值为A、方差为σ且符合正态分布的随机数，其表达式为

$$\begin{cases} R_{ip} = \mathrm{MOD}(317 \times R_{ip-1}, 1.0) \\ \nu = A + \dfrac{\sigma}{\sqrt{n/12}}\left(\sum_{ip=1}^{n} R_{ip} - \dfrac{n}{2}\right) \end{cases} \tag{6.28}$$

式中：R_{ip-1}为上一个随机数，式(6.28)的原理是用第一个公式产生n的随机数（通常取$n=12$就可以满足精度了），然后再用第二个公式计算出ν。$R_{Lu}(\Delta t)$、$R_{Lv}(\Delta t)$和$R_{Lw}(\Delta t)$分别为u、v和w的拉格朗日自相关系数，即

$$\begin{cases} R_{Lu}(\Delta t) = \exp(-\Delta t/T_{Lu}) \\ R_{Lv}(\Delta t) = \exp(-\Delta t/T_{Lv}) \\ R_{Lw}(\Delta t) = \exp(-\Delta t/T_{Lw}) \end{cases} \tag{6.29}$$

T_{Lu}、T_{Lv}、T_{Lw}、σ_u、σ_v和σ_w的值可由不同大气稳定度条件下的半经验公式进行计算。

记z_i为边界层厚度，L为 Manin－Obukhov 长度，$f=2\omega\sin\varphi$为科氏力参数，u_*和w_*分别为摩擦速度和对流特征速度，即

$$u_* = (\overline{u'w'}^2 + \overline{v'w'}^2)^{1/4} \tag{6.30}$$

$$w_* = \left(\frac{gz_i}{\bar{\theta}}\overline{w'\theta'}\right)^{1/3} \tag{6.31}$$

$$L = -\frac{\bar{\theta}u_*^3}{\kappa g\overline{w'\theta'}} = \frac{\bar{\theta}u_*^2}{\kappa g\theta_*} \tag{6.32}$$

（1）在不稳定边界层中，有三维风速标准差和拉格朗日自相关系数，即

$$\sigma_u = \sigma_v = u_*(12 + 0.5z_i/|L|)^{1/3} \tag{6.33}$$

$$\sigma_w = \begin{cases} 0.96w_*[(3z-L)/z_i]^{1/3}, z/z_i < 0.03 \\ w_*\min\{0.96[(3z-L)/z_i]^{1/3}, 0.763(z/z_i)^{0.175}\}, 0.03 < z/z_i < 0.4 \\ 0.722w_*(1-z/z_i)^{0.207}, 0.4 < z/z_i < 0.96 \\ 0.37w_*, 0.96 < z/z_i < 1 \end{cases} \tag{6.34}$$

$$T_{Lu} = T_{Lv} = 0.15z_i/\sigma_u \tag{6.35}$$

$$T_{Lw}=\begin{cases}\dfrac{0.1z}{\sigma_w[0.55+0.38(z-z_0)/L]},\dfrac{z}{z_i}<0.1,-\dfrac{z-z_0}{L}<1\\ \dfrac{0.59z}{\sigma_w},\dfrac{z}{z_i}<0.1,-\dfrac{z-z_0}{L}>1\\ \dfrac{0.15z_i}{\sigma_w[1-\exp(-5z/z_i)]},\dfrac{z}{z_i}>0.1\end{cases}\tag{6.36}$$

(2)在中性边界层中,有

$$\sigma_u=2u_*\exp(-3fz/u_*)\tag{6.37}$$

$$\sigma_v=\sigma_w=1.3u_*\exp(-2fz/u_*)\tag{6.38}$$

$$T_{Lu}=T_{Lv}=T_{Lw}=\frac{0.5z/\sigma_w}{1+15fz/u_*}\tag{6.39}$$

(3)在稳定边界层中,有

$$\sigma_u=2u_*(1-z/z_i)\tag{6.40}$$

$$\sigma_v=\sigma_w=1.3u_*(1-z/z_i)\tag{6.41}$$

$$T_{Lu}=0.15\sqrt{z\cdot z_i}/\sigma_u\tag{6.42}$$

$$T_{Lv}=0.07\sqrt{z\cdot z_i}/\sigma_v\tag{6.43}$$

$$T_{Lw}=\frac{0.10z_i}{\sigma_w}\left(\frac{z}{z_i}\right)^{0.8}\tag{6.44}$$

z_i一般取表 6.15 中的参考值。

表 6.15 z_i的参考值

稳定度	A	B	C	D	E	F
z_i/m	2000	1500	1000	800	500	200

Manin – Obukhov 长度 L 的取值如表 6.16 所列。

表 6.16 Manin – Obukhov 长度 L 的取值

粗糙度 z_0/m	稳定度分类					
	A	B	C	D	E	F
0.03	–8	–14	–43	∞	43	14
0.1	–9	–18	–61	∞	61	18
0.3	–10	–21	–86	∞	86	21
1.0	–11	–26	–124	∞	124	26

最后计算每个网格中的污染物浓度，即

$$C_{i,j,k} = \frac{Q\sum_{ip=1}^{Np} T_{i,j,k,ip}}{Np\Delta x\Delta y\Delta z} \tag{6.45}$$

式中：Δx、Δy、Δz 为网格的体积，m^3；Q 为源强，Bq；$T_{i,j,k,ip}$ 为第 ip 个粒子在网格 (i,j,k) 中的逗留时间，s。

6.3.4 剂量模式

大气扩散模式只能完成由释放量到空气浓度的计算过程，即 Bq 转换为 Bq/m^3，但在实际决策中往往需要预测不同方位的人员受照情况，得到累积剂量或集体剂量信息，此时，需要利用剂量模式进行转换。

放射性物质对人体的照射过程较为复杂，为了简便进行计算，一般采取利用剂量转换因子的方法进行转换。计算空气浸没外照射，可用空气浸没浓度剂量转换因子为

$$\dot{D}_a = C_a \cdot \mathrm{DCF}_a \cdot \mathrm{SF}_a \tag{6.46}$$

式中：$\dot{D}_a$ 为空气浸没外照射剂量率，Sv/h；C_a 为空气浸没浓度，Bq/m^3；DCF_a 为空气浸没浓度剂量转换因子，$Sv((Bq \cdot s)/m^3)^{-1}$；$\mathrm{SF}_a$ 为人所在的建筑物的屏蔽因子，在户外一般取 1。

地面沉积包括干沉积和湿沉积，地面沉积浓度可表示为

$$C_g = C_d + C_w \tag{6.47}$$

式中：C_g 为地面沉积浓度，Bq/m^2；C_d 为干沉积浓度；C_w 为湿沉积浓度。

地面沉积的外照射表示为

$$\dot{D}_g = C_g \cdot \mathrm{DCF}_g \cdot \mathrm{SF}_g \tag{6.48}$$

式中：$\dot{D}_g$ 为地面沉积外照射剂量率，Sv/h；C_g 为地面沉积浓度，Bq/m^2；DCF_g 为地面沉积剂量转换因子，$Sv(Bq. s/m^2)^{-1}$；SF_g 为人所在的建筑物的屏蔽因子，在户外一般取 1。

外照射剂量率为空气浸没外照射剂量率与地面沉积外照射剂量率之和，即

$$\dot{D} = \dot{D}_a + \dot{D}_g \tag{6.49}$$

对于剂量转换因子，一般采用“半无限大”烟羽进行近似计算，假定人体所处位置为无限大的地面上，且放射性物质的浓度均匀。

一般可采用 Eckerman 和 Rayman 的研究结果，表 6.17 和表 6.18 为计算的常见几种核素的剂量转换因子。

表 6.17 常见核素的空气浸没浓度剂量转换因子

核素	空气浸没浓度剂量转换因子 $DCF_a/(Sv \cdot ((Bq \cdot s)/m^3)^{-1})$						
	性腺	胸部	骨髓	甲状腺	其他	有效	皮肤
Co-60	1.23×10^{-13}	1.39×10^{-13}	1.23×10^{-13}	1.27×10^{-13}	1.20×10^{-13}	1.26×10^{-13}	1.45×10^{-13}
I-131	1.78×10^{-14}	2.04×10^{-14}	1.68×10^{-14}	1.81×10^{-14}	1.67×10^{-14}	1.82×10^{-14}	2.98×10^{-14}
I-132	1.09×10^{-13}	1.24×10^{-13}	1.07×10^{-13}	1.12×10^{-13}	1.05×10^{-13}	1.12×10^{-13}	1.58×10^{-13}
Cs-134	7.40×10^{-14}	8.43×10^{-14}	7.19×10^{-14}	7.57×10^{-14}	7.06×10^{-14}	7.57×10^{-14}	9.45×10^{-14}
Cs-137	7.96×10^{-18}	9.67×10^{-18}	5.70×10^{-18}	7.55×10^{-18}	6.34×10^{-18}	7.74×10^{-18}	8.63×10^{-15}
Te-129	2.71×10^{-15}	3.12×10^{-15}	2.54×10^{-15}	2.74×10^{-15}	2.52×10^{-15}	2.75×10^{-15}	3.57×10^{-14}
Te-132	1.02×10^{-14}	1.18×10^{-14}	8.95×10^{-15}	1.02×10^{-14}	9.16×10^{-15}	1.03×10^{-14}	1.39×10^{-14}

表 6.18 常见核素的地面沉积浓度剂量转换因子

核素	地面沉积浓度剂量转换因子 $DCF_g/(Sv \cdot ((Bq \cdot s)/m^2)^{-1})$						
	胸部	肺部	骨髓	甲状腺	其他	有效	皮肤
Co-60	2.34×10^{-15}	2.27×10^{-15}	2.33×10^{-15}	2.25×10^{-15}	2.26×10^{-15}	2.35×10^{-15}	2.76×10^{-15}
I-131	3.81×10^{-16}	3.58×10^{-16}	3.60×10^{-16}	3.71×10^{-16}	3.49×10^{-16}	3.76×10^{-16}	6.43×10^{-16}
I-132	2.22×10^{-15}	2.12×10^{-15}	2.17×10^{-15}	2.19×10^{-15}	2.10×10^{-15}	2.21×10^{-15}	7.54×10^{-15}
Cs-134	1.53×10^{-15}	1.46×10^{-15}	1.48×10^{-15}	1.52×10^{-15}	1.44×10^{-15}	1.52×10^{-15}	2.17×10^{-15}
Cs-137	3.47×10^{-19}	2.22×10^{-19}	1.97×10^{-19}	2.51×10^{-19}	2.25×10^{-19}	2.85×10^{-19}	2.75×10^{-16}
Te-129	6.36×10^{-17}	5.52×10^{-17}	5.52×10^{-17}	5.90×10^{-17}	5.46×10^{-17}	6.01×10^{-17}	5.74×10^{-15}
Te-132	2.43×10^{-16}	2.06×10^{-16}	2.01×10^{-16}	2.15×10^{-16}	2.03×10^{-16}	2.28×10^{-16}	2.99×10^{-16}

6.4 数据同化技术在后果评价中的运用

6.4.1 大气扩散模式的不确定性

在核事故中后期，由于监测数据渐渐丰富，甚至达到可以直接利用监测数据拟合生成辐射场的效果,因此,在严重核事故后果评价决策中,利用大气扩散模式进行辐射场的预测往往发生在事故早期,特别是没有充足的场内和场外监测数据情况下。但是,依赖大气扩散模式计算的结果存在以下局限性。

(1)模式的输入条件存在误差,如源项和风场数据等参数存在较大的不确定性。首先,源项误差无法直接测量得到,在一般情况下,源项可以通过电厂运行工况数据,利用一体化计算程序得到,但在严重核事故条件下,可能无法取得源项,且源项的大小直接决定了泄漏的总量;其次,电厂周围的大面积风场需要利用风场诊断得到,而目前局地风场的预报还存在很大的不确定性。输入的参数存在较大的不确定性,利用这些参数进行方程计算的结果自然存在较大的不确定性。

(2)模式存在固有误差,即现有的大气扩散模式只是在特定条件下的运动方程的解。基于理想条件下的数据建模与实际的放射性物质运动之间存在差异,在建模过程中不可避免地引入各种假设条件,这种误差来自模型本身,并且不可消除。即使输入参数是完全符合真实条件的,也难以保证得到完美的结果。

(3)在后果评价中,模式的使用不规范,如忽视了模式使用前提条件、地理网格尺度和预测时间步长太大等。

以上是导致预测模式不确定性大的主要因素,因此,如何提高模式预测的可靠性与准确度一直是核事故后果评价研究探索的难点。由于监测数据是真实辐射场的离散表达,基本可准确反映辐射场在某一时间和地域的特征,缺点是数据量不丰富;模式预测可直接进行全局解析,但是一般来说不确定性较大。如何将二者进行有效融合,利用监测数据对模式预测结果进行修正,改善辐射场预测和评估质量也是目前研究的热点所在,而数据同化技术是最有希望的技术途径之一。

6.4.2 核事故中的数据同化技术路径

1. 基本原理

数据同化是一门将模型与观测相融合的方法学。其基本思想是:在物理动力学的基本框架内,融入各种与关心状态量有关的观测量,以达到减小系统预测误差的目的。不同的学科内,同化的概念有所区别,但一般都包含 3 个要素,即物理预测模型、状态量的直接或间接观测、数据同化算法。

数据同化原理如图6.11所示。

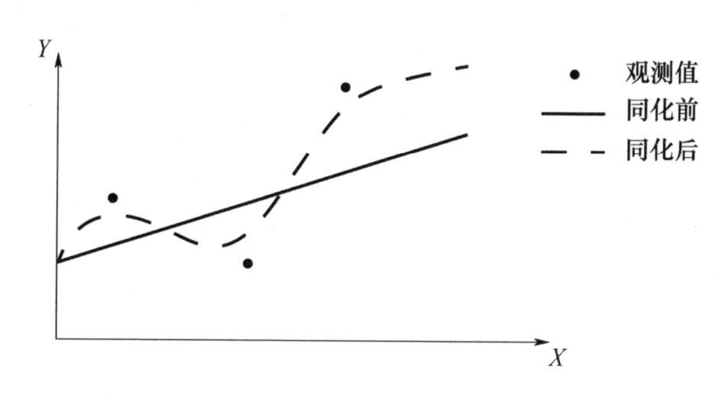

图6.11 数据同化原理

在不同的时刻,插入观测资料,通过利用观测数据调整模型轨迹,最终使得同化结果向观测收敛,减小预测的误差。

物理预测模型,也即大气扩散模式,用于进行放射性物质的大气扩散模拟。

状态矢量,表示人们所关心的变量的集合。为了能够描绘出场的概念,需要将关心区域划分成若干规则的网格,状态矢量一般描述这些网格点上的变量,如辐射场中网格点上的空气浸没浓度、地表沉积浓度、近地面剂量率等。

观测矢量是关于状态矢量的各种直接或间接观测的物理量。一般来说,观测量的坐标是不规则的,需要利用观测算子将状态空间映射到观测空间上去。在核事故辐射场中,观测量一般为通过各种手段得到的监测数据,如空气浓度数据、地表沉积量、近地面剂量率、土壤和食物的比活度等。

数据同化算法是连接预测模型和观测的桥梁,通过同化算法,观测被融入模型中,达到修正预测模型轨迹、降低模型误差的目的。经典的数据同化算法有逐步订正、最优插值、变分法和卡尔曼滤波系列算法等。

分析矢量,表示经过同化后的状态矢量,可作为最终的输出或者下一次预报的初始条件。

2. 技术途径

数据同化技术在核事故后果评价和决策中的运用主要体现在2个层次或3个方面。

2个层次表示模式输入参数的同化和模式结果的同化。输入参数的同化是指输入条件在进入模式之前先利用监测数据进行一次同化,以控制和减小输入参数的误差,相当于参数质量控制优化,主要是指源项和气象场的同化;模式结果的同化,即利用监测数据直接同化大气扩散模式预测的结果,属于数值同化,直接作用于所需要的结果。

3 个方面,即源项、气象场、模式预测结果的同化 3 个方向。这 3 个方向的同化可以同时展开,也可以独立进行工作。

目前,国内外对于输入参数同化研究的较多。源项方面,包括利用神经网络、遗传算法、卡尔曼滤波等反演源项;气象场方面,各大气象预报系统都自带数据同化功能,值得注意的是,由于预报中心提供的风场数据一般尺度较大,在进行风场诊断后,对于局地区域可能仍存在较大误差,是否进行局地尺度的同化应结合当具体情形具体考虑。对于模式结果的同化,尤其是二维和三维辐射场的同化,目前研究还较少。RODOS 具备事故中后期食物链数据同化模型,但也只是在一维层面。

6.4.3 数据同化在辐射场预测中的运用简介

1. 基于数据同化的辐射场系统模型构建

基于前面所述技术途径,一个完备的基于数据同化的辐射场系统模型构建应当既包括输入参数的同化,又包含模式预测结果的同化。在同化对象方面,应当包含事故源项、局地气象场、模式预测结果的同化。

基于数据同化的辐射场系统模型构建可采用模块化的设计,各模块之间功能相互独立。同化系统由 5 个模块组成,即源项反演模块、数据准备模块、观测模块、气象模块和同化模块。一种基于集合卡尔曼滤波的数据同化系统构成如图 6.12 所示。

(1)源项反演模块。以风场和监测的浓度或剂量率数据为输入,通过反演算法推导出放射性物质释放率随时间的变化规律。源项反演的结果将作为模型预测的输入条件之一,进行辐射场的预测。

(2)观测模块。负责观测数据的预处理。梳理各方面汇集的观测数据,主要包括空气浸没浓度数据和剂量率数据。可以根据监测到的不同核素浓度估算核素组分比例。

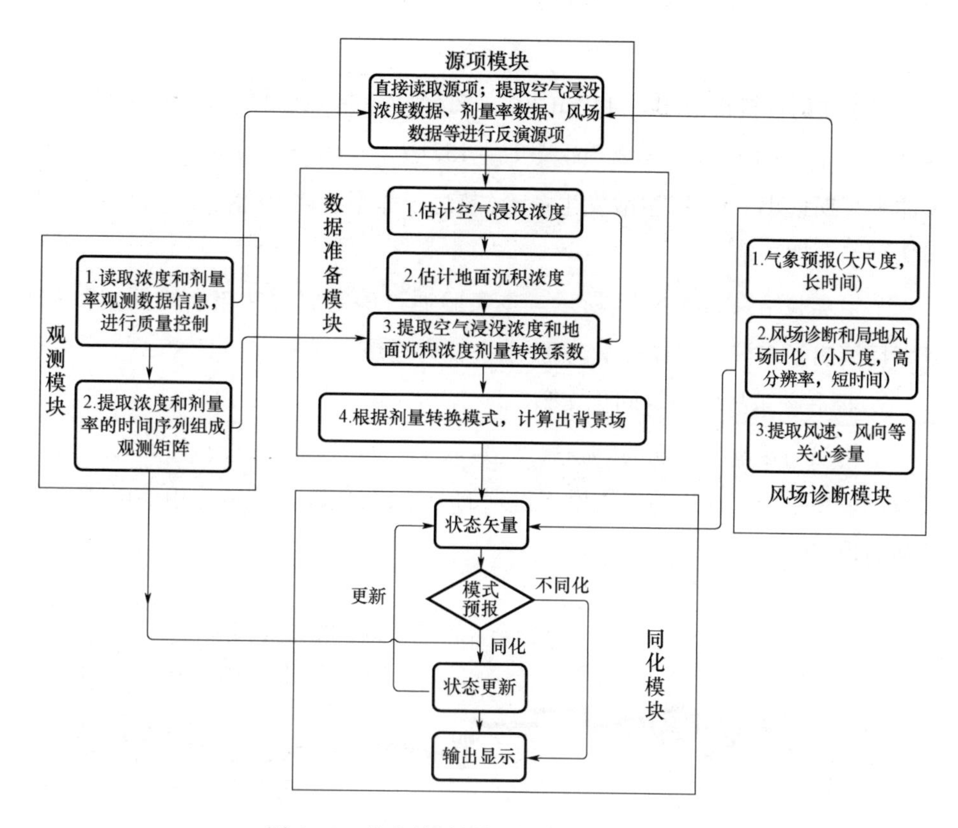

图 6.12 核事故后果评价同化系统结构图

(3)数据准备模块。主要为同化模块提供初始背景场。

(4)气象模块。可以直接获取预报中心提供的气象信息,包括风场的时空信息、降雨量、温度等。同时,由于气象预报中心的预报风场尺度大,误差也会较大,风场还应具备根据核事故中的临时气象测量站的数据,对全局风场进行简单的修正处理的功能。

(5)同化模块。同化系统的核心,负责融合模型与观测数据,并进行数据分析。

2. 福岛核事故源项反演

以福岛核事故作为案例,验证利用剂量率反演多核素源项的方法,反演算法采用的是集合四维变分同化算法。福岛核事故期间,唯一测量到各种核素剂量率的监测站位于日本千市。根据其监测结果,对剂量率贡献较大的核素有 I－131、I－132、Te－132、Xe－133、Cs－134、Cs－136、Cs－137 和

Ba－137m。

以上放射性核素中，Ba－137m（$T_{1/2}$ = 2.55min）是 Cs－137（$T_{1/2}$ = 30.17 年）的衰变子体，I－132（$T_{1/2}$ = 2.3h）是 Te－132（$T_{1/2}$ = 3.26 天）的衰变子体，并且子体半衰期远小于母体，事故发生一天（超过子体半衰期 10 倍长时间）后，可认为达到了久期平衡。

孪生实验结果如图 6.13 所示。本实验通过确定放射性核素比例，利用剂量率反演出了多核素的释放率，实验结果较为理想。

3. 福岛核事故辐射场同化实验

采用福岛核事故早期的航测数据，验证系统的地面辐射场同化能力。背景辐射场采用系统源项反演模块反演得到的源项，与传输系数矩阵相乘再经剂量转换后得到。

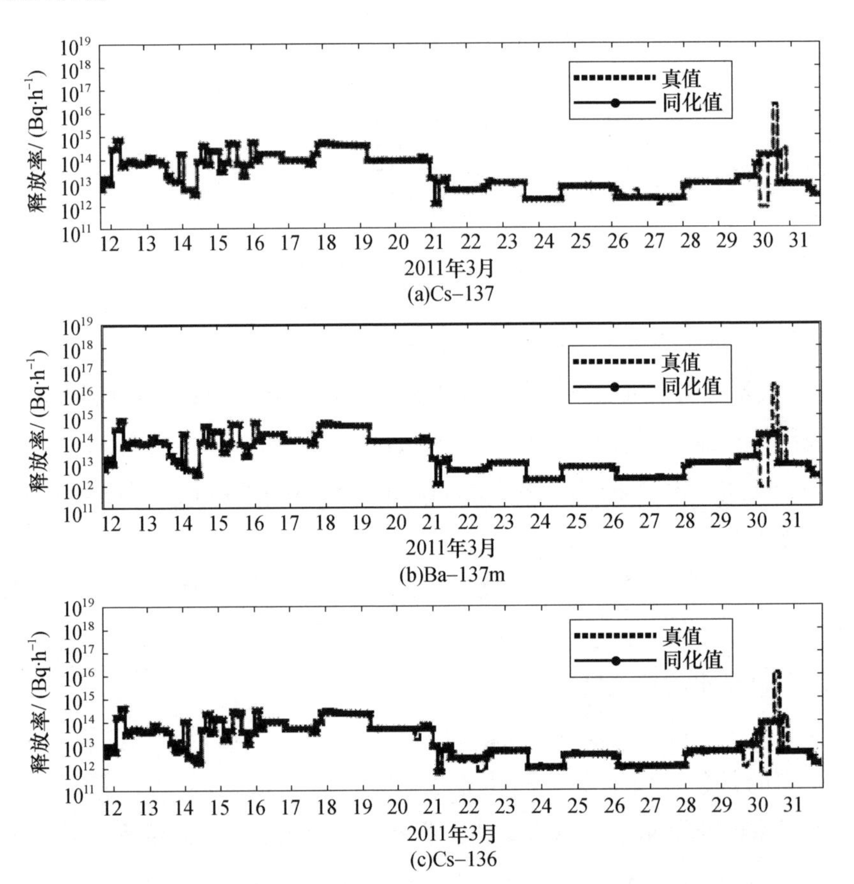

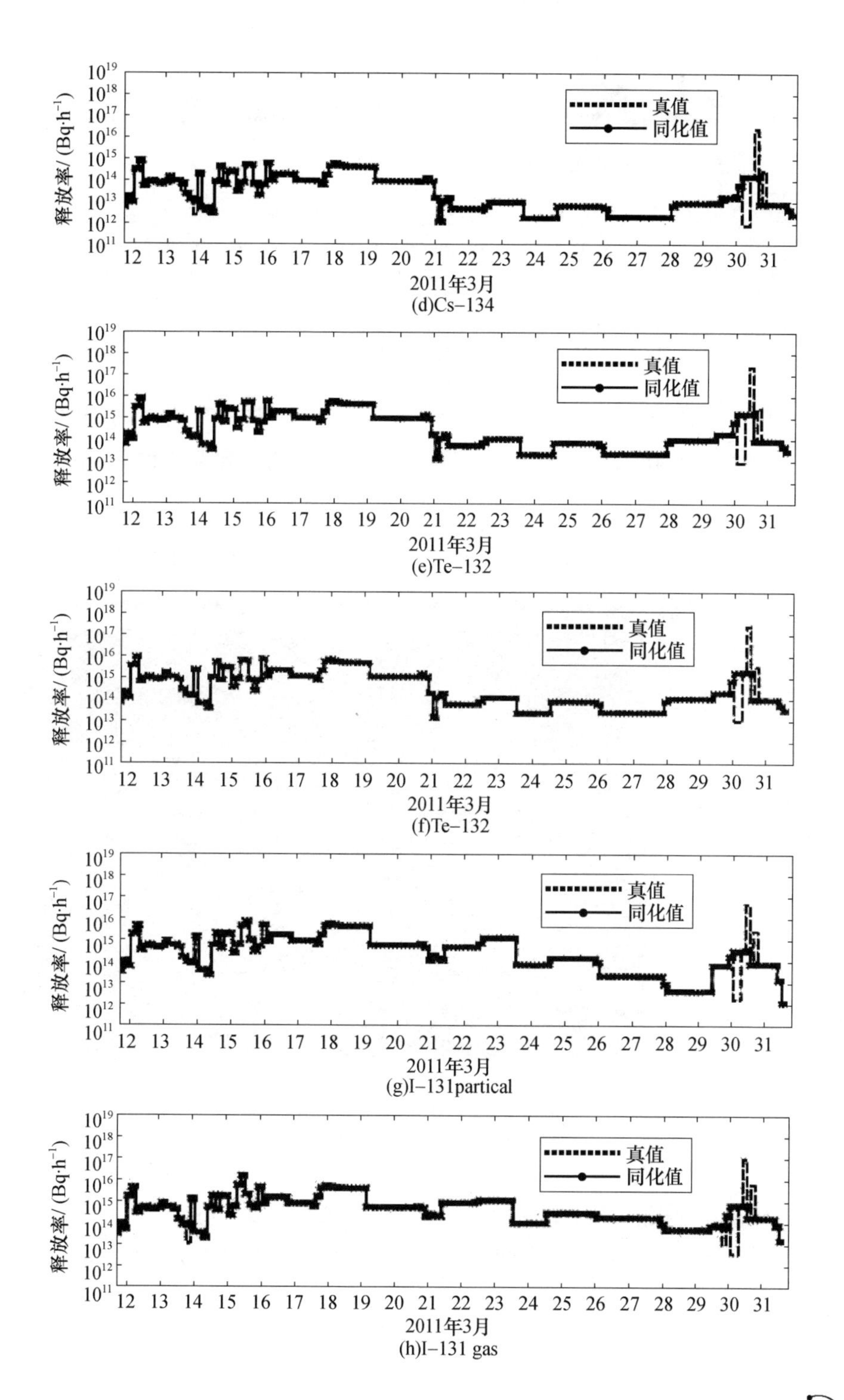

(d)Cs-134

(e)Te-132

(f)Te-132

(g)I-131partical

(h)I-131 gas

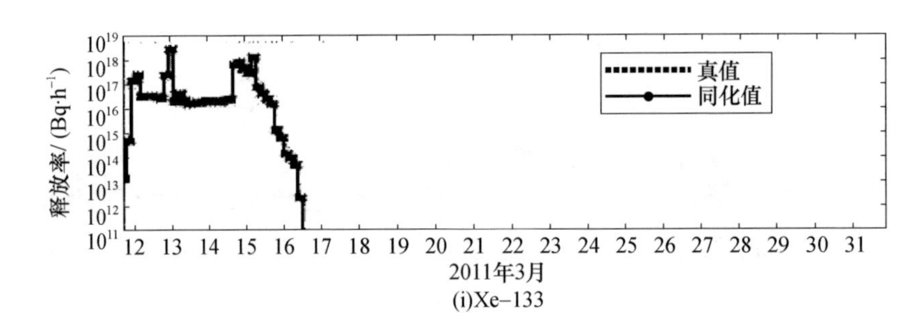

(i)Xe−133

图 6.13　利用剂量率反演多核素释放率孪生实验结果

辐射监测数据由美国能源部于 2011 年 3 月 17 日至 2011 年 3 月 19 日航测得到，此次航测采用 C－12 小型飞机，主要监测福岛第一核电站 80km 范围内距离地面高度 1m 的 γ 空气剂量率，不包括福岛核电厂上空的监测，监测结果以 .kmz 文件的发布于美国能源部网站，导入谷歌地球后结果如图 6.14 所示。

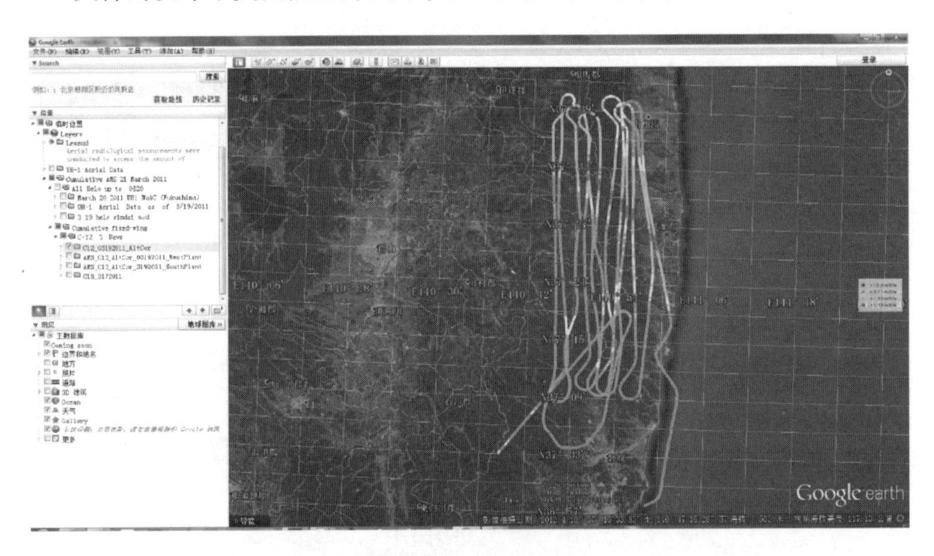

图 6.14　美国能源部航测地面空气剂量率数据(20110319)

经初步处理，共提取出 9764 个数据，按照 1：2、1：5、1：10 和 1：20 的比例进行稀疏化处理后，用于辐射场同化实验，结果如图 6.15 所示。

实验结果与后期利用大量监测数据拟合生成的辐射场结果较为一致，说明数据同化进行二维的辐射场预测评估是完全可行的。

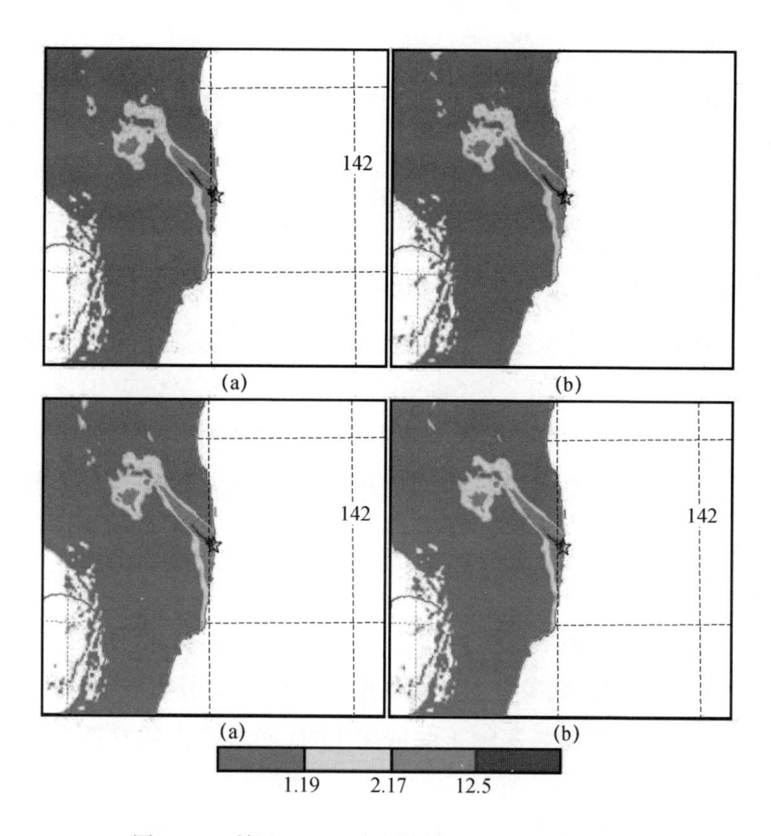

图6.15 利用USDOE航测数据的辐射场同化结果

6.5 核事故后果评价系统运用范例

一般来说,在事故后的前几周,各种各样的不利因素在制约着辐射污染扩散的模拟,包括源项和释放率的不确定性、释放次数和持续时间部分未知、气象场的快速变化以及核电站周围的复杂地形。

福岛核事故发生时,日本的SPEEDI(System for Prediction of Environmental Emergency Dose Information)并没有达到日本当局的期望。根据事后报告和规定,将SPEEDI切换到应急响应模式,SPEEDI利用从反应堆设施中获取到的源项信息及提供的气象数据和当地地形数据展开预测。然而,本应提供源项信息的传感器网络遭到严重破坏,没有数据。在这种情况下,设置了各种可能的情景为 SPEEDI 提供模拟的源项信息，SPEEDI 随之开始预测。

随着监测力量的投入，越来越多的测量数据可用，此时，大气扩散模式就相应调整到源项估计中。源项估计分为 3 步：

第一步，确保获取到的监测数据的质量；

第二步，确定参数设置；

第三步，根据实测数据优化模拟结果。

在事故早期，由于模拟结果与实测数据存在较大偏差，而且对于模拟结果的使用没有清晰的责任界定，没有将模拟结果共享。保守起见，日本政府也没有依据 SPEEDI 的模拟结果采取防护措施和确定疏散区域。

另外，在应急响应中，可以通过设置参数和气象场利用大气扩散模式给出保守的预测结果。例如，在源项估计时，根据其不确定度取最大值。美国就根据其模式预报结果建议位于距福岛核电站 80km 范围的美国公民采取屏蔽和撤离措施。事后，美国承认这个估计过于保守，但是考虑到种种不确定性，这却是负责任的建议。气象数据也可以根据影响人数最多的情景进行假设。当然，这些假定很有可能与实际扩散情况不符，随着事态的发展应及时加以调整。

福岛核电站核事故释放的放射性物质造成了大面积的辐射污染，引起了全球的广泛关注，业内人士分别利用其大气扩散模式对这一事故进行了研究。根据不同扩散模式的模拟，释放到大气中的 Cs－137 的总量的结果很不一致，分布在 9～37PBq。这表明，模式模拟存在很大的不确定性，其原因主要来自由断电引起的监测站失效导致的辐射监测数据和气象数据的不足，以及来自模式本身和反演方案的误差。

鉴于此，日本科学理事会(Science Council of Japan，SCJ)于 2012 年 7 月成立了一个工作组，向全球范围内的同行和团队征求模式模拟结果，以对其进行比较分析。到 2014 年 9 月，工作组发布了研究报告，比较了对上述征求做出回应的模式模拟结果，包括 9 个区域大气模式、6 个全球模式和 11 个海洋模式。由于区域大气模式与核事故应急响应关系较密切，能够反映区域气象场和地形的影响，这里只引用这 9 个区域大气模式(表 6.19)的模拟结果。

表 6.19 参与比较的区域模式

研究机构	模式	水平分辨率	网格数	层数	模式类型
CEREA	WRF/Polyphemus	约 4km	270×260	15	欧拉
CRIEPI	WRF/CAMx	5km	190×180	30	欧拉
IRSN	JMA/ldX	约 10km	301×201	11	欧拉
JAEA	MM5/GEARN	3km	227×317	28	拉格朗日
JAMSTEC	WRF - Chem	3km	249×249	34	欧拉
JMA - MRI	NHM - LETKF - Chem	3km	213×257	19	欧拉
JMA	NHM/RATM	约 5km	601×401	50	拉格朗日
NIES	WRF/CMAQ	3km	237×237	34	欧拉
SNU	ETM	27km	164×119	25	欧拉

以上模型都覆盖了日本东部，都试图通过模拟还原 2011 年 3 月至 4 月期间放射性物质的局部传输与沉降过程，模拟的区域如图 6.16 所示。图中没有给出首尔大学(Seoul National University,SNU)的模式，因为其模拟区域覆盖东亚，分辨率也比其他 8 个模式大得多(表 6.19)。

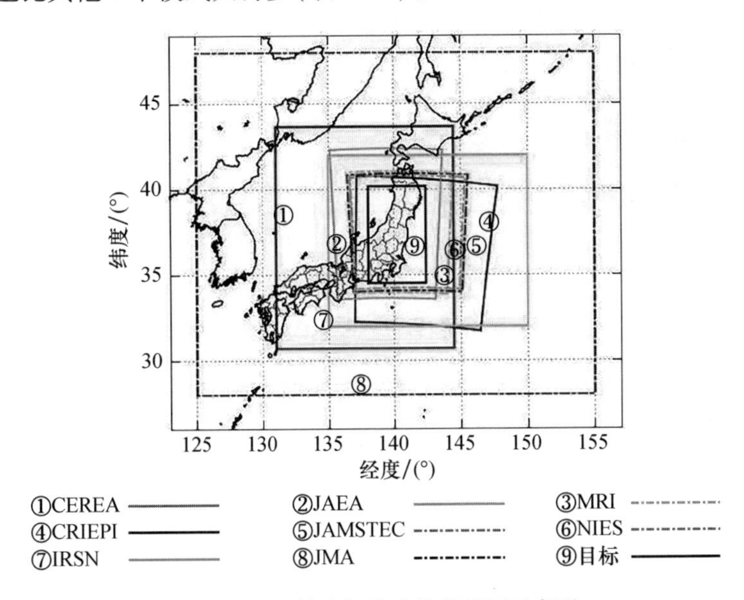

图 6.16 区域大气模式模拟范围示意图

为了便于比较，从上述 8 个区域模式共同覆盖的区域中选择东经 138.0°～142.5°、北纬 34.5°～40.5°的区域为比较范围。将模式模拟结果在以上区域内插值,最终分辨率统一为0.1°×0.1°,模拟时间也选择交叉部分即2011年3月12日零时到2011年4月1日零时。

比较结果表明:

(1)气象场在放射性沉降中起着重要作用,不同的模式参数设置可能导致模拟结果的较大差异;

(2)2011年3月15日的降水对最终的沉积结果有重要影响;

(3)集合均值可能会改善累积沉积的结果(图6.17)。

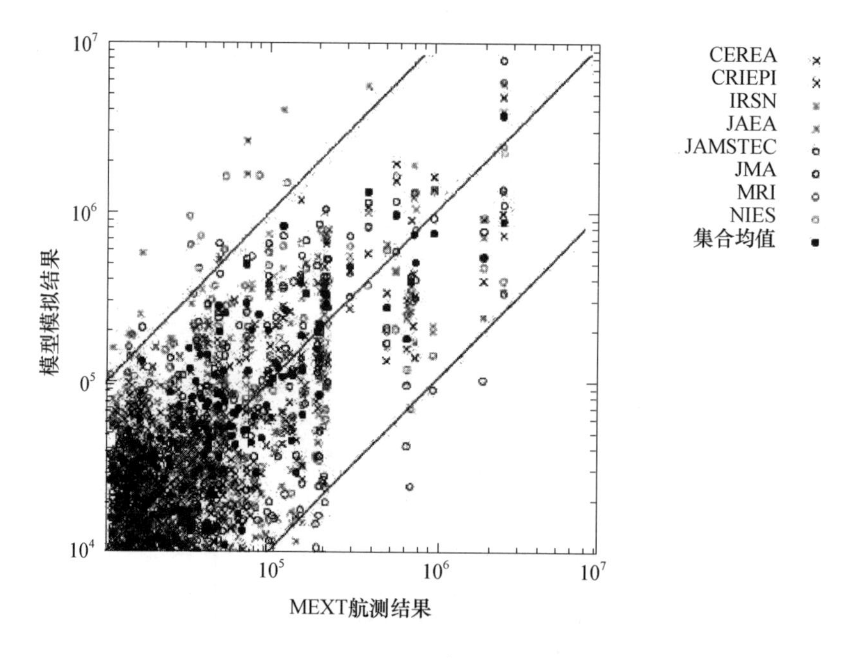

图6.17　2011年4月1日0时^{137}Cs的累积沉积浓度散点图

第 7 章

核事故应急辐射监测

7.1 概述

7.1.1 应急辐射监测目的与分类

1. 应急辐射监测概念

核辐射监测是指探测核爆炸或核事故的核辐射,以及其他放射性物质的测量,并评估其核辐射效应的活动。核辐射监测用来评价和控制核辐射或放射性物质对人员和环境造成的辐照损伤,包括监测计划制定、测量及对测量结果的分析和评价等内容。核事故应急辐射监测隶属于核辐射监测,是指在核事故情况下,及时、有效地对事故带给环境与公众的辐射后果进行的监测。

2. 应急辐射监测目的

在核事故应急处置过程中,如果仅仅通过对事故的预测和采用剂量计算模式估算事故所造成的放射性水平,那将会是不够的、片面的,甚至会得出错误的处置方法。因此,只有通过对事故所释放的放射性进行准确而全面的测量和分析,才能对下一步的防护行动做出准确的决策,也才能对事故的后果进行准确的评价。

从总体上讲,核事故应急辐射监测的目的可以概括如下。

(1)为事故分级提供信息。

(2)提供有关事故所造成的辐照与污染水平、范围、持续时间等数据,以便为决策者根据操作干预水平(OIL)采取防护行动和进行干预提供帮助。

(3)为应急工作人员防护提供信息。

(4)验证补救措施(如污染消除)的效能,为防止污染扩散提供支持。

由于事故类型、事故阶段以及关注的问题不同,上述目的也可以有一些不同的侧重。

3. 应急辐射监测分类

核事故应急辐射监测按监测对象可分为环境应急监测和人员应急监测两类。

1)环境应急监测

环境应急监测是指发生核事故对核设施周围计划范围内的环境辐射水平和放射性污染程度等进行的应急测量与分析。监测内容通常包括放射性烟羽特性测量,来自烟羽的β、γ外照射剂量率,地面辐射水平,空气放射性污染浓度及核素分析,建筑物、公共场所、土壤、水域及其生物链途径的污染水平及核素分析等。

环境应急监测可按下列不同分类方法进行分类。

按测量前是否需要取样,环境应急监测可分为就地监测和实验室监测。就地监测是指在现场直接进行测量和分析的辐射监测方法,它既可用于测量辐射场的特性,如辐射场的剂量率及其随时间和空间的变化规律,也可用于核素分析并确定其大致的比活度。实验室监测是指在野外取样后到实验室进行测量和分析的辐射监测方法。其实验室应具备以下功能:对环境样品进行预处理并保存;进行放化分析和谱分析;测量核素的总活度;对简单仪器进行刻度和维护等。

按监测方式,环境应急监测可分为固定监测、空中监测、徒步监测、车载监测、船(舰)载监测、实验室分析测定等。

2)人员应急监测

人员应急监测是指在核事故时,对应急工作人员和有代表性的公众成员的受照剂量及污染情况的测量与分析,一般包括外照射剂量监测、内照射监测和体表污染监测等。

7.1.2 应急辐射监测任务与内容

核事故发展的不同时间阶段,其辐射特性、照射途径,以及采取保护公众的干预措施都有所不同,因此,应急辐射监测的目的、任务和内容在事故的早期、中期和晚期也不尽相同,各有侧重,但这种划分也只是相对的,不同阶段的任务之间会有交叉或重叠。

1. 早期应急辐射监测任务和内容

在事故早期,要达到充分和可靠的环境监测往往是困难的,但即使这样,也应尽可能获得一些场外监测的实际数据。其目的是通过烟羽监测及在离释放点不太远的距离范围内的某些测量,对污染扩散模型的推算结果进行某些验证和修正,防止在某些关键地点模式计算误差太大,以便提高早期干预决策的置信度。因此,其主要任务是尽可能多地获得以下数据:①烟羽特性,包括烟羽的位置、尺度和方向,放射性浓度和核素组成随时间和空间的变化规律;②来自烟羽和地面的 β-γ 和 γ 外照射剂量率;③空气中放射性气体、易挥发污染物和微尘的浓度,以及其中主要的放射性核素组成;④烟羽应急区撤离人员与物品的表面污染浓度等。

2. 中期应急辐射监测任务和内容

在事故中期,应急辐射监测是应急处置的关键环节。其目的是通过对污染范围、辐射水平和性质的测量与分析,评价早期所采取的干预决策是否适当和充分,是否还要采取进一步的干预措施来降低对公众的照射,以及何时解除已采取的干预措施。因此,其主要任务和内容是:①对地面进行车载或航空 γ 辐射巡测,以确定广大食入应急计划区的热线、热点,指导对大面积土壤、食物、水源等的筛选取样;②对近地面空气、水源、新鲜牛奶进行取样,并对其总 β(γ)、总 α 与关键核素(I、Cs、Sr)的放射性浓度进行测量及核素分析;③对新鲜的蔬菜、水果、谷物、牧草、水产品等食物进行取样,并对其总 β(γ)、总 α 与关键核素(I、Cs、Sr)的放射性比活度进行测量及核素分析等。

3. 晚期应急辐射监测任务和内容

在事故晚期,应急辐射监测的目的不再只是对某些模式的计算结果进行验证,而是要对整个核事故区域内的辐射状况进行测定,监测范围可能会扩大到核设施运行前本底调查时的范围甚至更大,以便尽可能多地了解由烟羽及其沉降所造成的剂量场和地面污染的水平、性质及范围。监测数据一方面是为开展恢复活动不断提供技术依据,另一方面是为预计环境污染的远期后果的模式和参数化提供数据。其监测任务和内容与事故中期差不多,但对地面剂量及污染水平的分布监测,尤其是对食物链的取样和监测,都应当从地域和详细程度上加以扩展。

7.1.3 应急辐射监测系统与设备

射线是看不见、摸不着、嗅不到的,只能用专门的仪器才能探测到,因此,核事故应急辐射监测必须依赖于专门的监测系统与设备。

1. 固定监测站(网)

固定式辐射监测站是获取应急监测数据的重要途径。通常开设在较平坦的、远离树木或其他构筑物的地点,并且能代表该区域内放射性沉降的普遍情况。各站点内应设置以下仪器设备:连续监测剂量率的仪器(所用的探测器可为 G-M 计数管、高压电离室、NaI(Tl)探测器等)、空气取样装置(收集微尘、碘等)、雨水收集器、大气沉降盘、被动式剂量计(如热释光或胶片剂量计),以及气象观察设备(如风向风速仪、温湿度计等)。

由一定数量的辐射监测站点就能构建成一个监测网络,这些站点可以是永久设置(以用于常规监测),也可根据需要临时紧急设置,其直接测量结果通过有线或无线方式传到网络中心,进行汇总分析。

2. 空中监测系统

由于航空器飞行速度快,不受地形、路况等条件制约,因此,利用航空器(如轻型飞机、直升机或遥控无人机等)搭载辐射航测仪(如大体积 NaI(Tl)探测器或 PHGe 谱仪)、空气取样器,以及机上的设备,构建成空中辐射监测系统,能快速测量大面积范围内的辐射状况。用于事故情况下追踪和测量烟羽空间分布和扩展走向,并通过空中取样,监测烟羽核素组成随时间和空间的变化;通过对地面 γ 辐射水平的测量与核素分析,监测地面污染情况或污染物。

航空测量虽然快速,但通常受飞行高度、地形地貌,以及地面土壤或水域中的实际污染分布不确定性等的影响,导致其对地面(或水域)污染情况监测时会带来一定的偏差。为提高航测的准确度,最好利用地面(或水域)取样的结果对航空测量结果进行交互刻度。

3. 地面(水域)移动监测系统

地面(水域)移动监测系统是利用陆上(或海上)的辐射监测车(或舰船),或移动实验室,在发生大气释放事故以后,对地面(或海面、海水)进行辐射巡测或现场快速分析最有效的工具。

辐射监测车(或舰船)所搭载的设备主要包括β/γ剂量率仪(含低、中、高3个量级,能开窗时测量β+γ的辐射数据,关窗时测量γ的辐射数据)、α/β/γ表面污染检查仪、取样设备(能收集大体积空气、食物、水、植被等环境样品)、定位和通信设备、个人防护器材(含呼吸道防护、皮肤防护器材和个人剂量计),以及照明、标识、地图等;移动实验室搭载设备包括γ谱仪、总γ/β计数器、液闪烁及其他探测系统等,其设备的配置和功能通常均优于辐射监测车(或舰船)。

4. 固定监测实验室

固定监测实验室作为各种样品进一步分析测量的基地,所拥有的仪器设备虽然可以有所区别,但通常应具备以下功能:各种环境样品的前处理和保存,核素的放化分析、活度测量和谱分析,个人剂量计的测读与管理,测量数据的维护与管理,简单仪器设备的维护等。为满足这些功能的要求,平时应制定好各种质量保证措施,确定各种分析和测量标准,以确保测量数据和分析结果的可靠性和权威性。

7.2 应急辐射监测的主要方法

利用上述的应急辐射监测系统与设备,遂行事故不同阶段的应急辐射监测任务,其所采用的方法和步骤也不尽相同。按照监测对象不同,可以将核事故应急辐射监测的主要方法分为烟羽监测、地面(水域)沉积监测、表面污染监测、环境样品测量与分析、个人辐射监测等。

7.2.1 烟羽监测

在核事故早期,当放射性物质向大气泄漏时,放射性烟羽将向下风方向漂移并逐渐沉降到地面(或水域),形成污染区。因此,应及时对烟羽进行横向和循迹测量，以确定烟羽的边界，为后续确定地面(水域)沾染区的范围提供技术数据。其监测方法可分为车载(或舰船)监测和航空监测两种，其中应以航空监测方法为主。这些监测方法都是基于对剂量率的测定。

1. 车载(或舰船)监测

出发前，应根据模式计算结果，确定大致的行进路线。在向污染区行进过程中，使用灵敏度高的车载(或舰船)设备或便携式仪器，测量车外的辐射剂量率。当所测剂量率达到或超过5倍本底水平时，说明该地已受到放射性污染，应下车进一步对烟羽进行横向循迹测量。

测量地点确定后，使用合适仪器首先在腰部位置(离地约1m)，仪器探头窗口朝上，分别进行开窗($\beta+\gamma$)测量和关窗(γ)测量，然后在同一地点对靠近地表处(离地约3cm)，仪器探头窗口朝下，分别进行开窗($\beta+\gamma$)测量和关窗(γ)测量。注意：二者测量的必须为同一核物理量。将测量读数与表7.1中的数据进行比较，就可以确定烟羽是在高空，还是在地面，或者已经过去。

表7.1　不同测量结果与烟羽位置的关系

腰部测量值	地面测量值	烟羽位置
开窗　关窗	开窗　关窗	
$\beta+\gamma\approx\gamma$	$\beta+\gamma\approx\gamma$	在高空
$\beta+\gamma>\gamma$	$\beta+\gamma>\gamma$	在地面
$\beta+\gamma\approx\gamma$	$\beta+\gamma>\gamma$	已过去(地面污染)

注意：应定期对车辆或舰船(尤其是发动机的过滤器和空调器)和人员进行污染测量，并做好记录；每次完成任务后，要按程序对人员及设备进行污染检查。

2. 航空监测

1)航测路线选择

小风或无风时，烟羽主要在释放点周围弥散，分布比较均匀，无明显方向性。因此，飞行路线一般以堆心或特定目标(厂区)为中心作圆周飞行，也可穿越监测点作花瓣式飞行。飞行航线示意图如图7.1所示。

由于受风情影响，一般情况下，烟羽区都呈带状、扇形等。为查明其边界、热线及走向，一般垂直于热线走向作S状飞行，其飞行间距为300m。热线的概略走向，可根据风情来判定。其飞行航线示意图如图7.2所示。

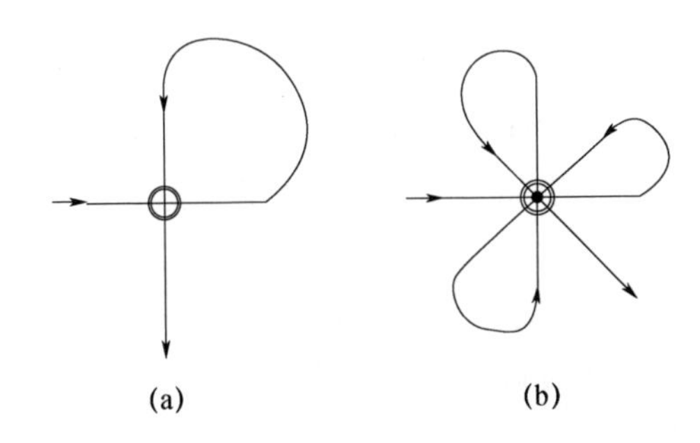

图7.1 特定目标(厂区)巡测的航测路线示意图

(a)十字形;(b)花瓣形。

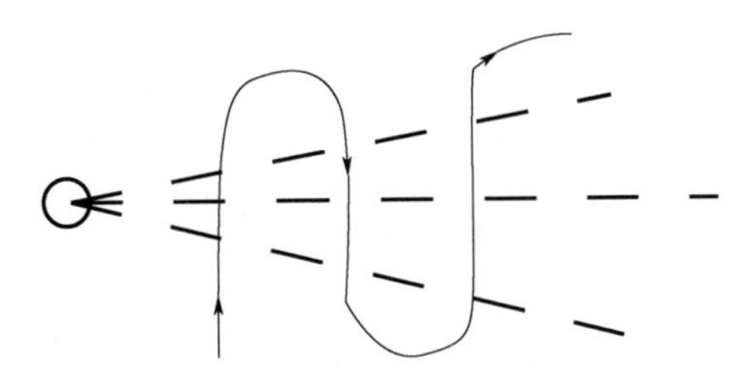

图7.2 烟羽区巡测的航测路线示意图

2)测量方法

如果利用直升机进行航空监测时,当抵达待测空域的某个测量点后,应将飞行高度控制在90~120m,旋停作业。使用合适仪器分别进行开窗($\beta+\gamma$)测量和关窗(γ)测量。如果开窗测量值($\beta+\gamma$)大于关窗测量值(γ),说明此处正处于放射性烟羽中;如果开窗测量值($\beta+\gamma$)约为关窗测量值(γ)且大于3倍本底值,说明烟羽已漂移过此处。

3. 注意事项

(1)测量点的选择应具有代表性,能反映该地点周围的辐射水平,如陆上测量时应避免高压电线、变电器,应选择平坦的、远离树木或其他构筑物的地点。

(2)出发前除采取个人防护措施和设置直读式剂量计报警阈值外,还应用塑料布对测量仪器进行包裹,但在测量时应解除探测器窗口的包裹(测量γ数据则可不解除)。

(3)测量时应尽可能在停止间进行。如果时间紧急,可以采用行进间测量,但应放慢速度。车辆行进速度应保持在20~30km/h;舰船航行速度应保持在10~15节;直升机飞行速度应保持在60~150km/h。

(4)应对每个测量点进行详细的记录。除辐射测量数据外,还应同时记录以下数据:车载(或舰船)监测的测量时间、测量地点;航空监测的测量高度、飞行速度、经纬度坐标、测量时间。同时将每组数据通过有线或无线方式传到指挥控制中心。

7.2.2 地面(水域)沉积监测

在事故早中期,放射性烟羽在下风方向漂移并逐渐沉降到地面,地面辐射场随时间的延长而逐渐变大;在事故晚期,随着沉降到地面的放射性物质不断衰变,地面辐射场又逐渐变小,因此,在应急处置过程中,应按一定频度对污染区反复进行巡测,以及时监测地面辐射水平和核素组成,既能用于对烟羽轨迹和地面辐射场分布进行重建,也能为防护行动和应急干预措施(如避迁、食物限制等)提供意见建议,还能确定降水(降雨或降雪)区所形成的“热点”位置。所谓地面辐射水平,是指距离地面 1m 高度处的 γ 剂量率值。

地面沉积监测主要包括地面辐射水平监测和核素组成分析两部分。监测地面辐射水平的方法可分为剂量计布设监测、车载(或舰船)监测、航空监测、就地 γ 能谱测量等,其中应以车载(或舰船)监测方法为主。核素组成的监测方法主要就是利用就地 γ 谱仪来进行测量和分析。

1. 剂量计布设监测

对于怀疑有烟羽沉积或可能将会受烟羽沉积的区域,可以选择适于环境监测的热释光剂量计(TLD),采用事先布设的方法,了解该区域内在一定时间内的累积剂量情况,以指导该区域内应急处置行动和措施。日本福岛核事故的定点监测,是采用设置监测站的形式实现的。在事故之初,日本在全国的 47 个县均设置了 1 个固定式监测站,后来增加到 250 个,这些监测站一直进行地面剂量率监测,监测结果通过网站每日公布。为了更精确地测量地面剂量率和累积剂量,日本在福岛县已有监测站的基础上,新增移动监测站,福岛县 59 个自治市达到 545 个,福岛县周边的县剂量监测点达到 130 个。

剂量计布设监测的主要方法和步骤为:

1)布设

到达指定地点后,选择一个开阔区域,将 2 个 TLD(事先应对其进行屏蔽防护)置于一个可密封的塑料袋内,将其固定在离地面约1.0m高度处,并使其面向烟羽投影区域污染源的中心,并记录放置时间、地点、编号,以及此时地面辐射水平值,同时将该布点在地图上进行标识,以便回收。

2)回收

根据地面辐射水平测量结果,估计所需放置时间。当到达该时间点后,应及时回收TLD。回收时,应采用合适的污染测量仪以监测TLD是否受到污染,同时应注意编号是否一致,然后再用一个干净的塑料袋将其封装后置于屏蔽箱内带回,并记录回收时间、编号等。

3)测量

用读出仪测定各TLD的累积剂量。

2. 车载(或舰船)监测

车载(或舰船)监测就是按照预案,沿指定道路行进,测量车载(或舰船)行进路线上的剂量率。尤其要测量出以下地点:2倍及10倍(约1μSv/h)本底的位置,以及由10μSv/h~1mSv/h的以10μSv/h为增量的每一个位置。注意:每个测量点应同时记录测量时间、测量地点和剂量率数值。

日本福岛核事故期间,在福岛第一核电站约100km范围内,主要使用KURAMA系统测量国道和县道的地面剂量率。测量流程如下。

(1)测量前,为了避免在机动中污染KURAMA系统的探头,将系统放置在测量车内,探头向后固定在后排座位右侧车门上方的把手上。

(2)对NaI(Tl)闪烁体测量仪进行校正。

(3)对车体削弱系数和测量高度进行修正。根据测量结果,修正系数使用1.3,剂量率低的地点得到的数据虽有点偏大,但为了保险起见,决定修正系数一律使用1.3。

(4)剂量率测量。测量车乘坐2名测量员和1名驾驶员,1名测量员负责操作和监视KURAMA,另1名测量员负责引路及与总部联系等。测量每10s自动进行1次(大约间隔100m)。以GPS显示时间前后1.5s测量值的平均值作为测量值。总部始终对测量车通过手机线路传来的数据进行监控,监视测量是否正常,指示及支援测量员选择最有效的测量线路。机动辐射巡测获取了大量的地面剂量率数据,第一次为2011年6月,测量距离40000km,约140000数据点;

第二次为2011年11月,测量距离70000km,约650000个数据点;第三次为2012年3月,约3500000数据点。

3. 航空监测

航空监测就是利用机载HPGe或NaI(Tl)探测器,监测地面辐射情况。其航线选择可以参照烟羽监测的,也可以是沿地面指定路线(如公路、铁路或河流等)。其测量方法是:利用直升机进行航空监测时,当抵达待测空域的某个测量点后,应将飞行高度控制在90~120m,旋停作业。然后收集此时的飞行高度、速度、坐标、测量时间等参数,同时应将其与相应的辐射测量数据一并储存。当测量任务结束后,应及时对测量数据进行分析。

数据分析首先是利用所备软件求出核素的净峰面积,判别核素种类。然后利用下式计算地面放射性核素浓度,即

$$C = \frac{10(N - N_b)}{t \cdot C_f \cdot P_\gamma \cdot \mathrm{SF}} \tag{7.1}$$

式中:C为被测核素地面污染面积活度,$\mathrm{kBq/m^2}$;N为能量E处峰内计数;N_b为能量E处峰内本底计数;t为有效测量时间,s;C_f为能量E处探测器标定因子(由相关程序计算获得),$\mathrm{cm^2}$;P_γ为E能量γ射线的分支比;SF为屏蔽因子(准确获取该值非常困难,在缺乏实测数据时,可近似由下式来推算),即

$$\mathrm{SF} = \mathrm{e}^{-\mu_x d_x}$$

式中:μ_x为给定γ光子的平均线减弱系数;d_x为γ射线穿过部件或材料的平均厚度。

日本福岛核事故期间,为了确认放射性物质的扩散,以及快速大范围地监测地面剂量率以及空气中的放射性浓度,从2011年4月6日起,动用多种机型的直升机和固定翼飞机,通过搭载大型高灵敏辐射仪进行了多批次空中辐射监测。空中辐射监测主要分为两个区域:福岛核电站80km内和80km外。测量间隔根据区域划分和地面剂量率采取不同的距离,如80km以内,避难指示区域的飞行间隔为0.6km、0.2μSv/h以上地域为0.9km、其他地域1.8km;80km以外,0.2μSv/h以上地域为1km、其他地域为3km。飞行高度根据机型不同,直升机飞行高度一般为100~300m,固定翼飞机飞行高度为1000~3000m。当时,采用了大量的无人机系统进行地面剂量率测量,主要基于以下考虑:可以对人员不

易到达的场所，如高剂量率、森林、田野等，进行快速准确定位。由于飞行高度一般为5~50m，低于300m，不受航空法的限制。无人机辐射侦察系统主要由无人机、测量、通信、数据接收与处理等分系统组成。该系统对部分污染地域消除前后进行测量，为掌握消除效果提供了很好的数据支持。

4. 就地γ能谱测量

就地γ能谱测量是在事故现场，利用NaI(TI)或HPGe探测器，收集来自半径为100m、深约为30cm的土壤样本的γ能谱，其特征峰用以确定沾染的放射性核素种类，峰强度转换为表面沾染的数据。

1)测量前的准备

出发前，选择半衰期较长、能量中等范围的γ发射点源(^{137}Cs发射的662keV射线比较合适)，将放射源放在探测器轴线上，距离探测器前表面10cm处，进行谱仪测量。测量时间设置为对感兴趣峰收集10000以上的计数所需时间，测量过程中注意观察谱和峰的形状。将测量结果与以前检验的结果进行比较，若差别控制在10%以内，则谱仪功能正常；若在限值之外，则检查系统的设置和调节。检查结果各方面没有显示不正常，则进行重复效率刻度。

2)测量

到达测量地点(放射性沉积后未遭破坏且不得在"热点"上)后，将探测器稳定地安装在测量支架上，并置于测量区域中间，探测器头朝下，距离地面约1.0m。连接谱仪和计算机的所有电缆后，分析人员离开探测器几米之外。如具有无线数据传输功能，测量时可以处于无人值守状态。图7.3所示为设备安放示意图。注意：图中为较低沾染水平的环境。如在较高的沾染区域，分析人员要穿个人防护服，设备也要采取一定的措施，以避免污染。

3)分析

通常情况下，可用内置峰面积进行快速评估。其特征峰在基准光谱和在感兴趣的区域标明。在某些谱仪的功能键设定好相关净峰面积、计数时间和$\boldsymbol{C}_f$的刻度因子，以便于实时读取数据。

对于对所测量的能谱的完整评估，往往是在撤离污染区后利用谱分析软件来进行，可利用自动寻峰的方法鉴别谱中出现的任何峰，从而确定核素种类，并利用式(7.1)计算地面放射性核素浓度。

图 7.3　就地 γ 谱仪无人值守测量状态示意图

7.2.3　表面污染监测

表面污染监测就是提供地区、物件、工具、设备及车辆等的受污染信息，用于作为启动防护行动、清污或去污操作的决策依据。

为了控制污染的程度，需要事先确定一种行动水平，即当污染水平超过它时，应当设法对被测对象进行去污处理，或者对某些物品或区域进行隔离以防止不必要的照射。这种行动水平值的确定往往由应急指挥部门来制定。因为它往往与所用污染监测仪的类型有关。例如，对于扁饼型探测仪（探测窗约为 $15cm^2$），应采用高出本底 300cpm 值作为行动水平；当某物品经过 2 次去污后，由于污染已经固定，已不可能被吸入、食入，或操作引起扩散，因此，如果检查读数在高出本底 1500cpm 以下时，该物品可以归还给物主。

表面污染监测可分为直接测量和间接测量两种方法。

1. 直接测量法

1）对地域或小件物品的测量

对待测的怀疑有污染的区域或物品，应针对其可能污染的核素种类，选择合适的具有辐射粒子报警声的污染监测仪，并在进入或接近前打开仪器，测量并记录本底辐射水平值。然后，以 30 ~ 50cm/s 的速度，从怀疑可能有污染的区域进行通过式测量或从污染区的外围向中心进行渐进式测量。当出现声响报警,并有明显读数出现时,等待一段时间,读取并记录下其平均值。

在监测过程中,应注意以下问题:①在测量严重沾染部位时,测量γ射线时探头距被测对象约2cm,测量α或β射线时探头距被测对象约0.5cm;②对怀疑有α或β射线的潮湿表面,应待其表面干燥后才能测量,因为潮湿表面可能屏蔽α射线,或进行取样分析;③测量完毕后,应记录以下数据:α、β+γ、β、γ的表面活度值,测量时间和地点,以及其他需要特殊说明的情况或问题。

2)对大型设备(以车辆为例)的测量

(1)为提高测量速度,可先用车辆门式沾染监测仪(闪烁体探测器)进行筛查。如发出报警声,再进行以下步骤。

(2)车辆外部的测量。采用β-γ测量法(同对地域或小件物品的测量)对护栅、车轮、驾驶室外部等部位进行测量。

(3)车辆内部的测量。只有当车辆外部的表面污染水平处于或高于行动水平时才能对其内部进行测量。首先对空气滤清器的外表面进行总γ活度测量,如果其污染水平处于或高于行动水平,说明发动机内部可能已被污染,千万不得取出滤清器,而应将其隔离,待完成其他监测及去污操作后再做进一步评估。然后,对其他内部表面,如座椅、底板、扶手、方向盘等进行测量。

(4)车辆去污后的测量。对于受污染的车辆,在去污前应进行隔离。去污后应再次测量,如仍高于行动水平,应重新去污并再次测量。再次去污后如仍高于行动水平,但未达到行动水平的5倍时,可用擦拭法验证是否为固定污染,如确实不存在可移除的污染,车辆可以放行。

注意:在整个测量过程中,测量员和监测仪器不得接触被测对象,测量员应采取防尘和剂量控制措施。

2. 擦拭测量法

1)擦拭取样

用直接测量法确定一个有代表性的取样区域(约10cm×10cm),注意取样部位应当尽量选取平整、光滑的稳定表面。如为粗糙表面,应将测量结果乘以10。然后,戴防护手套用擦拭片在所选区域细心擦拭。注意不得用力过大,避免将擦拭片磨穿或使之卷曲。对擦拭片所可能去除下来的活度份额进行评估。

2）测量记录

采用直接测量法对擦拭片的污染水平进行测量，并将其换算成被测部位的实际污染水平。同时，记录取样位置、时间等。将擦拭样品保存在塑料袋中，连同测量数据一并上送。

7.2.4 环境样品测量与分析

由于现场应急辐射监测的仪器设备受机动性和要求快速监测等原因，其测量精度往往受到一定程度的限制；如对空气、食品等进行现场监测时，还会受到环境辐射的影响，因此，应对环境样品进行采集和预处理，在未受污染地域或实验室内进行精确测量，以尽快对事故后果的严重性及其范围做出科学评价。

1. 样品采集

1）采样顺序

在应急辐射监测时，不得像常规取样那样按部就班，全面铺开，而应做到轻重缓急，要根据环境后果的可能大小合理安排采样顺序。一般来说，首先应对空气进行采样，以便确定烟羽的特性位置、走向及空气的污染程度；其次是对反映污染沉积程度的介质（如沉积盘、地表土等）取样；在事故中后期，主要是对食物链的取样，如水源、牛奶、农作物、水产品等。

2）采样点选择

采样点的选择，应根据事故特征和当时的环境气象条件确定。

取样位置的选择应考虑以下几种：①沿着核设施的围墙；②具有最大预期的地面沉积物或地表空气，尤其是居民区；③具有最大预期的场外几个位置。

为使采集的样品具有代表性和典型性，到达采样地域后，应在该区域有代表性的位置和更可能受污染的位置上采集。以体现代表性为例，要避开沟壑、树木和道路（公路、铁路）等，应选择平坦开阔的地形。河水应选择在水流中心、横断面流速最大处，当有排放水或支流汇入时，应选择其下游的离汇入点 10 倍河宽处。

日本福岛核事故期间，先后开展了 3 次大规模的环境土壤放射性分布状况调查。第一次分布状况调查时间为 2011 年 6 月至 11 月。详细调查了福岛县以及周边各县的地面剂量率、土壤等放射性物质分布情况。调查时，将距离福岛第一核电站 80km 的范围内分割成 2km 的方格，80～100km 的范围分割成 10km 的方格，并在每一个方格内选取一个调查点，选取 2183 个点。第二次分布状况调查时间为 2011 年 11 月至 2012 年 5 月。随着沾染消除的全面展开，为了取得更广范围的空间剂量率的详细数据，判断是否可以让居民返回家园，评价对居民的长期影响，分析放射性物质的分布。原子力机构将测定对象从高辐射区域扩展到剂量率 0.2μSv/h 以下的区域。将该区域分割成 5km 的单位网格，并把与此相连接的地区分割成 10km 的单位网格，每网格选择一个监测点，共 1016 个点。第三次分布状况等调查时间为 2012 年 6 月至 2013 年 3 月。为了提供可靠的地面剂量率分布情况等数据，让居民早日重返家园，保证沾染消除工作顺利进行；同时，为制定修改完善长期计划提供信息。此次调查包括继续第二次调查中所实施的大规模环境调查以及限定对象区域的转移情况调查，另外，还着手如何正确预测放射性物质的分布以及地面剂量率的分布情况等。调查范围主要为福岛核电站 80km 内、80km 外存在污染状况重点调查区域、重点清除污染对象区域等，充分考虑到自治体的要求，使用便携式检测仪对该区域继续进行监测。为了更好地掌握海水中放射性物质的分布以及转换情况，日本投入了大量力量参加到海上辐射监测中，逐步扩大海洋监测范围，增加采集点数量。海水采集点由事故前的 10 个增加到 250 个，海底沉积土采样点最终达到了 170 个。

3）采样方法

（1）空气样品采集。将空气取样器安装在距地面约 1.0m 高处，抽取空气样 10min 以上（不同型号设备有区别），然后取出空气滤布并将其置于密封的塑料袋内。标注和记录采样地点、开始取样时间、取样结束时间、体积读数（或流率读数）等。最后应在采样点位置采集土壤样品，或进行地面辐射水平测量。

对空气中放射性碘的收集，不能采用滤布，而应采用活性炭或银沸石制作的过滤芯。

为避免车辆尾气对取样的影响，尽量不用车辆运转来为取样器供电，当不得不使用时，应将取样器置于远离车辆的上风方向进行。

（2）土壤样品采集。按要求选择好采样区域后，首先对采样区 10m 范围内的地面辐射水平进行测量并记录，然后在整个采样区内按一定的方式（图 7.4）

均匀布设采样点。在每个采样点取2cm以内的等量地表土,并混合均匀后,最后取1~2kg的土壤作为样品。

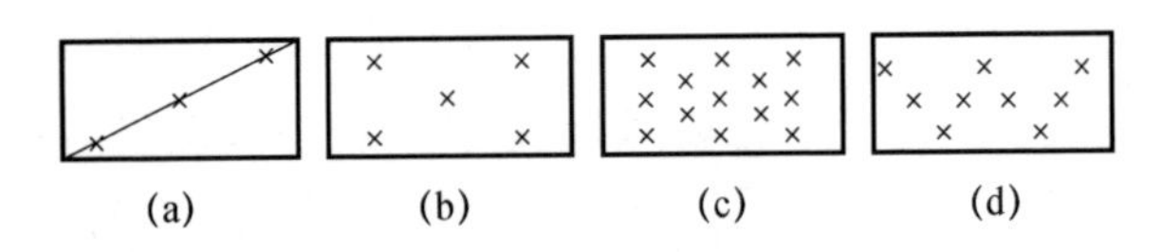

图7.4　土壤采样点布设方式

(a)对角线法;(b)梅花形法;(c)棋盘形法;(d)蛇形法。

如果土壤上覆盖有青草、杂草或其他有机作物,应贴地面剪除,并把它们作为植物样品来处置。如果是沉积后下的雪,应尽可能将雪铲除后取土样;如果是沉积前下的雪,则先采集雪样,再采集土样。

(3)生物样品采集。对蔬菜与粮食作物在收获季节采集时,应按图7.4中的梅花形或棋盘形布设采样点,采样后混合,鲜重在2kg以上。通常应采集植物的可食部位(根、茎、叶、果等),必要时,也可采集全株,如为水生植物必须采集全株。

对动物样品亦应采集可食部分,定期采集原奶汁。

2. 样品预处理

环境样品预处理的目的是缩小体积,减轻重量,破坏有机成分,使待测核素转入溶液体系中,以便于分离操作。其过程应确保待测核素不损失,尽可能地去除干扰组分,不引入新的干扰组分和杂质。

对于水样,为防止存放期间发生某些物理、化学及生物变化,可采用酸化、冷冻、添加适量载体或稳定剂等方法或措施实现;为抑制微生物繁殖,可加入适量的有机试剂。

对于土样,可先对其进行恒温烘烤、研磨过筛处理,并关注重量变化,以计算土壤的含水率;再采用浸取法提取其中的放射性核素,如含有某些不溶于酸的核素成分时,可用熔融法进行预处理。

对于生物样品,可采用干灰化法、湿灰化法、熔融法等进行预处理。

3. 样品活度测量

1)样品制备

对于空气滤膜样品,可直接用镊子将其从样品袋内取出,使沉积面朝上置于仪器测量盘上,并轻轻放平、压实。

对于水样(或其他液体,下同),应先对样品盘(如直径为 20cm 的不锈钢盘)称重,然后量取一定体积的水样置于样品盘中。再将样品盘中的水样蒸发至干使其为薄层样品,再次称重,得出水样残渣的质量和每升水样中的所含残渣质量。

2)测量

首先应在样品制备前,将测量盘置于测量铅室内,测量本底和效率(用^{241}Am作 α 刻度源;用$^{90}Sr-^{90}Y$ 作 β 刻度源),然后将空气滤膜或称取一定质量的水样残渣置于仪器铅室的测量盘内,测量时间为 20min(时间允许时可延长)。注意:每测量 10 个样品应重测一次本底和效率,并从已测样品中随机挑选一个样品重测。

3)活度计算

(1)空气总 α 和 β 的活度浓度。下式为空气总 α 和 β 的活度浓度的计算公式,即

$$C_G^i = \frac{N_i/t_i - N_b/t_b}{\varepsilon_i \cdot q \cdot V} \tag{7.2}$$

式中:C_G^i 为空气中总 α 或 β 的活度浓度,Bq/m^3;i 为 α 或 β;N_i 为样品计数;t_i 为样品测量时间,s;N_b 为本底计数;t_b 为本底测量时间,s;ε_i 为 α 或 β 的计数效率($\varepsilon_i = \frac{N_s}{t \cdot A_s}$,其中 s 为刻度源;A 为刻度源的活度);q 为滤膜的过滤效率;V 为空气样品的体积,m^3。

如果在 β 计数测量时样品中的 α 发射体所产生的 β 计数无法区分时,可由下式来计算总 β 的活度浓度,即

$$C_G^\beta = \frac{n_\beta - n_\alpha \cdot F_\alpha}{\varepsilon_\beta \cdot q \cdot V} \tag{7.3}$$

式中:n_β 为 β 测量时净 β 计数率(总计数率与本底计数率之差);n_α 为 α 测量时净 α 计数率(总计数率与本底计数率之差);F_α 为 α 交叉贡献因子(β 测量时的 α 计数与 α 测量时的 α 计数之比)。

(2)水样的总 α 和 β 的活度浓度。下式为薄样法测量水样总 α 和 β 的活

度浓度的计算公式,即

$$C_W^i = \frac{(n_i - n_b)\omega}{\eta_i \cdot m \cdot Y} \tag{7.4}$$

式中:C_W^i 为水样中总 α 或 β 的活度浓度,Bq/L;n_i 为水样测量时的 α 或 β 总计数率($n_i = N_i/t_i$),s^{-1};n_b 为本底计数率(含空白样),s^{-1};ω 为每升水样中残渣的质量,mg/L;η_i 为 α 或 β 活度的探测效率(含自吸收);m 为测量盘中水样残渣的质量,mg;Y 为制样回收率(由实验过程确定,$Y \leqslant 1$)。

4. 样品核素分析

样品核素分析与就地 γ 能谱分析相比较而言,主要就是实验条件更加优越,如本底的影响更小。因此,其测量过程相差不大,只是由于实验室分析相对于事故应急处置而言,在时间上一般可以加以放宽,这样为精确测量,可以适当延长测量时间。但是,样品的获取和制备也将成为制约测量精度的重要环节。

测量所得到的 γ 能谱图,可以利用谱分析软件进行自动寻峰、净峰面积计算、活度计算、比活度计算、核素识别、不确定度计算等分析,同时可进行图文打印。

对于一般样品,其各核素浓度(比活度)可根据下式计算,即

$$C = \frac{N - N_b}{t \cdot p_\gamma \cdot \varepsilon \cdot Q} \cdot e^{\frac{0.693 \cdot \Delta t}{T_{1/2}}} \tag{7.5}$$

式中:C 为核素的比活度或浓度;N 为能量 E 处峰内计数;N_b 为能量 E 处峰内本底计数;t 为有效测量时间,s;ε 为在给定几何条件下探测器对能量为 E 的 γ 射线的探测效率;p_γ 为 E 能量 γ 射线的分支比;Q 为样品的质量或体积;Δt 为从采样到测量的时间间隔,h;$T_{1/2}$ 为核素的半衰期,h。

但对于活性炭滤膜的 ^{131}I 空气样品,^{131}I 的活度浓度可根据下式近似计算,其计算精度为 ±20%,即

$$C_I = \frac{1}{\varepsilon \cdot q \cdot p_\gamma} \cdot \frac{N}{t \cdot V} \cdot e^{3.6\left(\Delta t + \frac{t_\gamma}{2}\right)} \tag{7.6}$$

式中:C_I 为采样时间中点空气样品中 ^{131}I 的活度浓度,Bq/m^3;t_γ 为采样时间,h;q 为活性炭滤膜对 ^{131}I 的吸收系数;V 为通过活性炭滤膜的空气体积,m^3。

5. 样品管理

对样品的管理必须严格科学，因为应急情况下采集的样品，其活度水平往往比较高，样品之间的活度水平又可能差别很大。在样品管理工作中应关注以下几点。

（1）严防样品对环境、实验设备设施及人员的污染，还要严防样品之间的交叉污染。首先，应对实验室进行分区，应急样品必须在划定的监测区域内处理、测量和保存；其次，必须通过初步监测，先对样品进行活度量级分类，然后采取相应措施进行分类存放、测量和保存。

（2）密切关注某些样品之间的相关性，如同一地点的空气和土壤样品，同一居民区的饮用水、牛羊奶、家作物及水产品等，必须精心计划和组织，注重过程管理。

7.2.5 个人辐射监测

对于应急人员来说，在污染区内执行任务，必须密切关注自身所受的 γ 外照射累积剂量；对于从事故现场撤出的人员（应急人员和公众），应该对其在去污前后的皮肤和服装污染情况进行监测，并监测人员甲状腺吸收的放射性碘量。

1. 外照射个人剂量监测

外照射个人剂量监测就是利用个人剂量仪监测其在污染区内活动所受的 γ 外照射累积剂量。这种监测主要是针对应急人员，对一般公众较难实现。

应急人员一般需佩戴 2 种个人剂量计。一种是热释光剂量计，要求在应急响应的全过程中佩戴，以监测个人在整个应急处置期间所受外照射伤害情况。但这种剂量计不能直接读取测量结果，而且没有报警功能；另一种是直读式个人剂量计，一般用于进入污染区执行某项任务时佩戴，这种剂量计同时具有声光报警功能，能随时监测自身所受的 γ 或 γ/n 外照射累积剂量情况。

直读式个人剂量计监测个人剂量的方法和步骤如下。

（1）按预先确定的剂量限值设置报警阈值。

（2）将其置于密封的塑料袋内，然后别在或夹在个人防护服内胸前口袋位置。

（3）当发现超阈值报警时，应迅速向上级汇报，以确定是否撤离作业区。

2. 甲状腺(碘)剂量监测

对撤出污染区的人员,如怀疑受到放射性碘污染,就应对其甲状腺进行剂量监测。测量前应用塑料薄膜或薄丝纸包裹好 NaI(Tl)探头,然后将探头接近(亦可接触)脖颈正面,在喉结与环状软骨之间进行测量。若测量的读数高于“正常”本底读数,则其可能已吸入放射性碘。如被测人员未服用碘片,应立即追服,并送合适医疗机构做进一步检查。有时可能测量值为负,这说明被测人员未受放射性碘污染。

日本福岛核事故期间,2011 年 3 月 24 日至 30 日,受原子力安全委员会的请求,原子力灾害现地对策本部对岩木市、川俣町、饭馆村共计 1149 名婴幼儿进行了简单的甲状腺检测。检测结果:除 66 人由于测定场所的辐射量稍高造成无法得到相应结果、3 人年龄不明外,其余 1080 名均在原子力安全委员会制定的筛选水平的 0.2μSv/h(相当于 1 岁婴儿的甲状腺放射量约 100mSv)以下,结果如图 7.5 所示。2013 年 11 月,福岛县政府对发生事故时未满 18 岁少年实施了全甲状腺检查,结果发现福岛县年轻人的甲状腺癌发病率远远高于正常水准。截至 2014 年 2 月,福岛县被确诊患甲状腺癌的儿童达 33 人。福岛县计划对事故当时未满 18 岁的 36 万人进行终生甲状腺检查。

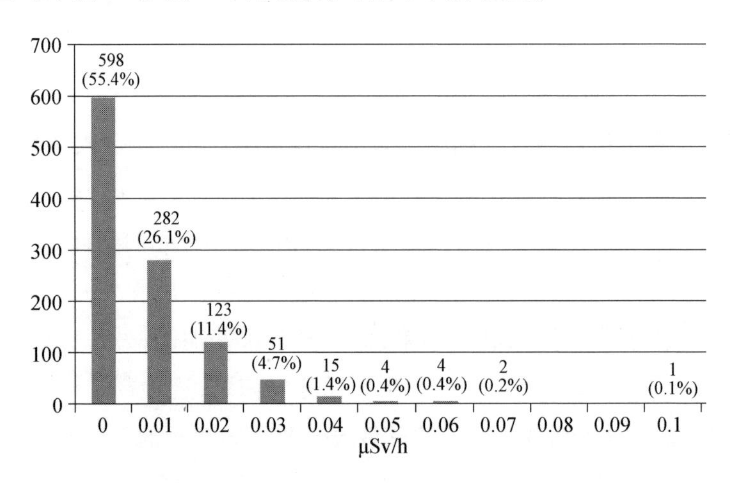

图 7.5　日本福岛核事故中婴幼儿甲状腺检测结果

3. 人员体表污染监测

如果撤出污染区的人员未受放射性碘污染,还应进行体表污染监测,即对其皮肤和服装进行污染检查。一般来说，这种监测应在撤离污染区时，在指定的污染控制或集合点进行。对于需要紧急医疗关注或可能被污染的人员，应当优先考虑其医疗处理的条件和方法，尤其应按标准的人员防护程序处理人员的伤口，将有助于污染控制。

对人员体表的污染监测，通常先用全身表面污染检查仪（如人员门式沾染检查仪）进行快速的筛查，然后，对筛查出的怀疑受到放射性污染的人员，再用与探测的污染特性相适应的便携式污染检查仪（探测窗面积最好在 $20cm^2$以上）进行部位和污染限值的确定与测量。其具体测量方法和步骤如下。

将探头置于体表约 1cm 以内的距离，但不得与其接触，按照首先对身体侧面一周，然后对身体正面和背面的测量顺序，以 5cm/s 的速度对其全身进行检查。当仪器的辐射粒子报警声突然变密时，应在其附近仔细测量。确定最严重污染部位后，将探头保持在距体表 0.5cm 以内，测量其表面污染情况。将测量结果与表面污染的通用操作干预水平值（表 7.2）进行比较，如果达到或超过表中所示值，说明该被测人员已受到放射性污染，应对其体表及服装进行污染消除（局部消除或全身淋浴）。注意：在整个测量过程中，检查员应尽量始终站在上风方向，以防止自身及探测仪器受到放射性污染。

表 7.2　皮肤和服装的通用操作干预水平

污染源	操作干预水平/(Bq/cm^2)
一般 β/γ 发射体	4
毒性较小的 α 发射体	4
毒性较大的 α 发射体	0.4

注：1. 用典型的手持式探测器需用几分钟时间，在紧急情况下，可将上述数值乘以 100，并要求未超过者，及时淋浴并更换干净服装；
2. 若探测器不能分辨 α 和 β，可在探测器窗口插入纸片，当发现其读数明显下降时，则说明受染对象有 α 发射体存在

受染人员在污染消除结束后，还应进行再次监测，以确认其消除是否彻底。

日本福岛核事故后，陆上自卫队第 12 化学防护小队在二本松开设洗消所，中央特殊武器防护队在川俣町体育馆、福岛县厅（相当于省政府）、福岛县医科

大学医院以及其他受染人员较多的地方分别开设洗消所。人员到达洗消所后,先要依据洗消去污标准进行体表放射性污染筛选,超标者进入洗消所全身淋浴。截止到2011年3月20日,共洗消人员2850人。其确定的人员去污洗消标准为:2011年3月13日,根据日本厚生劳动省派遣的放射医学专家、医生和来自国立放射线医学综合研究所、福岛医科大学的意见,福岛县确定了全身去污的筛选级别为10^5cpm(每分钟计数),如发现计数大于13000cpm但小于10^5cpm,通过擦拭进行部分去污。与此同时,3月19日,日本核安全委员会确定了去污的筛选标准为10^5cpm。根据IAEA辐射应急第一响应者手册,确定一般居民体表污染去污的筛选标准为1μSv/h(10cm处的剂量率)。

7.3 应急辐射监测的组织与程序

7.3.1 应急辐射监测方案的制定

1. 应急辐射监测方案制定的基本原则

应急辐射监测方案的制定,可以常规辐射监测方案为参考或基础,但不能以它为替代。其制定的基本原则包括以下几方面。

(1)与本单位辐射应急预案的具体类型和要求相适应。

(2)与常规辐射监测系统积极兼容。

(3)满足应急辐射监测的特殊要求。①与常规辐射监测兼容的中心实验室的选址,要与可能的事故释放源保持必要的距离,并尽量离开居民区;其内部设计上要及时实施人流、物流的“分区”和“分道”管理,以及通风模式的变更。②监测设备的设计和配置上,应在响应时间、测量对象或内容、测量量程、测量地点的可达性、备用电源保障,以及环境条件异常等方面能确保应对可能出现的超常情况与要求,并在能力上确保有充分的机动性和冗余性。③应对可能出现的取样和测量工作量异常增大、样品大量堆积、多种响应资源严重超负荷的情况,以及人员和技术力量严重短缺而需要支援的情况事先制定好应对措施。

2. 应急辐射监测方案的主要内容

应急辐射监测方案的主要内容应包括以下几方面。

(1)方案适用的场址或地域范围。

(2)设施概况、场址、社会和自然环境条件(居民点、交通和气象等)、事故可释放源项(核素、释放量等),以及应急预案中对各种防护措施(特别包括应急集合点、撤离路线等)的简单概述。

(3)应急辐射监测组织与职责,场内、外应急监测分工与协调。

(4)由常规辐射监测方案转入应急辐射监测方案的原则和条件。

(5)应急辐射监测能力(中心实验室等设施、固定网站、巡测装备仪器和设备、方法和其他资源;可包含兼容的常规辐射监测能力)的描述。

(6)应急辐射监测人员的培训。

(7)应急辐射监测人员的保护。

(8)应急辐射监测的数据传输和报告。

(9)应急辐射监测的仪器和装备的维护、校准与监测工作的质量保证。

(10)附件:应急辐射监测实施与管理所需的各种执行程序。

7.3.2　应急辐射监测的响应程序

由于事故的性质、影响范围和严重程度不同,往往监测组织的规模也不同,其应急响应的程序也会不完全相同。但总体来说,应急辐射监测的响应程序大致有以下几项内容。

1. 通知和动员(或待命)

(1)在宣布进入场区应急状态,或者当其他地方已发生放射性物质的事故性释放之后,所有指定的场外监测队将被启动,其他队成员应处于待命状态。

(2)已启动的监测队成员应按预案程序和要求携带必要的设备与器材到达预定地点集合,以听取关于应急状况和监测任务的行动指令。

(3)处于待命状态的队员也应准备好必要的设备和器材,完成其他响应准备,但仍然可以在与监测中心保持联系的情况下开展其他正常活动。

2. 集合和发布指令

监测队员在指定地点集合后,由队长或其他有关负责人做简单的情况介绍和发布指令，主要包括以下内容。

（1）关于事故的简略情况。

（2）目前情况的简单介绍，具体包括：①预期的辐射剂量率和潜在的污染危害；②已知的或预期的非辐射危害；③情况变好或变坏的可能性。

（3）对具体行动任务的解释，包括任何有待进一步完成的特殊监测或取样。

（4）执行本次任务所需监测装备和防护保障器材。

（5）执行本次任务的允许吸收剂量。

（6）出发时间、完成任务的时限及尔后的行动。

（7）与其他响应行动组织之间的协同和配合，包括各自的作用、行动地区和联系地点等。

3. 确定应急监测方案

受领任务后，监测队长通常应组织全组根据应急预案、应急监测方案，以及任务要求，充分考虑当前的情况和自身作业能力，研究确定适合本队行动的应急监测方案。例如，确定行进（或侦察）路线与方式、各监测点或测量点的位置、任务区分与人员分工、通信联络与数据传输的方法，并概略分析判断可能出现的情况及处置方案。

时间紧迫时，监测队长也可边组织向污染区机动边传达明确任务和方案。

4. 设备和器材准备与检查

各监测队及其成员在受领任务后，开始行动前，应重点做好以下工作，并尽可能做好详细记录。

（1）对照设备和器材的清单，清点和核对监测任务所需的设备与器材。

（2）请领和补充常用设备器材的消耗材料及某些特殊的设备器材。消耗材料如取样包装材料、空气监测（取样）的滤纸（布）、备用电源等；特殊设备器材如在可能有放射性碘释放时，要用活性炭或银沸石制作的过滤芯取代滤布等。

（3）每名队员对各自执行任务的监测设备和器材进行一次性能运行检验，并记录环境本底读数，然后用塑料布将其包裹好，以防止污染。

（4）对通信设备进行一次通信检验，包括组内通信、与监测中心通信等。

（5）对防护器材进行一次性能检查。

（6）对照地图，熟悉任务路线及其周围地形地物。事先应在地图做以下标

注:①以核设施为中心,标有 16 个方位角及不同距离的圆周;②重要的居民点、交通线;③巡测路线和监测点等。

(7)时间允许时可以进行必要的预演。

5. 应急辐射监测实施

参照 7.2 节相关内容,按照烟羽监测、地面沉积监测、表面污染监测、环境样品测量与分析、个人辐射监测等各类任务的具体监测方法组织实施。

在实施过程中,应及时将监测和取样等情况向监测中心报告,并注意采取和解除防护措施的时机。

6. 照射剂量控制

(1)每名队员在开始行动时,应佩戴好合适的个人防护装备和个人剂量计,并设置好直读式剂量计的测量参数,如累积剂量清零、剂量报警阈值设置等。为了尽可能减少照射,应尽量缩短在烟羽区和污染区内停留时间。

(2)定时察看和记录各自直读式剂量计的读数,以便对全身照射进行监测。

(3)当个人剂量超过低量程剂量计的测量上限(如 2mSv)时,应立刻向队长报告。

(4)一般来讲,对于每天超过 10mSv 照射剂量的行动,应经过特别批准。

(5)尽量不要在 1mSv/h 以上的区域停留,在 10mSv/h 以上的区域执行任务要倍加小心。禁止进入 100mSv/h 以上的区域,除非接到特别的指令。

7. 完成任务后的行动

(1)在撤离污染区时应进行受照剂量的登记和统计,所有人员和物品应进行污染检查和污染消除,达到许可水平后方可放行。

(2)迅速上报(或上送)监测结果(或样品)及其他需要特殊说明的情况或问题。

7.3.3 应急辐射监测数据的汇集与管理

应急辐射监测的数据通常量多、类杂。这些数据在接收时,同时还应记录其测量时间、地点、样品质量(或体积),以及有关事故情况的简单说明等。这些数据一般应要求按时间顺序进行记录,而且显示要快,不能落后于实时事件太久,同时,还应分类保存,以便快速查找和利用,如对监测的大量数据进行快速分析，并对不同参数做出比较，只有这样，才能为应急行动做出科学合理的决策，也不会对应急决策过程产生不利影响。数据的接收、记录、显示和分析能力必须保证能够为有关人员提供所需要的全部信息，同时又保证不会由于其他必要的外来信息的加入而发生系统过载。因此，应急辐射监测数据通常采用计算机化、网络化的系统来进行收集和管理。

来自自动环境监测网的数据通过网络自动传回中心；来自环境监测队的监测数据，通常利用无线电或电话定时或不定时地接收（目前也有实现网络传输的）。这些数据将通过各种终端最终汇入计算机数据库内，也可用一个绘图终端将其标绘到电子地图上。

所有应急辐射监测数据不仅具有技术意义，而且在法律上也是重要的。因此，在一次事故结束以后，应该对其进行综合整理。通常，应按以下的大致分类归纳存档：①β－γ外照射数据，还应包括辐射场能量组成和核素组成、不同时间的β和γ辐射场的剂量分布图等资料；②α－β－γ表面污染数据，还应包括根据现场测量和实验室测量获得的关于污染放射性的核素组成等资料；③α－β－γ空气污染数据，还应包括核素组成及粒径大小分布等资料；④环境样品数据，应当按样品类别（食物、水、农作物、动物产品、野生生物、土壤、沉积物、草等）、取样地点、取样时间等来分类，同时包括取样时的气候和其他情况的细节等资料；⑤个人剂量数据，应包括吸收剂量（根据户外放置、个人佩戴的剂量计或计算结果）、内照射水平（根据全身计数器或排泄物分析结果）、体表污染及污染消除情况等，同时应将应急人员和公众成员分别存档。

除应急辐射监测数据外，已测样品也应该全部或大部保存规定的时间，部分有意义的样品还可能需要长期保存，以供将来进一步分析或验证。

7.3.4 应急辐射监测的质量保证

为提高应急决策和事故后果评价的可信度，首先应做好应急监测的质量保证工作。这项工作应贯穿于应急准备和应急响应全过程，包括从组织管理、人员培训、操作规程、数据记录、取样制样，以及实验室的质量控制到数据的报告和审查等各个环节。

对于应急辐射监测的质量保证，可以参照国际上对核应急响应能力建设的相关管理要求。

(1)质量管理体系程序:程序编制与程序管理(QA-01)、内部监察和管理审查(QA-02)、工作人员资格鉴定和培训要求(QA-03)、缺陷和不符合项的管理(QA-04)。

(2)控制程序:正比计数器空气过滤器定标(QC-01)、正比计数器水样品定标(QC-02)、正比计数器质量控制核查(QC-03)、液体闪烁计数器的定标(QC-04)、液体闪烁计数器质量控制核查(QC-05)、γ谱仪能量标定(QC-06)、γ谱仪效率标定(QC-07)、γ谱仪质量控制核查(QC-08)、辐射监测的定标(QC-09)、质量控制核查(QC-10)、辐射监测质量控制核查(QC-11)、样品处置(QC-12)、设备控制与维护(QC-13)、数据记录系统(QC-14)、相互比较测量(QC-15)。

(3)取样程序:空气/土壤/牛奶/食品/牧草和水的应急取样(SA-01)、体内剂量测定取样(SA-02)、细胞发生剂量测定取样(SA-03)、体内生物测定的准备(SA-04)。

(4)样品制备程序:实验室γ谱仪的样品制备(PR-01)、实验室γ谱仪高活度样品制备(PR-02)、γ谱仪的应急样品制备(PR-03)、氚分析样品制备(PR-04)、α谱仪样品制备(PR-05)、β谱仪样品制备(PR-06)、组织病理学样品制备(PR-07)。

(5)巡测与测量程序:应急工作人员个人防护指南(ME-01)、个人剂量(ME-02)、现场幸存者辐射巡测(ME-03)、空气和水样品总α和β(ME-04)、丢失或失控源的探测/定位和鉴别(ME-05)、源的监测(ME-06)、航空巡测源的监测(ME-07)、地面污染监测(ME-08)、航空巡测对地面污染监测(ME-09)、路径监测(ME-10)、烟羽巡测(ME-11)、在移动辐射实验室中的γ谱仪(ME-12)、就地γ谱仪(ME-13)、快速甲状腺监测(ME-14)、氚分析(ME-15)、α谱仪(ME-16)、β谱仪(ME-17)、源恢复/放射性物质的去除(ME-18)、人员污染监测(ME-19)、对人员设备车辆去污的基本指令(ME-20)。

(6)评价程序:外照射剂量评价(As-01)、内照射剂量评价(As-02)、受照和/或受污染病人的评价(As-03)、绘图(As-04)、烟羽模拟(As-05)、测量精度评价(As－06)。

(7)设备核查:通用设备(EQ－01)、航空巡测(EQ－02)、辐射监测(EQ－03)、环境监测(EQ－04)、源搜寻/恢复(EQ－05)、评价与咨询(EQ－06)、医学支持(EQ－07)、公众健康防护(EQ－08)、生物剂量测定学(EQ－09)、内照射剂量评价(EQ－10)、生物样品分析(EQ－11)、组织病理学(EQ－12)、剂量重建(EQ－13)。

1. 人员素质保证

在质量保证体系中,人员素质是根本性的要素,包括监测人员的文化和技术基础水平保证、上岗培训、考核,做到持证上岗。在应急监测中,应急人员应技术熟练、富有经验,对于常规工作中的监测设备、样品采集和制备程序,以及样品分析程序和方法是熟悉的。同时,应急监测人员都必须针对非常规和应急情况下的监测进行专门的培训。在应急中不应该使用没有经验的人员和采用未经验证的技术。另外,即使熟悉监测技术的人员,还必须经过有关应急通信设备的使用培训,以及赴现场时的自我保护和正确使用个人防护器具的培训。

2. 仪器设备条件保证

用于应急辐射监测系统的仪器、器材、方法、软件等应符合其有关的国家、军用或专业标准的要求。仪器、器材必须具有高可靠性、牢固性、耐久性。车载、机载等仪器设备必须具有严格的抗震措施;仪器、器材、软件等必须随时保持战备(能迅速投入正常工作)状态,为此,应具有用于现场的完整的维护、检查、修理、校准与监测等规程;仪器的校准准确度应在95%置信度内达到相对固有误差不超过相关标准要求。此时,用于校准的次级标准约定真值准确度误差应在±5%(相应于仪器相对固有误差不超过±10%)和±10%(相应于仪器相对固有误差不超过±15%～±20%)以内;仪器的校准频度通常应不小于每年一次,并且仪器应具有检验源或监测本底辐射水平能力以保证可以经常检查仪器的正常工作性能。

每次事故监测之后,所有仪器均应进行一次去污和校准刻度。

3. 实验室条件保证

实验室环境条件应满足样品制备、分析测量和仪器设备存放要求,具备温湿度测量与控制、废物处理以及必要的安全措施。

4. 基本技术资料保证

基本技术资料主要包括国家和军队标准、仪器操作规程、作业指导书等。

仪器操作规程根据配备的设备型号编写，内容主要包括用途、性能、组成、主要技术参数、操作流程及注意事项。

作业指导书主要是指完成监测任务的具体实施方法，内容主要有适用范围、适用仪器设备、监测方法、结果处理、原始记录以及作业过程质量控制等。

5. 监测过程质量保证

监测任务的全过程可以分解为任务受领、任务准备、任务实施和结果报告。

对于现场测量类任务，主要在选择测量点、确定测量时间、读取测量结果等方面进行规范；对于非现场测量类任务，除选择测量点外，还需要考虑样品采集特征、样品管理、预处理和实验室测量等。

第 8 章

核应急医学救援

8.1 核应急医学救援的任务

医学救援是核事故应急救援工作的一个重要组成部分，主要由医学救援队承担。其任务主要是：协助并指导当地应急组织做好现场应急的医学救援工作；评估事故的医学后果；对受害者（包括表现急性放射损伤综合征症状和体征的人员、放射性核素体内或体表污染的人员、局部放射损伤人员和放射复合伤伤员等）提供相应的医学处置措施和建议；如果病人需要后续治疗，向应急管理部门提供转送到合适的放射损伤专科医疗中心的建议；提供必要的去污染和防止人群受到进一步放射照射的建议和推荐的行动；提出公共卫生方面尤其是心理干预的建议。

（1）急性放射损伤人员的救治。它包括急性放射损伤综合征、局部放射性损伤、外伤及放射性复合伤等的救治。通过早期及时救治，尽可能地降低死亡率和疾病的伤残程度。

（2）公众及暴露人员的防护。对事故现场暴露人员及事故现场周围地区的公众实施放射防护，目的是尽量减低暴露人员、公众受照射剂量，从而减轻核放射损伤的程度和确定性效应。实施的措施主要包括加强个人防护、饮食控制、隐蔽、撤离、服用碘片、临时避迁、永久迁居等，可视受污染的程度而定。在撤离、避迁或迁居时，除防止再次污染外，还应注意一般疾病的防治。同时，对食品和饮用水实施监测，确保饮用安全。

（3）保护救援者。保护救援者和被救援者是核应急医学救援的原则之一。

在救援行动实施过程中，各类救援人员由于情况紧急往往会忽视防护的有关规定，常受到过量照射或其他损伤。因此，保护救援者成为救援组织者的责任和救援的任务之一。主要措施包括做好个人防护，限制作业地域、时间和轮流作业等。

（4）社会心理影响的应对。在重大核事故和放射事故时，由于造成人员严重的放射性损伤和大面积放射性污染，公众可发生不同程度的心理反应，如恐慌、恐惧、自发逃离、非理性行动等，影响正常的社会秩序，危害公众心理健康。因此，减轻核事故时社会心理效应，加强心理疏导和干预是十分必要的。

（5）长期随访。受射线照射后，除发生急性损伤外，机体还会出现远后效应及随机性效应。因此，对大剂量暴露人员和全身外照射剂量在 1Gy 以上的伤病人员要进行长期医学随访，尽早发现问题并给予及时处置。

8.2 医学处置

核事故和放射事故的后果和出现的医学问题，主要取决于事故的性质和严重程度。重大的核事故，既可发生放射损伤（包括全身外照射损伤、体表放射损伤和体内放射性污染），也可发生各种非放射损伤（如烧伤、冲击伤、创伤）和放射复合伤。正确处理好早期救治与后续治疗间关系、紧急处理与可延迟处理伤员关系、各种损伤早期救治间的关系，以及重伤员的抢救与除污染间的关系等，是核事故医学应急救治遵循的重要理念。

核设施营运单位应编制核事故场内医学应急响应程序，用于指导和规范核事故场内医学应急响应工作。核事故场内医学应急响应程序是场内应急计划的一部分，应当重点突出，责任明确，任务清楚，可操作性强。核事故场内医学应急响应程序应包括场内医学应急响应和场内医学处置的全过程，包括待命、启动、响应行动、响应终止等。考虑到核设施的特点不同，核设施营运单位在编制场内医学应急响应程序时，应对程序的内容和编写形式做适当的调整。但程序包括核事故场内医学应急响应和场内医学处置的全过程。

核事故场内医学应急响应程序要考虑核设施营运单位的特殊情况及场外医学应急支持能力，通过组织演练，检验程序的可操作性、有效性和可行性。核事故场内医学应急响应程序要定期修订,根据国家相关法规和标准的修订和演习中发现问题,及时进行修订。核事故场内医学应急响应程序是场内医学应急计划的支持性文件,应和场内医学应急计划同时呈报主管部门审查备案。

本节主要简述核应急医学救援的现场医学处置措施,包括伤员的现场搜救、伤员的现场急救、放射性伤口污染的处置、内外过量照射伤员处置、生物样本采集及伤员转送等相关原则。

8.2.1　现场搜救伤员

(1)接到现场搜救伤员的命令,救援人员必须根据现场的实际情况,穿戴防护用品,佩戴报警式个人剂量计,做好现场辐射测量的准备,必要时,服用预防性药物。

(2)了解和观察现场环境,保护自身和所有救援人员的生命安全。

(3)持续监测搜寻现场的辐射水平,评估救援人员的受照情况,向现场的搜救人员提出现场可停留时间的具体建议。

(4)发现伤员,立即撤出事故现场。

(5)如果伤员需要就地抢救,应立即实施现场急救措施。

8.2.2　现场抢救伤员

现场抢救伤员时,要随时监测现场辐射水平,向现场应急人员提出现场可允许停留时间的具体建议。

(1)如果现场不能停留,应立即将伤员转移到安全地带实施抢救,如上风方向或侧风方向,避开放射性落下灰。抢救措施,一般按照6项急救措施进行,即呼吸道畅通、止血、包扎、骨折固定、搬运、基础生命支持(心肺复苏)。在未给伤员使用肾上腺激素前,取得血液、尿液、毛发等生物样本后,可以尽快给予抗辐射药物,阻止吸收或加速排除体内放射性核素的措施。

(2)经抢救后可撤离的伤员,应立即撤离。

(3)如果现场安全状况发生了变化,威胁到伤员和救援人员的生命安全,伤员和救援人员应立即撤离到安全地带。

8.2.3 现场伤员分类

1. 分类准备

分类准备包括以下几个方面:分类标签的准备;分类登记表的准备;受照剂量评估方法和技术规范的准备;体表、伤口放射性核素污染监测的准备;放射性核素摄入评估方法和技术规范的准备;化学中毒分类评估方法和技术规范的准备;放射性复合伤评估方法和技术规范的准备;医学应急人员分类分工的准备。

2. 分类实施

(1)首先对是否需要现场紧急处置的伤员进行分类。需要紧急处置的伤员立即进行现场抢救,不需要紧急处置的伤员进行分类转送。

(2)对是否具有放射性损伤的伤员进行分类。无放射性损伤的伤员转送到普通医院诊治,有放射性损伤的伤员进行再分类。

(3)疑似放射性损伤的伤员,对是否有放射性核素体表或伤口污染进行分类。不需要现场预防性治疗的伤员,立刻转送到下一级医疗机构进行诊治;需要进行现场预防性治疗的伤员,给予预防性抗辐射药物或阻吸收措施后再行转送。

(4)没有体表或伤口污染的疑似放射性损伤的伤员,对是否需要现场预防性治疗进行分类。不需要现场预防性治疗的伤员,立刻转送到下一级医疗机构进一步诊治;需要进行现场预防性治疗的伤员,给予预防性抗辐射药物或阻吸收组织后再行转送。

(5)现场有化学中毒的伤员,可请求专业救援队伍支援或紧急处置后立刻后送。

(6)所有分类转送的伤员要在身体统一部位(如胸前)佩挂分类标签,并进行登记。

8.2.4 样品采集

(1)样品采集的准备。核事故场内医学应急响应程序应对样品采集的准备做相应规定,包括样品、采集器械、器具和物品、技术要求等。

(2)样品采集的基本要求。样品采集的目的要明确,时间要实时,采集样品要妥善保管,采集样品不能损害到伤员健康,不能延误抢救时间。

(3)样品采集的实施。医生根据伤员的诊治需要提出采样种类,由护士实施。做好样品采集记录,妥善保管采集的样品。

(4)样品的处置。样品由救援队伍保存,如果需要样品,可随伤员一起转送到下一级医疗机构,做好样品的处置记录。

8.2.5 伤员转送

根据伤员分类的结果,分类分级转送。

伤员转送要明确转送地点,转送人员应做好伤员转送记录,包括伤员的基本情况,伤类、伤情、转送人员名单、转往的医疗机构,已实行的救治措施等。

有放射性核素体表或伤口污染的伤员,要做好伤员的防护,防止污染扩散。

伤员转送途中要有安全保障措施,做好转送人员个人防护,防止放射性污染。

伤员的分类标签,留取的样品上面的资料要随伤员一起转送,在伤员身体显著位置(如胸)前佩挂分类标签。

8.2.6 过量照射人员的现场处置

(1)剂量估算。初步估算疑似过量照射人员的受照剂量。对疑似过量照射人员的剂量估算要采用多种方法,特别是要重视伤员的临床症状,白细胞计数和淋巴细胞绝对值计数的变化。

(2)现场处置。疑似受照剂量可能大于0.5Sv者,应尽早使用抗辐射药物。

(3)留取样品。留取用于估算剂量的血液样品和其他样品。

(4)分类、分级救治。给伤员佩戴分类标签,立刻护送,做好伤员的转送记录。

8.2.7 内污染人员的现场处置

(1)应明确摄入放射性核素的种类,了解和判断摄入方式和时间。

(2)初步估算放射性核素的摄入量,对疑似体内污染的人员,对放射性核素摄入的剂量估算要偏保守估计。

(3)疑似摄入过量放射性核素,留取生物样品后,尽早使用阻吸收和促排治疗措施。

(4)分类、分级救治。给伤员佩戴分类标签,立刻后送做好伤员的转送记录。

8.2.8 伤口污染人员的现场处置

1. 基本要求

(1)避免因处理放射性污染伤口而使污染扩大,避免或减轻对伤员健康和生命安全的损害。

(2)明确污染伤口的放射性核素种类。

(3)尽早处理放射性污染伤口,使用阻吸收药物,阻止放射性核素进一步进入。

(4)伤口处理要遵循放射性污染伤口的处理原则。

(5)使用阻吸收药物前,要留取生物样品。

(6)伤口污染的伤员应分级救治,及时护送,做好伤员的转送记录。

2. 现场处置行动

(1)如果伤口出血严重,应立即给予止血。

(2)实施放射性核素污染监测,进行伤口放射性污染的去污处理。

(3)污染伤口去污后,应进行伤口的放射性核素测量,评估去污效果。

(4)如果必要,应尽早清创,保留切除组织,留取样品,以便估算剂量。

(5)尽早使用阻吸收和促排药物,在用药前留取其他生物样品。

(6)给伤员佩戴分类标签,立刻后送,做好伤员的转送记录。

8.2.9 体表污染人员的现场处置

1. 基本要求

一般情况下,体表放射性核素污染,要在现场去污染站(室)处理。现场去污,只需去除疏松沾染;对于体表固定污染,难以去除的人员,不宜在现场处置,应及时后送。防止放射性核素经眼、口、鼻、耳进入体内。避免或减少污染扩散。

2. 体表放射性污染现场处置行动

(1)体表放射性核素污染监测:记录监测部位面积和污染水平,如果必要,估算皮肤剂量。

(2)头面部的去污,要防止放射性核素进入眼、耳、口、鼻,并防止沾染身体其他部位。

(3)眼部污染,要用洗眼器冲洗,防止损伤眼部组织。

(4)鼻腔污染,要剪去鼻毛,用湿棉签擦洗,注意防止鼻腔组织损伤。

(5)每次去污后,要监测去污效果,并记录。

(6)经三次去污,仍不能去除的皮肤污染,视为牢固污染,做好皮肤防护,给伤员佩戴分类标签,立刻后送,做好伤员的转送记录。

8.2.10 复合伤

发生核事故时,人不一定立刻死于放射损伤,但受到的烧伤和骨折或其他外伤可与各种类型的放射损伤叠加在一起,这种复合伤大大增加了死亡的可能性,并使伤情恶化。在放射照射情况下,仅有烧伤或其他损伤不一定会致命,但复合严重的非致死性的放射损伤结合,就会导致感染和迅速死亡。低至0.5Gy的全身剂量就足以抑制受照者免疫系统抗细菌、病毒和真菌感染的能力。对于免疫系统受到放射损伤的人员,处理过程中尤其要注意尽量减少发生感染的机会。

人体皮肤上的放射性灰尘产生的β放射以及穿透性更强的γ放射会对皮肤、肌肉、结缔组织、骨和其他组织造成严重的局部损伤。应采用外科手术方法去除坏死的和感染的组织。去污和清创可减少局部放射损伤。其他类型的复合伤,包括因吸入大、小粒径的放射性物质时可能出现的肺损伤、积液和肺炎。受到大剂量照射的病人如果能度过早期效应而存活下来,以后还可能会形成肺纤维化,应及早采取措施进行干预。延迟发生的肿瘤属于远后效应,特别是那些受照射前就有肺部疾病的人(如哮喘、重度吸烟者等)。一些因外照射致使骨髓受到损伤且循环血液中白细胞减少的人,易发生感染,受到的肺损伤也容易导致肺炎,引起死亡。对这类人员不推荐采用洗肺,而建议采取雾化吸入DTPA清除呼吸系统内的放射性粒子。

第 9 章

核事故放射性污染的消除

9.1 概述

9.1.1 放射性污染的特点

放射性污染是指物质中(或上)的放射性物质的量超过其天然存在量,并导致技术上的麻烦或辐射危险的现象。核事故往往会对场外环境(空气、土壤、水域、建筑物、植被、装备)和人员造成放射性污染。

1. 放射性物质的主要特性

(1)危害隐蔽。造成放射性污染的放射性物质在衰变过程中能够放出 α、β 和 γ 射线。放射性污染对人员的危害就是由这些射线的电离作用引起的。这些射线是看不见、摸不着的"隐形杀手"。辐射杀伤效应可能在人员受照射后几小时、几天、几个月甚至几年后才表现出来,危害具有隐蔽性。

(2)放射性持续时间长。核事故放射性污染主要来源于裂变产物,裂变产物的半衰期长短不一,从不足 1s 到长达几万年的都有,大多裂变产物要经过多次衰变后才能成为稳定的核素。因此,核事故造成的放射性污染虽然随着时间的推移会逐渐减弱,但在较长的时间内不会消失。

(3)放射性无法改变和消灭。放射性核素按其固有的衰变规律发射射线,对人员造成危害。化学方法不能改变原子核的结构和组成,也就无法改变其固有的衰变规律,无法消灭其放射性。用一般的物理方法,如对污染物加上强电场、磁场,加高压,加热,低温冷冻等,也无法改变放射性核素原子核的性质。

2. 放射性污染的类型

放射性物质与物体表面的联系形式决定了污染的性质。物体表面污染可能由于固体和液体微粒的附着作用、核素的吸附和离子交换作用、核素的扩散及渗入表面内部的作用而形成。通常,按不同的联系形式,可将放射性污染分为以下3类。

(1)非固定污染。放射性物质和物体表面接触时产生附着作用。附着作用使物体表面与载有放射性物质的固体微粒或液滴在接触时形成表面污染。

(2)弱固定污染。在溶液中呈离子状态的放射性物质,由于吸附、离子交换或化学吸收等作用,造成物体表面的污染。

(3)固定污染。放射性物质由于扩散作用和其他过程渗入物体表面内部,造成深部污染。

核事故释放的放射性物质以固体微粒或液态微滴的形式沉降而造成地表污染,决定了放射性污染类型以非固定污染和弱固定污染为主。

9.1.2 放射性污染消除的概念

核事故造成的放射性污染,会使人员受到不同程度的影响。为了防止污染区放射性核素对人员的外照射和放射性核素经食入等途径对人员造成的内照射,需要消除放射性污染。放射性污染消除是核事故恢复期的主要工作之一。

放射性污染消除是从受污染对象上清除放射性污染物或降低放射性污染程度的技术措施,用以减轻或避免放射性物质对人员的伤害,使受污染设备、设施、建筑物、地域可重新使用。放射性污染消除包括放射性去污、污染物的固定或隔离。放射性去污是采用各种手段从被污染表面去除放射性污染物的过程,以减少对人员的照射剂量,并使污染区重新可以使用。放射性去污的对象包括人员、设备、水源和受污染区域等。固定放射性主要是采取某些方法将污染物固定不致扩散,使得污染物不再对环境构成危害。隔离放射性是用干净的物质,如水泥、土壤覆盖或采用深耕的办法将污染的土壤表面转移到地下的一定深度。

9.1.3 放射性污染消除效果的表示方法

消除效果是衡量消除质量的重要指标。放射性消除效果并不是简单的除去物体表面污染物的定性描述,而要以定量的方法评价和反映消除的质量。消除效果评价可用不同的概念表示。

若要描述消除后污染对象所残余的放射性物质占原来污染的份额,则可用余污率 $D_{余污}$ 表示消除效果。其表达式为

$$D_{余污} = \frac{A_{终}}{A_{原}} \times 100\% \tag{9.1}$$

式中:$A_{原}$ 为消除前污染物表面放射性活度;$A_{终}$ 为消除后污染物表面剩余放射性活度。

余污率 $D_{余污}$ 表示消除后污染对象上所剩余的放射性物质占原来污染物质的份额。

若要描述去污除去的污染物质占原来污染的份额,则可用消除率 $D_{消除}$ 表示消除效果。根据式(9.1),消除率 $D_{消除}$ 可由下式表达,即

$$\begin{aligned} D_{消除} &= \frac{A_{原} - A_{终}}{A_{原}} \times 100\% \\ &= \left(1 - \frac{A_{终}}{A_{原}}\right) \times 100\% \end{aligned} \tag{9.2}$$

消除率 $D_{消除}$ 表示消除后污染物质被除去部分占原来污染物质的份额。

此外,消除效果也可以用消除系数 $K_{消除}$ 表示为

$$K_{消除} = \frac{A_{原}}{A_{终}} \tag{9.3}$$

消除系数 $K_{消除}$ 表示除去污染的程度,即消除前污染表面放射性活度与消除后剩余放射性活度的比值。有时,对于较大数值的消除系数采用其对数值,用 $K'_{消除}$ 表示,称为消除指数,即

$$K'_{消除} = \lg\left(\frac{A_{原}}{A_{终}}\right) = \lg K_{消除} \tag{9.4}$$

这些参数分别从不同角度描述了消除效果,余污率是从受染对象的视角,描述消除对象的消除效果;消除率是从消除方法学的视角,描述消除方法的效

果；消除系数一般是从消除剂的视角，描述消除剂的性能。它们都与受染对象、消除方法和消除剂性能相关，仅从数量关系上来看，有

$$D_{余污} = 100\% - D_{消除} \tag{9.5}$$

$$D_{消除} = \frac{K_{消除} - 1}{K_{消除}} \times 100\% \tag{9.6}$$

$$K_{消除} = \frac{100\%}{D_{余污}} \tag{9.7}$$

$$K'_{消除} = \lg K_{消除} \tag{9.8}$$

$K_{消除}$、$K'_{消除}$、$D_{余污}$和 $D_{消除}$之间的数量关系如表 9.1 所列。

表 9.1　表示消除效果的各种参数

$D_{余污}/\%$	100	10	5	2	1	0.1	0.01
$D_{消除}/\%$	0	90	95	98	99	99.9	99.99
$K_{消除}$	1	10	20	50	100	1000	10000
$K'_{消除}$	0	1	1.3	1.7	2	3	4

9.1.4　放射性污染消除的目的和任务

核事故后，为了消除事故产生的放射性后果，需要对污染区组织放射性清除活动。放射性污染消除的目的是降低污染区的放射性水平，减少人员接受的辐射剂量，恢复污染区的使用，防止放射性污染扩散，减少放射性物质对环境的影响。

放射性污染消除的主要任务包括以下几方面。

(1)去除道路污染，为应急救援行动开辟通道。

(2)建立人员、装备洗消站，对离开污染区的人员、装备进行去污。

(3)固定放射性污染，控制放射性物质的扩散。

(4)对污染区及污染区的建筑、设备和设施进行去污。

(5)对不易去除的放射性污染进行隔离。

9.1.5　放射性污染消除的特点

放射性污染消除是核事故后进行的一项复杂的环境恢复活动，具有以下的

特点。

(1)放射性污染消除是系统性的工作,涉及的环节多,方法的实用性要求高。

(2)放射性污染消除的规模大、面积广、对象复杂、难度大、方法多样。

(3)放射性污染消除活动中要避免产生放射性二次污染,防止污染地下水和周围环境。

(4)放射性污染消除活动中要重视行动人员的辐射防护,科学合理地安排工作时间,做好个人防护。

9.2 放射性污染消除方法

放射性污染消除的方法多种多样,按消除机理可分为物理法和化学法,按消除介质可分为干法和湿法。物理消除是通过物理方法消除表面放射性污染,如冲洗、喷射、研磨、真空抽吸等。化学消除是借助于化学试剂通过化学转换消除污染物,如通过酸碱溶解、氧化还原反应、螯合(络合)反应使污染物消除。干法消除是利用器械或空气介质的机械力除去表面污染或污染表层。湿法消除是利用液体介质(水、水溶液或有机溶剂)的溶解力、机械力、表面活性力、螯合络合力或化学反应力除去表层污染或污染表层。三哩岛核事故、切尔诺贝利核事故、福岛核事故后,进行了大规模的放射性污染消除行动,采用了吸尘法、冲洗法、可剥性覆盖剂法、泡沫法、铲除法等放射性消除方法。

9.2.1 吸尘法

吸尘法主要适用于硬质介质表面污染的消除,使用的设备主要有机场用吸尘机、环卫用机动清洁车、真空吸尘车等商用或工业级真空系统,带有高效粒子过滤器以去掉建筑物和设备表面的粒子。真空抽吸系统使用抽吸装置将空气和表面的松散微粒抽进真空系统的储存槽,空气通过高效微尘过滤器后返回大气中,过滤器俘获微尘以防止空气污染。

对于场外硬质路面和场地放射性污染,由于沉降在地面上放射性颗粒较小，这些清洁设备在消除效率上要比清除常规污物低。一般情况下，这些设备清除粗糙颗粒的总效率不高于50%，而对43μm以下的颗粒，消除率不高于15%。但是，如果对这些车辆收集小颗粒污染物的性能进行改进，并不需要更多的费用，就可以大大提高去污效率。在清洁车上加装空气喷头，吹起路面的灰尘，总去污率可达90%。在用液体去污前，先用这种方法处理，可以防止污染物在表面上固定和向多孔表面渗透。

使用这种方法时，不需要添加任何助剂，因此，产生的放射性废物量为最低限度。但是，由于许多清洁车的污物箱安装在车辆上，操作人员的受照剂量将会增加，这就需要加装屏蔽层或先在容器内注入一定量的水，以减少操作人员的剂量，保证人员安全。

切尔诺贝利核事故后，为了消除坚硬路面上的污染物，采用了经改造的机场用的灰尘清吸机。这种机器的功率很大，能将粒径30mm的混凝土块吸入。使用这种机器成功地清除了混凝土块和柏油路上的污染灰尘。这种机器的改进主要是在操作与驾驶室内增设了人员防护舱，安装了可拆卸的空气过滤器，并改进了集尘器，以便定时卸掉收集起来的灰尘。还在小型拖拉机式灰尘收集车的基础上改装成一种拖挂式真空吸尘车。这种真空吸尘车既能疏松被压实的土壤表面又能清扫灰尘，并通过过滤器将其吸入机内。

9.2.2 冲洗法

冲洗法就是实际广泛使用的高压水冲洗法，是利用具有一定压力的水流将附着在物体表面的放射性物质冲洗掉的消除方法。此方法的特点是：作业能力强，消除效果好（光滑表面的去污率可达90%以上，一般表面的去污率可达70%以上），适用于大型装备、表面光滑的建筑物和路面的污染消除，但耗水量比较大，产生的放射性废水多，在干旱缺水地区应用此方法比较困难。视使用的液体材料不同，冲洗法分为消防水龙、高压水射流和去污剂冲洗等。

（1）消防水龙消除法。消防水龙是一种良好的场地去污方法。在放射性颗粒大于44μm时，使用这种方法对光滑的路面消除，消除系数为10，对粗糙的路面消除系数为2。试验证明，用压力为2800～4900kPa的消防水龙冲洗由平均直径为0.8μm的钚颗粒污染的沥青和水泥路面，消除系数分别为10～12和4～40。

消防水龙的使用要受到排水状况的影响。在有良好的下水系统的市区范围里,而且假如不考虑其他因素,对道路使用这种方法去污不存在问题。然而,在没有良好排水设施的野外,消防水龙仅仅是将污染物在地区内转移,使得地面更易吸附放射性粒子并扩大污染范围,因此,有可能会带来不利后果。若将污染物从建筑物顶部和垂直墙面冲洗下来,则会造成地面剂量负担的升高。

消防水龙对于清除粗糙表面的污染效果不好。用消防水龙去污最大的优点在于大多数地区都有这种设备可以使用。消防水龙在去污过程中会产生大量污水,要注意防止污染饮用水源和其他地区。在用消防水龙普遍对建筑物和道路去污时,收集污水的工作量也是很大的。消防水龙去污的不利因素,在用其他冲洗法去污时也同样会遇到。

切尔诺贝利核事故后,在城市中对建筑物和道路消除使用了消防水龙。核电站内所有建筑物屋顶上都落满了放射性灰尘,用喷枪进行了冲洗,效果相当好,照射量率从 2R/h 下降到 mR/h 量级。冲洗前对屋顶排水系统进行了改造,将其纳入专用排水系统,使污水流入核电站的污水净化系统。

(2)高压水射流消除法。高压水射流法的消除原理与消防水龙相同,但其压力要比消防水龙高得多。这种消除法可用于对机械设备和建筑物内部表面去污。美国在处理三哩岛事故中曾使用这种方法,消除系数可达 1000,平均消除速度为 $90m^2/h$。切尔诺贝利核事故中使用了高压水冲洗建筑墙面,效果很好。对于黏在墙上的放射性灰尘,很容易用冲洗法除去。消除后,一些建筑物的辐射水平下降到该地区的本底水平。福岛核事故后的放射性污染消除活动中,使用高压水枪冲洗法对建筑物、铺装道路进行了有效的消除。

(3)消除剂冲洗法。含有多种消除剂和络合剂的溶液在常温下可以对污染的表面进行去污。英国研制的 SDG - 3 试剂中含有硫酸钠、碳酸钠、柠檬酸和 EDTA(乙二胺四乙酸)。我国也有多种消除剂可供场外建筑物、设备和硬质路面去污使用,某型消除剂经试验评价,对建筑物、设备和硬质地面的去污率达 99%,是一种实用、方便的表面活性消除剂。

9.2.3 可剥性覆盖剂消除法

可剥性覆盖剂消除法是将可剥性涂剂覆盖在污染表面,经干燥形成薄膜再剥去，从而将污染物除去的方法。可剥性覆盖剂是由成膜剂、混合溶剂、增塑剂、剥离剂等组分形成的液体或胶体。为方便剥离，可剥性薄膜应有足够的强度。在可剥性涂剂中还可添加去污剂组分，以增加去污效果。

可剥性覆盖剂是大规模消除行动中一种理想的方法，尤其是对大量的设备和建筑结构去污，优点更突出。使用这种方法对大片区域去污时简便、快速，也不需要过多的设备和人员。

可剥性覆盖剂形成薄膜后很易剥去，但在多孔性表面剥离要困难些。对于大多数污染表面，使用这种方法可获得的去污系数为10。这种方法的缺陷是剥离覆盖层时要人工进行，这就会相当大地增加工作人员的受照剂量。另外，剥离速度也很有限。根据三哩岛使用经验，消除速度为0.06(人·h)/m^2。

美国、俄罗斯和乌克兰等国研制开发有不同的可剥性覆盖剂，我国有些研究机构(如中国辐射防护研究院、清华大学)在实验室也有相应的可剥性覆盖剂。原总参工程兵科研三所在原有剥离型压制消除剂的基础上，针对可剥性覆盖剂存在的缺陷，为实现机械化大面积喷洒、剥离回收作业，研究开发了系列剥离型压制消除剂，满足不同场地、时限、对象和用途的要求，并且研制生产了专用喷洒机械和剥离回收膜体机械，消除速度可达9000m^2/h，大大提高了消除速度，形成了剥离型膜体大面积压制消除技术。

剥离型膜体大面积压制消除技术是利用压制消除剂压制并清除空气、地面放射性污染的一种技术，即利用空中、地面喷洒机械将压制消除剂喷洒到被污染的地面，空气中、地面上的放射性颗粒被压制固定在地面，通过压制消除剂的渗透吸附以及蒸发，形成连续、包埋放射性颗粒的可剥离膜体，将膜体剥离并运离现场，从而达到消除的目的。剥离型压制消除剂能够冲刷、吸附、包埋放射性颗粒并能形成具有一定拉伸强度和抗弯强度的连续膜体。

剥离型膜体大面积压制消除技术具有以下优点。

(1)具有压制和清除放射性污染的双重作用，应用剥离型压制消除剂不仅可以压制吸附空气中的放射性气溶胶等放射性颗粒，而且可以压制固定地表面的放射性污染，最后通过膜体剥离实现最终的消除目的。这样不仅控制了放射性污染的扩散，而且在膜体剥离过程中，由于放射性粒子牢固地结合在膜体中，不受自然风和人员活动的影响，不会产生二次交叉污染，也不存在消除结束后废物的污染转移问题。

(2)消除率高,一次清除作业完成,基本可以满足环境恢复的要求。

(3)消除速度快,可实现机械化作业,特别适合核事故造成的大面积放射性污染的消除。

(4)适用的对象广,道路、建筑物墙壁、土地、树林、大型容器表面上的放射性污染均可有效清除。

(5)使用环保型剥离型压制消除剂,可将危害水平限制在国家环保标准规定的范围内,不会对环境和人员造成危害。

(6)废物量处于中等水平,代价利益比低。

采用剥离型膜体大面积压制消除技术去除放射性气溶胶或沉降物分以下 4 个阶段。

(1)喷洒作业阶段。根据介质表面的特征与任务要求,合理确定压制去污材料的类型与单位面积用量,按照喷洒作业操作规程实施喷洒作业。

(2)放射性颗粒与压制消除材料共聚膜体阶段。压制消除材料利用其分子间的范德华力和共价键作用力,通过分子的迁移将放射性颗粒黏接包埋在形成的齐聚体链中,随着齐聚体链与齐聚体链的缠绕连接形成力学性能满足剥离回收要求的连续膜体。该阶段是膜体的自然形成阶段。

(3)膜体的剥离回收阶段。形成膜体后,利用工具或剥离回收机械将膜体从介质表面剥离集中。

(4)膜体废物的运输阶段。将剥离集中的膜体装至放射性废物专用运输车,驶离消除现场,将放射性废物运至废物处置场进行压缩处置。至此完成了现场放射性污染物的消除作业任务。

经过一系列的试验和演习应用表明,应用剥离型膜体大面积压制消除技术进行非固定性放射性污染消除,土壤表层的消除率可达 95%,道路等混凝土水泥表面的消除率可达 90% 以上,对水磨石地面、玻璃和光滑金属表面的平均消除率为 98% 以上,但对瓷砖表面的固定性污染消除效率并不高,仅为 75%。装备作业效率最高可达 $5000m^2/h$,是一种效率高、功能强、特点显著的放射性消除技术。

切尔诺贝利核事故中,使用可剥离覆盖剂去污方法对建筑和设备进行了消除。1987 年,在普里皮亚特城,使用可剥离覆盖剂消除,使得大量服务性和保障性建筑物内部的放射性水平降到最大允许值。对在事故现场使用的巨型起重机使用可剥离覆盖剂消除后,也收到良好效果。附属切尔诺贝利核电站所有机组的生产用建筑,包括在爆炸期间遭受严重破坏的 4 号机组反应堆结构,以及人员居住的房屋,同样也是用了这种消除方法,将放射性水平降到最大允许水平。由于初始放射性水平的不同,除去可剥离涂层后,消除系数为 15 ~ 600。

9.2.4 泡沫消除法

泡沫消除法是将含有消除剂的泡沫喷洒在污染表面,泡沫与污染物反应后除去泡沫从而将污染物除去的方法。泡沫本身没有消除能力,主要用于载带其他化学试剂,主要是螯合剂和酸。使用水、洗涤剂(或专用发泡剂)、去污试剂或混合试剂在泡沫发生装置中生成泡沫。泡沫可以用真空吸尘法除去或用清水冲洗掉。泡沫消除法可以减少由使用液体而产生的大量污水。泡沫的产生方法是将压缩空气吹入泡沫稳定剂和去污剂的混合物内。压缩空气和发泡剂在管道交接的三通处混合,然后由压缩空气从软管中喷出。在对建筑物和设备消除时,泡沫将黏附在天花板和设备底部。泡沫消除可以方便地应用于所有表面。在复杂或水平表面,泡沫层厚度一般在 65mm 左右,稳定时间为 20 ~ 30min。在垂直表面,泡沫的厚度通常为 25mm,稳定时间只有几分钟。使用泡沫消除,只需将多孔的表面润湿,因而,可以减少液体消耗量。在泡沫中加入无机酸和络合剂,可消除金属和水泥表面的污染。

泡沫消除适用于各个方位的消除作业,甚至包括天花板表面,在消除过程中产生很少的二次废物。与水溶液很快排净相比,泡沫消除的消除效果随泡沫在表面停留时间的增加而增加。与非泡沫溶液相比,泡沫消除过程中所需的消除试剂量要小得多。泡沫消除通常使用螯合剂作为消除试剂,也有使用酸的。

泡沫消除一般用于混凝土、金属等表面去除颗粒物,消除过程中泡沫充当污染物的接收器。与水溶液喷洒技术相比,泡沫消除产生的废物量很少。消除过程中产生的废物主要是冲洗废水,其管理与使用酸、螯合剂或氧化还原试剂的溶液消除过程产生的废物类似,主要包括中和、离子交换、共沉淀以及过滤。

9.2.5 铲土消除法

铲土法是将被放射性核素污染的土壤铲走的消除方法。常用各种筑路机械,如推土机、挖掘机、刮土机,铲除污染土壤的表层。这些机械的推土厚度为5~35cm,推起的污染土壤可以集中堆放,也可拉走或直接掩埋。铲土法去污效果很大程度上取决于地域、土壤性质和土地使用情况。铲土消除法特别适用于比较平坦的地面,如果污染区是粗砂石,而污染物又渗透到地下一定深度,这种方法的效果就要大大受到影响。铲土法劳动强度大,操作人员易遭受辐射,大量的铲土会增加处理和处置废物的成本。

在高辐射场和干燥地区使用这种方法去污时,应对这些设备做些改装,如增加有屏蔽层和过滤通风系统的防护舱,以保证作业人员的安全。

在用铲土法对土地消除时,一个关键因素是要抑制灰尘再悬浮。通常有两种做法:一是在地面喷洒水;二是喷洒沥青。最后将沥青与污染层土壤一起铲去。铲土法效果如表9.2所列。

表9.2 铲土法去污效果

方式	作业速度/(m^2/h)	去污系数
推土机	370~750	5~8
刮土机	700~900	6~8
手工铲土	45	6~7

切尔诺贝利核事故后,清除土壤表层污染时,广泛使用了铲土法。在切尔诺贝利核电站,最有效的方法是用带防护层和遥控功能的推土机铲除污染的土壤。在核电站和普里皮亚特周围,对地面松软土层消除中都采用了铲土法。福岛核事故后,对受污染的农用地进行了大范围的铲土法消除,使用改装的机器,铲除表层土壤,移走污染土壤。

9.3 对人员污染的消除

人员在污染区内活动时,会受到放射性污染。放射性核素污染体表或通过伤口、皮肤进入体内，对人员造成放射伤害。对受到放射性污染的人员进行消除，是保障人员健康、安全的重要措施。一般来说，对于参加应急救援的人员，在撤离污染区时，若条件许可都应进行消除处理。

9.3.1 人员污染的特点

放射性灰尘可直接附着在人员裸露的皮肤上造成体表污染。通常，耳、鼻孔、毛发等部位容易积存放射性灰尘，手、脚、腿等部位污染比较严重。如果皮肤表面有汗水或伤口，放射性灰尘附着得较牢。

人体皮肤是一种多孔性的有机表面，皮肤污染不仅会直接引起皮肤的β灼伤，而且放射性核素还可以通过毛孔或伤口渗透到血液中，被器官吸收引起体内照射。放射性物质向皮肤内部的渗透取决于皮肤表面的状态和皮下组织的结构，即取决于皮肤表面的粗糙度、清洁度、毛发多少和皮下脂肪的发达程度等。表面粗糙、不清洁和毛发浓密的皮肤，容易藏留放射性物质，而皮下脂肪发达的皮肤则有利于防止放射性物质的渗透。

人员在污染区活动，污染水平的高低还与人员的活动方式有关。近地面空气无扬尘时，人员的污染水平往往很低。接触污染地面的部位（如鞋底），其污染水平就比别的部位要高。在放射性灰尘沉积结束后进入污染区的人员，身上受到的污染比受放射性灰尘直接沉积时轻得多。

9.3.2 人员污染消除的方法

人员撤离污染区后要尽快实施消除。一般应先进行局部消除，以避免污染扩散，减少污水量。经过局部消除后，污染程度仍然超过允许标准时，应进行全部消除。

1. 局部消除

局部消除是指擦除和清洗人员的暴露部位，如头、脸、颈和手等，以去除放射性灰尘。最好用净水洗涤人体的暴露部分，如手、脸、颈部，并用净水漱口，清洗眼窝鼻腔。在不具备洗涤条件时，可用毛巾、纱布、棉花球等蘸水进行若干次湿擦，但应拧干一些，防止因水流淌而扩大污染面积。如果有其他液体（如溶剂)时,也可用纱布、棉花球等蘸擦,但二氯乙烷等溶解力和渗透力强的液体不宜使用,因为某些放射性物质会随二氯乙烷等被皮肤吸收,引起更严重的伤害。当无可利用的液体时,可用毛巾、纱布、棉花球等干擦。用擦拭法消除应注意:必须自上而下地按一个方向进行擦拭;每擦拭一次,向内翻转一下污染面,并应经常更换干净的擦拭物品。

2. 全部消除

人员的全部消除,通常是在洗消分队开设的人员洗消场内进行。消除时,用肥皂或洗涤剂清洗全身,将污染的放射性物质除去。洗涤时,污染的重点部位要重点清洗。

在进入人员洗消场前,应对自己的服装(除内衣外)、装具进行仔细的消除,然后才准进入。除穿在身上的内衣外,其余的服装、装具均应进行污染程度检查,低于允许标准时,才准带入洗消场内,进入洗消场后,脱下的内衣也要进行污染程度检查,超过允许标准的,由专人进行消除或换以干净服装。

进行消除时,重点是暴露部位及易积存放射性灰尘的部位。一般应按下列顺序进行消除。

(1)仔细洗手,清除指甲内的污垢,剪去长的指甲。

(2)用肥皂或洗涤剂洗头、脸、颈部 2 ~ 3 遍,特别要注意洗净毛发、眼角、耳朵等部位。

(3)用净水冲洗全身,而后擦干。

清洗完毕后要进行污染检查,若超过允许标准,必须再次清洗;低于允许标准者,则穿上服装。

9.3.3 人员污染消除的组织

1. 开设洗消站

人员洗消站是对人员进行全部消除的主要场所。洗消站的开设应根据受污染人员的数量、机动方向、地形、道路、水源及风向,合理利用地形条件和既有设施设置场地。

人员洗消站可分为固定洗消站和机动洗消站。固定洗消站可利用机关、厂矿等单位和公共洗浴设施;机动洗消站可利用淋浴车、消防水车等。固定洗消站的优点在于设备齐全、系统完整,在很短的时间内就可使用。机动洗消站的优点是灵活方便,在保证安全的情况下,可以靠近污染区设置。

机动洗消站应开设在水源充足、人员出入污染区的主要道路、靠近污染区边界和便于作业的地方,应开设在污染区上风方向,从入口到出口的行进方向应为逆风方向。机动洗消站通常由清洗区和清洁区两部分组成。清洗区是淋浴车开展作业和污染人员消除的地方,设有淋浴处和更衣处,淋浴处架设淋浴帐篷,处在污染区的上风方向且不受污染影响的区域。清洁区是人员去污后进行检查和处理的地方,设有检查点、伤口包扎处和干净衣服放置处。为防止污染其他地方和干净的水源,洗消区应挖掘排水沟和污水坑,专门收集人员消除的污水。

2. 实施消除

实施消除时,要严格进行消除前检查,充分发挥受染人员的自消能力,进行合理的编组,提高消除速度。

(1)编组受染对象。根据人员的受染性质、数量与洗消站的实际情况进行编组。通常编为一般人群消除组和特殊人群消除组。一般人群按照男、女人员编组;特殊人群按照老幼伤病残、无自主行为人员、执行紧急任务人员编组。

(2)一般人群消除。一般人群是从放射性污染区撤离出来,经检查确定为受到放射性污染的人员。对一般人群消除通常按照进入洗消站等候地域的时间先后顺序组织。适时引导受染人员按规定依次进入洗消站。把一般人群按照男、女编组,分别在男、女消除点进行洗消。当洗消对象较多、作业能力有限时,应充分利用既有的浴室、洗消设备及场地,组织受染人员进行自消。

(3)特殊人员消除。对行动不便,需要借助辅助设备、器材和采用特殊措施消除的受染人员,要和相关医疗卫生部门共同完成。对这类人员,通常优先洗消。还应积极配合相关部门的医疗工作。对老幼伤病残人员消除时,在救护人员的协助下实施。对执行紧急任务人员消除时,要求快速、彻底,应直接组织受染人员进入场地进行消除。

9.4 对地域污染的消除

核事故后,放射性灰尘沉积在广大地域,造成道路、土地、植被、建筑物、设施等大面积污染。在应急阶段,需要开辟通路,对道路进行消除。在事故中后期,为了恢复污染区的使用,需要对大面积的土地、植被、建筑物和设施等进行消除。

9.4.1 地域污染的特点

地域放射性污染的主要来源是空气中沉积下来的放射性灰尘。放射性灰尘在地面和建筑设施上的存在形式和普通灰尘是一样的,主要是机械地附着和黏着。对于水泥、沥青等硬质表面,污染形式比较简单,即放射性灰尘一般地附着在表面上。对于无草沙土地面及松软的耕地地面,放射性灰尘可能深入土壤之中,尤其是在降雨之后;对于有植被的地面,如草地、灌木丛生地、森林地等,放射性污染形式就复杂得多。

9.4.2 地域污染消除的方法

对于不同情况的地域应采用不同的消除方法。地域消除方法有冲洗法、铲除法、掩盖法、耕犁法、真空吸尘法、聚合物涂层法等。

1. 硬质表面的消除

对水泥、沥青、块石等坚硬的道路、机场、码头等地面及建筑设施的表面可以用冲洗法消除,喷洒车、消防车、洒水车等车辆均可利用。用这种方法消除要注意污水的处理,不可使放射性污水到处流淌。

对坚硬表面的消除,也可使用真空吸尘法,利用较大功率的真空吸尘机械,如机场用的灰尘清吸机、真空吸尘车等,这些机械设备可以成功地达到消除目的,但这些设备必须具有人员防护舱。

对坚硬表面消除后,为了不使其周围(如道路的两侧)地面上的放射性灰尘随气流扩散和重新污染道路,可以采用压尘技术将这些地面上的放射性灰尘予以压制。该技术是利用喷洒车、洒水车、直升机等喷洒工具将压尘剂喷洒在表面上,形成聚合物覆盖层,能显著地使放射性微粒凝聚在一起并持久地压制吸附住。压尘技术在处理切尔诺贝利核事故过程中得到成功的应用。

2. 松软地面的消除

冲洗、吸尘等适用于硬质表面的消除方法不适用于松软的土壤、植被等地面。对松软地面通常采用铲土法、聚合物涂层法、翻土法进行消除。

(1)铲土法消除土地污染。对放射性污染比较严重的土壤表面采用铲土法进行消除是最有效的。可用推土机、挖掘机、刮土机等机械铲除污染土壤表层，污染土壤集中存放或掩埋。在切尔诺贝利核电站5~7km范围内的地面，除道路以外的所有高辐射区地面都采用了这种消除方法。铲土法消除会产生大量的放射性废物，处理比较困难。

(2)铲除法消除植被污染。地表植被能够阻留大部分放射性沉积物。在干沉降条件下，草地能阻留94%的沉降物。铲除地表植被，能够达到对地表污染的消除。铲除植被不宜采用手工方式进行，应使用割草机、收割机等机械，减少放射性对人员的危害。

(3)聚合物涂层法消除土地污染。对于大片的放射性污染并不十分严重的地区内的土壤和植被用铲除法消除并不适宜，这会使耕地和植被遭到破坏。在这种情况下，可以采用聚合物涂层法进行消除。将聚合物涂层乳状液用喷洒车喷洒在受染地面上，先后喷洒2层，间隔20min，形成涂层的总厚度为5~20mm。涂层干燥后，在地面上形成一层厚实坚硬的覆盖层，很容易利用叉子、铁锹或耙子等工具除去。

消除效果在切尔诺贝利核事故后果处理过程中得到了验证。例如，初始地面剂量率为30~50mR/h的长有少许植物的沙土地经消除后，地面剂量率可降到4~7mR/h；初始地面剂量率为7.2mR/h的高草地经消除后，地面剂量率可降到0.2mR/h；初始地面剂量率为10mR/h的长有松树的沙土地经消除后，地面剂量率可降到1.4mR/h。

(4)翻土法消除土地污染。翻土法就是利用农机具将污染的土壤表层翻到一定的深度。典型的翻土方法是使用拖拉机把10cm厚的污染表层土壤翻入地下，并将底部的干净土壤翻至上部。理论上，翻土法可以将污染土壤翻到作物根部以下的土层中，但这种转换不可能彻底，干净的土壤和污染的土壤会发生混合。翻土后，放射性核素并未消除，只是转移到地下，利用土壤的厚度来减少对人员的照射。

9.4.3 地面污染消除的组织

1. 对道路消除

运用冲洗法对道路实施消除时,应坚持全面去污、突出重点的原则。消除的顺序一般按照主要救援机动道路、主要撤离机动道路、重要目标区内的道路先消除,然后再对一般机动道路实施消除。在消除行动中,根据道路受染情况、地形起伏状况,一般由非污染区向污染区道路、由轻污染区向重污染区道路、由高处向低处道路消除。

在对硬质路面实施冲洗时,通常由路中间向两侧或由一侧向另一侧冲洗的方法转移污染物。当路面较窄时,可分路段实施清除。要注意路段之间结合部的消除,避免相互干扰。路面较宽时,可划分路面,采用左右梯次队形进行消除。在时间紧、任务重、对道路通行要求高的情况下,可以先集中清除路面的一侧,保持路面的单畅通,在根据未完成任务的情况,保障路面双向畅通,同时注意结合部污染物的处理。

在地面污染严重、易造成放射性物质扩散、不便于冲洗法消除时,使用可剥离涂层法消除。对道路实施可剥离涂层法消除时,要注意控制布洒剥离剂的速度和量,保证剥离剂能达到一定的厚度和宽度,达成剥离的效果。当路面较窄时,可分路段,在结合部要有一定的重复,避免结合部漏消。当路面较宽时,可划分路面,分别沿道路方向同时展开,也可根据情况采用左右梯次队形进行剥离,同时要注意结合部的处理。

2. 对区域地面消除

对地域消除一般是进入核事故中后期实施,由于消除面积大,必须坚持突出重点,合理区分。消除的顺序一般按照先重点地域后一般地域的顺序进行。城镇、学校、医院、广场、工厂等一些重要目标地域优先实施消除,其他地域一般根据作业情况逐步进行。

对地域消除通常根据地形、地貌情况采取不同的方法。对硬质地面消除通常采用冲洗法。对广场等大型平整地域,可采用分片冲洗、向心冲洗的方法;对地势不平的地域,可采用由高到低整体推进冲洗的方法进行。

对土质地面的消除,可采用铲土法和可剥离涂层法。对地域实施剥离法消除时,要根据区域的情况和目标性质,先主后次、先目标后附近地域的原则,灵活运用分片、分段和重要目标的方法,实施消除。当地域面积较小时,可分片同时展开剥离,地域较大时,可划分区域,根据现地采用由重要地域向次要地域交替剥离的方法进行。

3. 对建筑物设施消除

用冲洗法对建筑物设施消除时,一般按照先上后下、先内后外、先重点部位后一般部位、先口部后其他部位的顺序进行。在对高建筑物和高地势设施消除,使用喷枪长度不够时,可采用加长胶管、架高喷枪的方法进行。对建筑物内部的消除,一般可以利用既有的消防设施和供水系统完成。

对建筑物、设施实施剥离涂层法消除时,通常是对建筑物核设施的顶部以及周围地域实施消除作业。实施消除时主要采取重要部位向次要部位交替剥离的方法。对建筑物、设施顶部剥离,设备污染到达作业区时,一般利用加长胶管或利用就便器材实施。

9.5 对机械装备污染的消除

核事故应急救援期间,要使用大量的机械装备,包括各种车辆、工程机械和特殊装置等。这些机械装备在应急救援过程中极有可能受到放射性污染,需要进行消除以减少作业人员的受照剂量。

9.5.1 机械装备污染的特点

由于防锈、防腐的要求,许多机械装备表面均有成分不同的保护涂层。因此,装备表面的污染实际是涂层表面的污染问题。涂料种类较多,通常用的涂料主要是各种颜色的聚氨酯漆。当放射性灰尘与装备表面涂层接触时,产生附着性污染。如果放射性物质能溶在涂层中或形成络合物,就有可能渗透到涂层内部造成深部性沾染;深部性沾染的程度取决于涂层的成分,即高分子聚合物、颜料和填料等。当油漆表面的污染被去污后,留在深部的放射性物质会从深部向表面进行反扩散反渗透,重新转化为表面性污染,并具有一定的危险性。

装备的污染水平还与装备的部位、气象和地形条件等相关。装备各个部位的污染水平不相同,通常车外比车内、下半部比上半部、后边比前边、靠近车轮处比远离车轮处、人员上下车部位比非上下车部位的污染要严重。降雨、下雪天进入污染区,虽可大大减轻由于地面扬尘引起的装备的上部污染水平,但地面泥土湿润,车轮上会沾上大量混有放射性灰尘的泥浆,导致轮子、履带、车底板和后部的污染加重。

9.5.2 机械装备消除的方法

放射性是不能人为改变的,装备上的放射性污染物只能用机械的方法将其转移掉,以达到消除的目的。常用的方法有冲洗法、刷洗法、擦拭法、扫除法、气流吹除法、可剥离聚合物涂层法等。不管采用哪种方法,都应掌握其正确的消除顺序、操作要领和步骤,达到消除目的。

1. 冲洗法消除

冲洗法消除适用于大型装备的消除,但耗水量比较大,在干旱缺水地区应用此种方法比较困难。喷洒车上装备的喷枪即是用于对装备进行冲洗消除的器材。用这种方法对装备实施消除的具体方法和要求如下。

(1)掌握正确的消除顺序。为了避免漏消、重消和已消表面再污染,必须按照正确的消除顺序,即从上到下(由高向低)、从前向后(或从后向前)、由外向里的顺序,分段逐面地进行消除。

(2)保持水柱压力。水柱的压力应保持在 0.25 ~ 0.3MPa,在此压力下,每支喷枪的排液量为 60 ~ 70L/min。水柱压力低,冲击力小,消除效果不好;压力过高,水柱集束性不好,而且喷枪活门垫易出故障。因此,保持合适的水柱压力是提高消除效果的重要条件之一。水柱压力可以通过调节离心泵转速调节,转速提高,水柱压力升高,反之降低。

(3)掌握消除液消耗标准。通常用的消除液都是水,必要时,可加入消除剂。各种不同的单件装备用水柱冲洗法进行全部消除时,水的消耗量称为消耗标准(L/件)。消除时,必须按水的标准消耗量对装备进行全面而又有重点地冲洗,保证消除效果,超标准消耗水量既不会提高消除效果,又浪费水,应该避免。

(4)正确掌握喷枪的操作方法和要领。用水柱冲洗法对装备进行消除,其消除效果受能否正确掌握喷枪的操作方法和要领的影响很大,因此,洗消员必须会正确而熟练地使用喷枪。

(5)消除时洗消员的分工与配合。用水柱冲洗法对大型装备消除时,一般由2名洗消员实施。为了提高消除效率,洗消员间的配合与协同一致是很重要的。对装备的不同部位实施冲洗时,通常采用对称、夹击、交叉等冲洗方法。所谓对称冲洗法,是指2名洗消员分别站在欲冲洗表面两侧的对称位置上,同时冲洗各自一侧对称的表面。所谓夹击冲洗法,是指2名洗消员用2条水柱同时夹击冲洗同一部位。所谓交叉冲洗法,是指2名洗消员用2条交叉的水柱冲洗对方冲洗不到或不便冲洗的部位。

2名洗消员在消除过程中,对装备的不同部位不仅要灵活采用合适的冲洗方法,而且要做到分工明确,密切配合,动作协调一致,水柱落点要准确,不漏消,不重消,保证消除效果。

(6)保证重点,全面洗消。对装备洗消时,要根据装备放射性污染物的分布规律,既要实施全面洗消又要保证重点,保证消除彻底。对重点部位,如人员经常接触的部位、污染严重的部位、沟槽、缝隙和有油垢的部位,一般冲洗3~4遍;对粗糙的表面,如橡胶、木质表面,冲洗2~3遍;光滑的、垂直的表面,冲洗1~2遍。

2. 刷洗法消除

刷洗法是用喷刷将消除液喷洒到被消表面上进行刷洗,并用水柱冲洗的消除方法。适用于污染严重且难以消除的部位,如粘有油垢、液体放射性物质等部位的消除。

用刷洗法消除的具体方法和要求如下。

(1)使用喷刷的喷嘴不带喷芯,工作压力为0.2~0.3MPa,此时,每支喷刷的排液量为1.5~2L/min。

(2)一般用含0.5%洗涤剂(或洗衣粉)、1%六偏磷酸钠的水溶液作为消除液。

(3)采用边喷边刷的刷洗方法。刷洗时,刷子要放平按紧,刷洗要快速有力,自上而下地横向刷洗,中间不可漏消,沟槽、缝隙等部位应顺着沟槽、缝隙刷洗,并要多刷几遍。刷不到部位可用液柱冲洗。刷洗过程中要注意防止消除液的浪费。

(4)用刷洗法对装备消除时,一般要刷洗2~3遍,重点部位刷洗3~4遍,最后用清水冲洗。

3. 擦拭法消除

擦拭法消除是用旧布、棉纱等物品干擦或湿擦(蘸水或消除液)被消表面进行消除。适用于大型装备的局部消除或小型装备、精密器材等的全部消除。擦拭法消除率可达60%~70%。

用擦拭法消除的具体方法和要求如下。

(1)自上而下地顺着一个方向进行擦拭。

(2)擦拭时,擦布的每一面只叠一次,然后向内对折,擦布要及时更换,不得重复使用。

(3)用湿擦法对精密器材消除时,要防止消除液流入器材内部。

(4)一般擦拭2~3遍即可达到消除目的。对于难以擦拭到的部位可以用冲洗方法消除。

4. 扫除法消除

扫除法消除是用扫帚等简易与就便器材扫除装备表面上的放射性灰尘。对于平滑的、干燥的表面有一定的消除效果,适合于群众性的局部消除。但对于结构复杂、粗糙、潮湿部位的消除效果较差。作业时,要从上风方向往下风方向扫除,并应多扫几遍。

5. 气流喷吹法消除

气流喷吹法消除是用具有一定速度的气流喷吹受染表面,将放射性污染物吹掉。适用于缺水和严寒条件下对大型装备、怕潮湿的电子设备、精密器材等的消除。气流可以由燃气发生装置或空气压缩设备产生。用压缩空气喷吹时的消除率可达60%~70%。这种消除方法存在的问题是造成洗消区和下风方向一定范围内地面和空气的污染。

消除时,要注意从上风方向往下风方向喷吹,作业人员必须注意防护。

6. 可剥离聚合物涂层法消除

这是利用在装备表面上喷涂高分子聚合物凝固后形成的薄膜,将放射性灰尘吸附,然后再将薄膜去除而达到消除目的的一种消除方法。这种方法在处理切尔诺贝利核事故中得到了广泛的应用,不仅应用于设备消除,而且也应用于建筑物内部房间的消除。在消除中应用了以聚乙烯醇、聚乙烯醇缩丁醛、聚醋酸乙烯乳液等为主要组分的聚合物涂层。

可剥性薄膜一般分为两种类型——热熔型和溶剂型。热熔型是将原料(主要是可熔性塑料)加热后形成熔融的液体,喷涂到物体表面上,冷却后,形成一层光滑透明的薄膜。溶剂型是将各组分按一定比例混合后,溶解在易挥发的溶剂中,待均匀溶解后,喷涂到物体表面上,溶剂挥发后,在物体表面上形成一层光滑的薄膜。由于液体易流入沟槽、缝隙中,易于消除彻底,而且形成的薄膜能牢固地黏附住放射性灰尘,并易于从物体表面上除去,所以这种消除方法的消除效果很好。由于溶剂型薄膜使用方便,又不需要复杂的设备,所以应用较多。溶剂薄膜的应用很广泛,因此配方的种类也较多。

可剥离聚合物涂层消除法消除效果好。高分子聚合物能够喷涂到被污染物体上难以消除的沟槽、缝隙中去,将其中的放射性灰尘吸附和清除,并且可防止放射性灰尘扩散到清洁表面。消除后产生的废物少且易于处理。从被消除表面上剥离下来的放射性薄膜数量少且易集中处理。

9.5.3 机械装备消除的组织

1. 开设洗消场

装备洗消场设置要素一般为编组地域、等候地域、车辆消除点、设备消除点、污染检查点、补消点、车辆集结点、污染物存放点。

应充分利用现有条件,如洗消场可尽量靠近消防井、厂区和城市的供水系统;在没有良好的设施条件可利用时,要根据情况灵活设置场地,通常等候地域应选择在便于出入和集结的位置;设置进出口道路时,进口选在下风(侧下风)方向,出口选在上风(侧上风)方向,尽量与受染装备的来向一致;疏散地域应有良好的行车道路和人员集中条件。

场地设置过程中,要标志场地,整修进出道路,按照作业点、排水沟、渗水坑的顺序构筑作业场地。通常车组间的距离应保持在50m以上,作业台的规格由被消除的设备而定(长宽规格分别比被消的设备宽1~2m)。

2. 实施消除

实施消除时,通常应以作业能力、消除对象数量为依据,利用消除装备和技术手段对受染的装备实施快速、高效的消除。

(1)编组消除对象。消除顺序和编组的确定,应按照受染对象进入洗消场的先后顺序,车辆、设备的类型,任务轻重缓急等情况进行灵活编组。

当消除对象较少,作业能力较强时,经过污染检查后,受染的装备可按照到达洗消场的时间先后顺序,依次进入消除作业点进行去污。

当消除任务繁重,需要区分主次时,在经过污染检查区分受染程度后,对污染严重的和较轻的装备分别编组。

(2)对车辆消除。对车辆实施消除,顺序通常根据进入洗消场的先后顺序确定,并对任务急、受染重的车辆优先消除。

确定车辆的消除方法要根据洗消场作业能力合理选择。从污染区撤出的车辆较多,洗消力量不足时,应按重要对象和次要对象区分消除方法。对经污染检查确定污染严重的车辆,按照检查、消除、再检查、再消除(补消)的程序,利用专用器材、技术手段实施快速、高效的消除。对一般污染车辆,可按照检查、消除、再检查、补消的程序,利用简便消除器材实施去污。对正执行紧急任务的车辆消除,可着重对受染车辆的重点部分(如踏板、门把手、轮胎等)实施消除,经污染检查,污染水平符合要求即可。

(3)对设备、器材消除。设备、器材由于构造不同,消除的方法、要求有别于车辆的消除。要合理设置设备、器材消除点,灵活选择消除方法。一般设备、器材没有特殊处理要求的,可利用制式设备或简易器材来完成消除任务。精密仪器消除,必须做好各种防护措施,如密封防水、选用特殊消除液等。

参考文献

[1]International Atomic Energy Agency. 针对日本东部大地震和海啸引发的福岛第一核电站核事故调查报告[R]. Vienna:IAEA,2012.

[2]施仲齐. 核或辐射应急的准备与响应[M]. 北京:原子能出版社,2010.

[3]International Atomic Energy Agency. 核或辐射应急的准备与响应(GSR Part7)[R]. Vienna:IAEA,2016.

[4] IAEA Power Reactor Information System [DB/OL]. http://pris. iaea. org. 2021. 01.

[5]U. S. EPA. Protective Action Guides and Planning Guidance for Radiological Incidents[R]. Washington DC:US. EPA,2013.

[6]中国人民解放军总参谋部兵种部防化编研室. 核生化防护大辞典[M]. 上海:上海辞书出版社,2000.

[7]施仲齐,纪道庄. 核事故应急响应教程[M]. 北京:原子能出版社,1993.

[8]阎昌琪,王建军,谷海峰. 核反应堆结构与材料[M]. 哈尔滨:哈尔滨工程大学出版社,2015.

[9]朱继洲. 核反应堆安全分析[M]. 西安:西安交通大学出版社,2011.

[10]郑福裕,邵向业,丁云峰. 核电厂运行概论[M]. 北京:原子能出版社,2010.

[11]本书编写组. 核与辐射安全法律法规规章全书. 北京:法律出版社,2017.

[12]国务院办公厅. 突发事件应急预案管理办法[S]. 北京:国务院办公厅,2013.

[13]国务院办公厅. 国家核应急预案[S]. 北京:国务院办公厅,2013.

[14]李尧远,马胜利,郑胜利. 应急预案管理[M]. 北京:北京大学出版社,2013.

[15]孙党恩,张纯松,王超. 战区核应急指挥机制浅析[J]. 军事学术,2017(12):38-41.

[16]王永红,刘志亮,刘冰. 福岛核事故应急[M]. 北京:国防工业出版社,2015.

[17]王中堂,柴国旱. 日本福岛核事故[M]. 北京:原子能出版社,2014.

[18]王永红,刘志亮,刘冰,等. 福岛核事故应急的主要经验[J]. 防化学报,2014(12):10-14.

[19]吴小海,赵满运,屈岩,等. 我国核应急机制的建设现状及建议[J]. 四川兵工学报,2012(5):63-64.

[20]王旺能,王晓东,水晶. 核应急指挥决策能力建设[J]. 长鹰,2011(9):15-16.

[21]赵满运,吴小海. 核应急能力评估指标体系研究[J]. 防化学报,2012(4):16-18.

[22]国家能源局. 核事故应急响应概论[M]. 北京:原子能出版社,2010.

[23]郭力生,耿秀生. 核辐射事故医学应急[M]. 北京:原子能出版社,2004.

[24]林晓玲,许国军,等. IAEA 可操作干预水平的建立方法及在核事故中的应用[J]. 防化学报,2002,77(3):49-51.

[25]凌永生,施仲齐,等. 操作干预水平缺省值的修正和重新计算[J]. 辐射防护通讯,2004,24(1):27-30.

[26]徐潇潇,张建岗,等. 反应堆事故应急操作干预水平制定的研究进展[J]. 辐射防护,2017,37(6):515-521.

[27]于红,刘咏梅. 国内核电站应急照射情况下干预准则与 IAEA 相关导则的比较[J]. 核动力工程,2015,36(3):50-53.

[28]刘刚,王天婧,等. 核电厂操作干预水平初步研究和应用[J]. 当代化工研究,2017,36(2):37-38.

[29]付照明,袁龙,等. 核事故应急响应操作干预水平的分析[J]. 中国医

学装备,2015,12(4):28－31.

[30]李小银,王善强,等. 核与辐射恐怖事件应急响应人员的防护要求[J]. 防化研究,2015,3:31－36.

[31]来永芳,王永红,等. 核与辐射恐怖事件中的公众指导[J]. 防化学报,2009,111(3):48－50.

[32]付照明,袁龙. 核与辐射应急人员剂量控制水平分析[J]. 中国辐射卫生,2016,25(3):265－268.

[33]李冰,杨瑞节,等. 核与辐射应急照射情况下公众照射的防护[J]. 辐射防护,2017,37(2):81－86.

[34]凌永生,王醒宇,等. 基于 OIL 的核应急防护行动决策支持系统的研究与开发[J]. 核科学与工程,2013,33(1):106－112.

[35]陈竹舟,叶常青,等. 如何应对核与辐射恐怖[M]. 北京:科学出版社,2006.

[36]陈竹舟. 我国核与辐射事故应急关键技术及公众防护对策研究进展[J]. 中华放射医学与防护,2011,31(2):119－121.

[37]许定,毛天露,等. 核事故应急撤离管理[M]. 上海:上海交通大学出版社,2016.

[38]岳会国. 核事故应急准备与响应手册[M]. 北京:中国环境科学出版社,2012.

[39]Dinunno J J, Anderson F D, Baker R E, et al. Calculation of Distance Factors forPower and Test Reactor Sites[R]. Technical Information Document TID－14844, U. S. Atomic Energy Commission, 1962.

[40]International Atomic Energy Agency. A Simplified Approach to Estimating Reference Source Terms for LWR Designs [R]. Vienna: IAEA, 1999.

[41] U. S. Nuclear Regulatory Commission. Reactor Safety Study: An Assessment of Accident Risks in U. S. Commercial Nuclear Power Plants [R]. Wash－1400 (NUREG－75/014), 1975: 50 P.

[42] Gieseke J A, et al. Source Term Code Package: A User's Guide [R]. NUREG/CR－4587(BMI－2138). Battelle Memorial Institute, 1986: 1－10.

[43]Soffer L,Burson S B,Ferrell C M,et al. Accident Source Terms for Light - Water Nuclear Power Plants [R]. Washington DC:U. S. NRC,1995.

[44]Powers D A,Washington K E,Burson S B,et al. A Simplified Model of Aerosol Removal by [7] Nature Progress in Reactor Containment,NUREG/CR - 6189[R]. Washington DC: USA:NRC,1995.

[45]Mckenna T,Giitter J G. Source Term Estimation during Incident Response to Severe Nuclear Power PlantAccidents. NUREG - 1228 [R]. Washington DC: USA:NRC,1958.

[46]Ramsdell J V,Athey G F,Mcguires A,et al. RASCAL 4:Description of models and methods[R]. Washington DC:USA:NRC,2012.

[47]U. S. Nuclear Regulatory Commission. AP1000 Final Safety Evaluation Report,Chapter 15:Transient and Accident Analysis [R],NUREG - 1793. U. S. NRC,2004.

[48]U. S. Nuclear Regulatory Commission. AP1000 Final Safety Evaluation Report,Chapter 19: Severe Accidents [R],Washington DC:U. S. NRC,2004.

[49]U. S. Nuclear Regulatory Commission. AP1000 Design Control Document, CHAPTER 15. 7:Radioactive Release from a Subsystem or Component [R]. Washington DC:U. S. NRC,2010.

[50]U. S. Nuclear Regulatory Commission . API000 Design Control Document, APPENDIX 15A:Evaluation Models and Parameters for Analysis of Radiological Consequences of Accidents [R]. Washington DC:U. S. NRC,2010.

[51]Benamrane Y,Wybo J,Armand P. Chernobyl and Fukushima Nuclear Cccidents:What Has Changed in the Use of Atmospheric Dispersion Modeling? [J] . Journal of Environmental Radioactivity,2013,126:239 - 252.

[52]Nakajima T,Shibata T. A Review of the Model Comparison of Transportation and Deposition of Radioactive Materials Released to the Environment as a Result of the Tokyo Electric Power[R]. Tokyo:2014.

[53]国务院. 中华人民共和国突发事件应对法[S]. 北京:中国民主法制出版社,2007.

[54]国务院．中华人民共和国放射性污染防治法[S]．北京:中国民主法制出版社,2003.

[55]国务院．核电厂核事故管理条例[S]．北京:中国法制出版社,1994.

[56]国家环保总局核安全司．辐射安全与防护的法律法规选编[M]．北京:原子能出版社,2006.

[57]王百荣．核事故应急知识手册[M]．北京:原子能出版社,2011.

[58]诸雪征,魏永路．洗消技术[M]．北京:防化指挥工程学院,2002.

[59]张力军．防化部(分)队核事故应急救援行动[M]．北京:军事谊文出版社,2007.

[60]王醒宇,康凌,等．核事故后果评价方法及其新发展[M]．北京:原子能出版社,2003.

[61]袁彪．基于同化方法的高斯烟团模式研究[D]．北京:陆军防化学院,2015.

[62]耿小兵．辐射污染扩散问题的数据同化研究[D]．北京:中国科学院大气物理研究所,2017.

[63]国家环境保护局．GB 3840—91,制定地方大气污染物排放标准的技术方法[S]．北京:中国标准出版社,1992.

[64]国家核安全局．HAD101/10. 核电厂选址厂址选择的大气弥散问题[S]．北京:国家核安全局,1987.

[65]US NRC. Regulatory Guide 1. 111, Methods for Estimating Atmospheric Transport and Dispersion of Gaseous Effluents in Routine Releases from Light - Water - Cooled Reaetors[R]. Washington:USNRC,1977.

[66]胡二邦,王寒姜,耀强．秦山核电厂实时剂量评价系统的设计、模式、参数与程序[J]．辐射防护,1994,01:26 - 38.